普通高等教育"十三五"规划教材

数据库应用系统技术

刘晓强　李东方　主　编

电子工业出版社.

Publishing House of Electronics Industry

北京·BEIJING

内 容 简 介

本书以数据库应用系统实现为线索，内容除数据库技术外，还涵盖系统分析、设计、开发和部署方法，并引入"互联网+"思维和热点技术。全书以一个完整的"e 学习"系统实际案例驱动，采用 MySQL 和 ASP.NET 为实验环境，帮助读者通过实际应用理解数据库应用系统的相关知识和开发方法，掌握实践技能，综合运用前沿信息技术实现领域创新应用。

本书提供丰富的教学资源，可以登录华信教育资源网（www.hxedu.com.cn）免费获取相关资源包，也可以扫描书中的二维码获取相关资源或观看演示视频。

本书通俗易懂、实例鲜活、技术先进，可作为各类高等学校数据库技术、信息系统设计的入门教材，或者作为计算机基础教育较高层次课程的教材，也可以作为数据库应用系统开发实践的技术参考书。

图书在版编目（CIP）数据

数据库应用系统技术/刘晓强，李东方主编. —北京：电子工业出版社，2019.2

ISBN 978-7-121-35509-7

Ⅰ. ①数… Ⅱ. ①刘… ②李… Ⅲ. ①数据库管理系统 Ⅳ. ①TP311.131

中国版本图书馆 CIP 数据核字（2018）第 252493 号

策划编辑：冉　哲

责任编辑：底　波

印　　刷：北京七彩京通数码快印有限公司

装　　订：北京七彩京通数码快印有限公司

出版发行：电子工业出版社
　　　　　北京市海淀区万寿路 173 信箱　邮编：100036

开　　本：787×1 092　1/16　印张：18　字数：483 千字

版　　次：2019 年 2 月第 1 版

印　　次：2025 年 2 月第 5 次印刷

定　　价：49.80 元

本书编写组

主编：东华大学   刘晓强

   海军军医大学   李东方

编写组成员：

  东华大学   黄雅萍 李柏岩 冯珍妮

  同济大学   王睿智

  上海中医药大学 车丽娟 杨丽琴

  华东师范大学   蒲鹏

  华东理工大学   胡庆春

  上海大学   佘俊

  上海理工大学   夏耘

  上海对外经贸大学 杨年华 钱之琳 曹玉茹

  上海工程技术大学 孔丽红

  上海第二工业大学 闫昱

  上海建桥学院   谷伟

本 书 资 源

1. 附录

附录 A　Visio 绘图简介　　　　附录 B　Visual C# .NET 语言简介　　　　附录 C　上海高校计算机等级考试（三级）大纲

2. 实验环境及数据库

本书实验环境说明　　MySQL 及 Navicat for MySQL 下载安装说明　　MySQL Workbench 简介　　Visual Studio 及 MySQL 驱动下载安装说明

MongoDB 下载安装与服务启动说明　　ECharts 下载及使用方法　　e_leanging 数据库脚本文件　　bookstore 数据库脚本文件

3. 源代码

部分例题源代码　　　　"e 学习"系统源代码

前　言

本书是上海市教育委员会组编的"高等学校'互联网+'应用能力培养规划教材"。

"互联网+"将信息技术与各行业领域结合创造出新的经济社会形态，因此树立信息意识、掌握信息知识和具有信息能力已经成为新时代大学生的必备信息素养。

每个"互联网+"的背后都有数据库应用系统的支持。本书从经典的数据库技术入手，融合信息管理、软件工程和程序开发方法等多个学科的相关知识，引入"互联网+"思维和热点技术，构建独具特色的课程内容体系，形成适合通识教育的新科目。

本书结合作者近 20 年在数据库领域的项目研发和课程教学经验，并汇集上海市多所高校一线教师的教学体会，是在上海市精品课程和上海市优秀教材基础上升级的第 4 个版本。全书以一个完整的"e 学习"系统实际案例驱动，围绕数据库应用系统构建流程中的核心问题，介绍涵盖应用发现、需求分析、系统设计、开发实现和部署各个环节的方法与技术及新思维方式，以"系统观"推动学生从信息意识、信息知识到信息能力的构建。

本书采用开源 MySQL 及数据库管理工具 Navicat for MySQL 实现数据库的建立和维护，简单且高效；在 Visual Studio 可视化开发环境下采用 ASP.NET 和 C#语言实现数据库应用系统的开发，流程简明且代码复用率高，很容易模仿并迁移到新的应用中；采用 Word、Excel 和 Visio 制作系统开发文档，培养读者的写作表达能力和团队协作能力。

另外，本书引入大量前沿新技术和行业领域案例，趣味性强：通过多个实际"互联网+"领域案例剖析，讨论移动网、云计算、大数据、物联网、人工智能等新技术应用趋势；介绍 ECharts 数据可视化分析、非关系型数据库 MongoDB 的应用，采用云平台实现系统部署发布；结合教学案例介绍大量热点技术，如动态控件、MD5 加密、视频播放、二维码生成、社交平台转发分享、AI "刷脸"识别等应用。

通过阅读和学习本书，读者能够具备信息创新意识、"互联网+"思维方式，以及根据实际问题探索新技术和设计数据库应用系统解决方案的能力。

为了辅助教师开展教学，配合读者学习，本书前 9 章均提供了"实验与思考"内容，第 10 章提供了"综合实践"内容。

本书提供丰富的教学资源，包括：电子教案、教学案例和实验数据库脚本文件、部分例题源代码、"e 学习"系统源代码、附录等。可以登录华信教育资源网（www.hxedu.com.cn）免费获取相关资源包，也可以扫描书中的二维码获取相关资源或观看演示视频。

本书由刘晓强教授和李东方教授主编，由上海市数据库教学联合团队共同完成。当今信息技术的发展非常快，限于作者学识和水平，书中难免有不当之处，敬请读者批评指正。

作者

教学组织建议

1. 先修课程：任意一种高级程序设计语言。
2. 教学和实验环境建议：
➤ 数据库管理系统和工具：MySQL、Navicat for MySQL。
➤ 系统开发工具：Visual Studio（ASP.NET、C#）、ECharts。
➤ 文档制作工具：Word、Excel、Visio。
3. 建议学时：32～64 学时，最好 48 学时以上。

参考学时安排如下：

教 学 内 容	48 学时分配			32 学时分配		
	课堂教学	实验教学	课外作业	课堂教学	实验教学	课外作业
数据库应用系统概述	2	1		2		2
关系数据库基本知识	2	1	2	2		2
数据库创建与维护	2	2	2	2	2	2
数据库操作语言 SQL	6	4	2	4	4	2
数据库管理与保护	2	2	2	2	2	2
Web 数据库应用程序	4	4	4	4	4	2
系统开发实用技术	4	4	2	2		
数据可视化分析	2	2	2			
系统分析与设计	2		2	2		2
系统案例与云部署	2		10			10
合　　计	48		28	32		24

4. 考核内容：
➤ 基本理论知识及新技术
➤ 数据库创建、管理和访问
➤ Web 数据库应用程序
➤ 系统设计与实现（小组自行选题）

目　　录

第 1 章

数据库应用系统概述

数据库技术支持集中管理和利用数据资源。随着"互联网+"时代的到来,以数据库为基础开发的各种信息系统已渗透到社会、经济和个人生活的各个角落。学习数据库相关知识,可以帮助我们主动规划和利用信息资源,融合信息技术,实现业务变革和创新。

本章介绍数据库应用系统的基本概念和类型,通过"互联网+"新技术和行业领域应用案例,了解系统应用趋势,最后通过一个实例认识数据库系统开发环境并体验开发过程。

1.1 认识数据库应用系统

1.1.1 系统的台前幕后

锦衣华服上"淘宝",一饱口福找"点评",星行夜归叫"滴滴",下榻留宾有"携程"……数据库应用系统扶持起一个个创新企业,如影随形地伴我们衣食住行;手机银行、电子政府、数字化医院、智能工厂……数据库应用系统更新了传统业务模式,支撑起各领域的现代化。

1. 系统的呈现形式

我们在工作和生活中会遇到形形色色的数据库应用系统,它们的面貌和功能各不相同,开发技术也五花八门。但对用户来说,主要有以下三种呈现形式。

① 客户端程序。在客户/服务器(Client/Server,C/S)结构的分布式软件系统中,用户需要使用专门的客户端程序,并通过它访问远程服务器。它可能以软件形式呈现,如专门的业务系统、微信客户端、银行 ATM 机上的存取款软件等,还可能以其他交互形式呈现。例如,智能音箱采用语言交互,不停车收费系统自动识别车牌号作为输入,生产线自动采集设备状态信息并进行自动控制等。图 1.1 是几个客户端程序示例。

② 网站。在浏览器/服务器(Browser/Server,B/S)结构的分布式软件系统中,用户无须安装专门软件,使用浏览器通过 HTTP 等网络协议可以直接访问 Web 服务器上运行着的网站,从而获取信息服务。例如,搜索引擎、电子商务、电子政务、在线学习等网站(见图 1.2)。

图 1.1　客户端程序（左为专门业务系统、中为 ATM 机、右为智能音箱）

图 1.2　网站（左为搜索引擎、中为电子商务网站、右为电子政务网站）

③ 移动应用。移动应用（APP，Application 的缩写）是指基于智能手机、平板电脑、笔记本电脑等移动终端的应用软件。随着移动设备的智能化程度提高，APP 已不仅仅是 Web 应用的补充，而且正逐渐成为信息系统不可缺少的一种应用方式。图 1.3 显示了几个移动端 APP 的页面效果。

图 1.3　APP（左为微信、中为滴滴出行、右为慕课学习）

2.　系统的概念和原理

我们面对的各种系统虽然呈现形式和功能可能不同，但它们的基本原理是一致的。下面我们了解一下它们幕后涉及的一些基本概念和原理。

（1）信息和数据

信息是对客观世界中各种事物的运动状态和变化的反映，是客观事物之间相互联系和相互作用的表征。信息是一个相对抽象的概念，它的载体是数据。

数据是反映客观事物的性质、属性及其相互关系的一种表示形式，它可以是文本、数字，甚至图像、声音等各种可以识别的符号。数据可以按使用目的组织成某种数据结构。数据本身并没有价值，当它与某种应用场景结合或经过处理并为人所用时，便成为信息，从而蕴含了价值。

在一些描述中，数据和信息两个概念常被赋予相同的含义：从存储和处理的角度看，它是数据；从管理和利用的角度看，它是信息。例如，一个电影信息系统需要处理影院、电影和观众等信息，这些信息在计算机中以各种数据形式存储，如电影名用文本字符串、票价用数值、首映日期用时间、海报用图片等。

（2）数据库和数据库管理系统

数据库（DataBase，DB）是一种提供集中管理和利用方式的数据集合。数据库管理系统（DataBase Management System，DBMS）是一种管理数据库的系统软件，一般由商业软件公司或开源社区开发。

相对于简单的文件数据管理方式，数据库具有很多优势：数据冗余少；保证数据的完整性和安全性；支持多用户共享使用；应用程序与数据独立，便于程序的开发和维护。

随着信息来源和应用的多样化，针对结构化、半结构化或非结构化的数据集合，发展了相应的数据库技术。各种业务处理信息可抽象为结构化数据，而关系数据库是支持结构化数据管理的经典技术。关系数据库有坚实的数学理论基础，有许多专门的数据库管理软件（如 MySQL、Oracle、SQL Server 等）可提供完善的管理功能。由于互联网应用产生了大规模的半结构或非结构化数据，因此非关系型数据库应运而生。非关系型数据库没有统一的架构，但它们普遍具有高性能、弹性扩展、灵活性更强的特点，各种数据库管理系统（如 MongoDB、Redis、Neo4J、Cassandra 等）适合不同的应用场景。

（3）数据库应用系统

从控制论的观点来看，系统是一些部件为了某种目标而有机结合的一个整体。数据库应用系统是以数据库为基础，以信息管理和利用为目标的人机系统，一般包含信息采集、存储、传输、处理、输出、反馈和管理等功能。

从技术角度看，一个数据库应用系统主要包括以下部分。

① 数据库：集中存储和管理系统中的信息。

② 应用软件：面向用户信息服务需求，采用程序设计语言和各种支持技术所开发的软件，是用户使用系统的交互环境，根据环境和功能需要有多种呈现方式。

③ 支持环境：包括硬件和软件。硬件包括计算机、移动终端、网络、存储、输入/输出及其他各种硬件设备，它们构成了系统的基础设施。软件包括操作系统、数据库管理系统、软件开发工具与环境等，它们提供信息系统开发和运行的支持环境。

④ 文档：在系统开发过程中形成的技术文档、系统使用说明、系统运维的规章制度等，是系统使用和维护的依据。

数据库应用系统大多是人机系统，因此人也是系统的重要组成部分。

① 用户：使用系统完成业务工作的人员。系统为不同类别的用户提供相应的功能，各类用户在自己的权限范围内操作。

② 系统管理员：保障系统正常运行和数据安全的专职或兼职管理人员，如系统管理员、数据库管理员等。

③ 系统开发者：参与系统开发的人员，既包括专业开发人员，如产品经理、需求分析和设计人员、系统架构师、程序员等，也包括参与开发的项目领导、管理和业务人员代表。

如图 1.4 所示为电影分享系统的系统架构。在信息中心设有数据库服务器（存储和管理数据）、Web 服务器（发布 Web 应用程序）；观众在能够接入 Internet 的计算机或移动设备上访问网站或使用 APP，查询电影信息和观看电影；管理员维护电影信息和汇总观影情况。

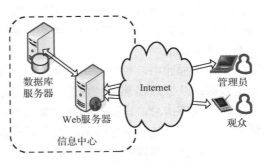

图 1.4　电影分享系统的系统架构

1.1.2　系统的应用类型

数据库应用系统已经成为组织机构开展各类业务活动的基础，直接为其战略目标服务。从层次化管理的角度看，一个组织一般包含三个管理层次：业务层、管理层和决策层。各层次人员根据自身职责不同需要不同的信息服务，所使用的系统类型也不同（见表 1.1）。下面结合各类人员的信息服务需求从系统开发的角度介绍数据库应用系统的类型。

表 1.1　不同管理层次的信息系统需求

管 理 层 次	人 员 职 责	信息服务需求	典型的信息系统
决策层	面向中、长期目标的规划和战略制定	辅助决策	知识处理系统
管理层	面向短期目标的计划、管理和调控	业务管理	在线分析处理系统
业务层	日常业务处理	业务处理	在线事务处理系统

1. 在线事务处理（OnLine Transaction Processing，OLTP）系统

业务层人员主要承担日常的业务处理工作，工作流程明确，单调重复。在线事务处理系统可支持业务处理，替代烦琐的手工重复劳动，提高业务处理效率和准确性。例如，在线学习系统提供学生选课、教师登记成绩、教务员管理课程等业务处理功能。我们日常接触的网站购物、超市收银、火车订票等也都是在线事务处理系统。

（1）在线事务处理系统的结构

在线事务处理系统结构简单，一般由数据库和业务处理程序构成（见图 1.5）。

① 数据库：集中存储和管理面向某类业务的数据。例如，电影

图 1.5　在线事务处理系统基本结构

分享系统需要的各种信息，如电影类型、电影、导演等都集中存放在一个数据库中。

②　业务处理程序：是用程序设计语言编写的应用软件，实现对数据库的读写访问和数据处理功能，支持用户的业务活动。例如，电影分享系统支持用户查询和观影、管理员维护电影信息等。

（2）在线事务处理系统的特点

在线事务处理系统的信息结构化强，处理流程明确，一般分为 5 步：数据输入、数据查询、数据处理、数据更新、结果输出或报表生成。

在线事务处理系统一般用于专门性业务，帮助用户实现日常业务活动的自动化。由于业务运行对系统的依赖度很高，因此要求系统具有较高的可靠性、一定的实时性，并保证数据完整性。在线事务处理系统一旦出现故障，就有可能导致业务停滞。

2. 在线分析处理（OnLine Analytical Processing，OLAP）系统

管理层人员负责计划、管理和调控组织的业务活动，从而实现组织的短期目标。在线分析处理系统通过对历史数据进行分析来辅助管理和决策，为管理层决策提供信息依据。例如，在线学习系统中教务员汇总分析学生学习进展和成绩，用户进行飞机票比价，超市对客户的消费模式进行分析，银行对客户使用信用卡风险进行分析与预测等，都属于在线分析处理系统的范畴。

（1）在线分析处理系统的结构

在线分析处理系统一般由数据源、数据仓库、OLAP 服务器和前端工具构成（见图 1.6）。

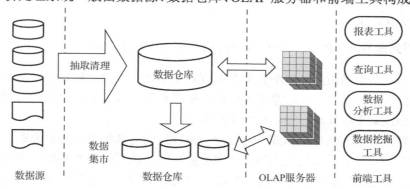

图 1.6　在线分析处理系统基本结构

①　数据源。数据仓库的数据来源，既可以是多个事务型数据库，也可以是各类数据文件。

②　数据仓库。数据仓库是在线分析处理系统的核心。与支持频繁读写的事务型数据库不同，它存储海量的、只读的、用于分析的数据集合。这些数据是根据主题分析需要对大量的历史数据进行抽取、清理并转换后获得的。按照数据范围不同，数据仓库可以分为企业级和部门级，后者也称为数据集市。

与数据库相比，数据仓库中的数据具有以下主要特性。

➤ 面向主题。事务型数据库的数据组织面向事务处理任务，各个业务系统之间可能各自分离；而数据仓库中的数据是按照一定的主题域进行组织的。主题是指用户使用数据仓库进行决策时所关心的重点，一个主题通常与多个事务型信息系统相关。例

如，保险公司分析的主题有保险项目、客户、索赔等；零售超市分析的主题有商品、顾客、厂家、促销活动等。

➤ 数据集成。事务型数据库通常与某些特定的应用相关，数据库之间相互独立，并且往往是异构的；而数据仓库中的数据是在对原有分散的数据库数据进行抽取、清理的基础上经过系统加工、汇总和整理后得到的，必须消除源数据中的不一致，以保证数据仓库内的信息是关于整个组织的、一致的全局信息。

➤ 数据稳定。事务型数据库中的数据通常随着业务活动实时更新；而一旦某个数据进入数据仓库以后，一般不再改变并将长期保留。针对数据仓库的操作主要是数据查询，只需要定期加载和更新。

➤ 反映历史变化。事务型数据库主要关心当前某个时间段内的数据；而数据仓库中的数据通常是从过去某一时刻到目前的海量历史数据，反映某个主题下的业务发展历程。

③ OLAP 服务器。OLAP 服务器对某类分析需要的数据进行有效集成，按多维模型予以组织，以便进行多角度和多层次的分析，从而发现趋势。

④ 前端工具。前端工具产生分析结果，主要包括各种报表、查询、数据分析、数据挖掘工具，以及基于数据仓库的应用开发工具。其中，数据分析工具主要针对 OLAP 服务器，报表和数据挖掘工具直接针对数据仓库。

（2）在线分析处理系统的特点

在线分析处理系统通过多维的方式对海量历史数据进行查询和复杂的分析，并提供直观易懂的分析结果。它主要应用在决策支持方面，对时间的要求不太严格，对系统可靠性、数据完整性等要求不高。

3. 知识处理系统（Knowledge Processing System，KPS）

决策层人员负责为组织制定中长期发展规划和战略，或者根据专业知识对领域问题进行诊断和方案推荐。该层要求信息系统根据历史业务数据或专家知识分析得到的隐藏知识来进行趋势预测或推荐处理方案，从而辅助决策。

知识通常被定义为领域规律或专门技能，是以经验为基础累计的智力资本。以知识发现和知识应用为目标的系统统称为知识处理系统，是大数据时代的利器。它关注探索性的数据分析，从大量数据中获取隐含的、未知的，但又具有潜在应用价值的信息关系或模式。例如，在线学习系统根据大数据对生源和学习效果进行分析，对延迟毕业学生学习状态进行分析，以便了解关键因素，确定改进教学的方法；电商平台通过推荐系统分析用户行为和销售等大数据，以便自动进行商品推荐；农业专家系统根据专业知识和历史数据对病虫害进行诊断和防治方案推荐等。

（1）知识处理系统的结构

知识处理系统可能有多种不同结构，但一般包含以下三个阶段的工作：数据准备、数据挖掘、结果表达和解释（见图1.7）。首先将从各种数据源获得的数据进行清理、选择和集成后存放到数据库或数据仓库中，将专家提供的知识和规则存放到知识库中；数据挖掘引擎通过一定的分析算法并使用知识库中的规则对数据进行分析，发现数据之间潜在的相关性、趋势或模式；系统对分析结果进行评估后以一定的文字、图、表等形式表达出来，用户进一步对结果进行解释，形成有用的知识。

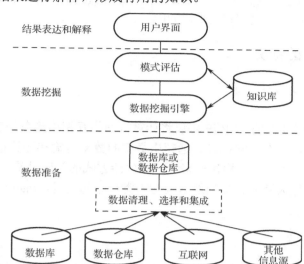

图 1.7　知识处理系统的基本结构

数据挖掘的主要分析方法如下。

① 分类。首先从数据中选出已经分好类的训练集，运用分类算法建立分类模型，然后用分类模型对未分类数据进行分类。例如，将信用卡申请者分类为低、中、高风险。

② 聚类。聚类是指对相似的数据进行分组。聚类和分类的区别是，它不依赖于预先定义好的类，不需要训练集。例如，一些特定症状的聚集可能预示了一个特定的疾病；又如，对用户手机上网的行为进行聚类分析，通过客户分群，进行精准营销。

③ 估计。估计一个连续分布的数量值。例如，根据购买模式估计一个家庭的孩子数和家庭年收入。

④ 预测。一般通过分类或估计得出模型，然后用于对未知变量进行预测。例如，航空公司通过分析客流、燃油等变化趋势，对不同航线制定精细的销售策略。

⑤ 关联。发现一个事件导致另一个事件的相关性，确定哪些事情将一起发生。例如，大量客户在超市购买商品 A 时也购买商品 B，将它们摆放在一起可以增加销量；电商平台根据用户的浏览轨迹、收藏行为、购买行为等信息，自动向用户推荐相关产品。

（2）知识处理系统的特点

数据挖掘基于大数据、数理统计、人工智能、可视化、并行计算等技术的支持，提供预测性而不是回顾性的模型，获得隐藏的和意外的知识，对决策产生价值。知识处理系统的使用效果与数据挖掘分析方法的使用、领域知识库的构建密切相关。在云计算、大数据等技术的支持下，知识处理系统的应用日益广泛。

1.2 "互联网+"创新应用

"互联网+"已经成为一种国家战略，它激活了更广泛的信息资源，各行各业都在思考自己的"互联网+"形态。只有了解"互联网+"应用的特征和思维方式，才能更好地利用数据库应用系统来实现"互联网+"创新应用。

1.2.1 "互联网+"的特质

1. 互联网

互联网，它以一组通用的 TCP/IP 协议将计算机网络互相连接在一起，发展出覆盖全世界的全球性互联网络。如今，它已经远远超出最初的数据传输和计算资源共享目标，就像电力和道路一样，正在成为人类构建未来生产和生活方式的基础设施，它在信息资源利用、业务服务支持方面的巨大潜力正深刻地影响着人类社会的发展。Internet（因特网）是全球最大的互联网。

2. 万维网

在 TCP/IP 协议的应用层包含很多协议，每种协议可支持相应的服务，其中超文本传输协议（HyperText Transfer Protocol，HTTP）应用最为广泛。它支持建立起来的万维网（World Wide Web，WWW），是由超文本相互链接而组成的全球性系统。日益增长、不计其数的网站为人们提供着各种各样的信息服务。

3. 互联网+

"互联网+"是指利用互联网平台和信息通信技术把互联网和包括传统行业在内的各行各业结合起来，从而在新领域创造出新的经济社会形态。每个"互联网+"的背后都有数据库应用系统的支持。

"互联网+"概念的中心词是互联网，它的含义可以从以下两个方面来理解。

（1）"+"代表着添加与联合，是指将互联网与其他产业和应用进行融合，这不仅可以改造传统产业，还可以创造出新的业态。

（2）"互联网+"作为一个整体概念，将开放、平等、互动等网络特性应用于各个领域，并通过云计算、大数据、物联网和人工智能等新技术实现创新，是增强经济发展动力的一种理念。

互联网通过计算机的连接，部分实现了人与人之间、人与信息的连接。而"互联网+"将实现人与人、人与服务、人与场景、人与未来的连接。

4. "互联网+"的特征

"互联网+"的特征，最简洁的表述就是"跨界融合，连接一切"。它具有以下 6 个特征，按照这些特征去思考和整合，有助于发现和实现"互联网+"应用创新。

① 跨界融合。"互联网+"中的"+"就是跨界，是不同领域的融合。跨界就有创新的基础，融合会增强开放性和适应性。"互联网+"带来的融合不仅仅是互联网与行业领域的融合，也是组织系统甚至身份的融合。例如，整合内外部资源、客户消费转化为投资、伙

伴参与创新等。

　　② 创新驱动。创新驱动经济发展，这就需要打破束缚生产力发展的垄断格局和条框约束，建立可协作融合的环境与条件。"互联网+"恰恰具有这种特征，它利用互联网思维求变革，可以发挥创新的力量。

　　③ 重塑结构。互联网已经打破了原有的社会结构、经济结构、地缘结构和文化结构。"互联网+"正在重新塑造社会，在弱关系社会里重新建立契约和信任关系，最终描述的是一个高效、节能和舒适的智能社会。

　　④ 尊重人性。人是推动社会和科技进步的最根本的力量，尊重人性是互联网最本质的文化。成功的"互联网+"应用一定体现着对人的体验和创造性的重视。

　　⑤ 开放生态。"互联网+"要建设开放的生态，把制约创新的环节化解掉。因为只有在开放的生态系统里，跨界才能找到结合点，才能有效推动创新。

　　⑥ 连接一切。"互联网+"的目标是连接一切。连接可以从连接、交互、关系三个层次上体现。"一切"是指连接的基本要素：技术（如互联网、云计算、大数据、物联网技术等），场景，参与者（如人、物、机构、行业、平台和系统等），协议与交互，信任等。

1.2.2 "互联网+"新技术

　　新一代信息技术，如移动互联网、物联网、云计算、大数据、人工智能等为数据库应用系统带来了更强的联结、融合、智能和移动等新特性，是发现与设计"互联网+"创新应用的重要线索和支撑。下面简单介绍相关技术及其对数据库应用系统的影响。

1. 移动互联网

　　移动互联网（Mobile Internet）是相对于传统互联网而言的。广义的移动互联网是指用户可以使用手机、笔记本电脑等移动终端通过协议接入互联网。根据覆盖范围的不同，移动互联网支持多种无线接入方式。家庭等短距离区域网场合可采用蓝牙（Bluetooth）、Zig-bee技术，商务休闲和企业校园等网络环境下可采用 Wi-Fi 接入，在城域或更广的范围内可使用移动通信网络（如 3G、4G 和 5G）实现互联网接入。

　　移动互联网继承了传统互联网的开放协作的特征，又继承了移动网的实时性、隐私性、便携性、准确性、可定位的特点。它为信息系统用户提供了随时随地迅速接入的环境，目前在移动办公、电子商务、移动支付、广告宣传和社交网络中应用广泛，它是"互联网+"产生新产品、新应用、新商业模式的重要源泉之一。

　　使用移动互联网的信息系统需要关注以下特点。

　　① 移动用户体验。便携移动是移动互联网的最大优势。领先的移动应用应提供有吸引力的用户体验，所以应用创意、界面设计及实现技术等都备受关注。

　　② 定位能力。使用 Wi-Fi、图像、超声波信号和地磁等技术可实现高精度定位，提供基于位置的人性化服务。

　　③ 个人智能中心。智能手机将成为个人局域网的中心，搜集和处理可穿戴设备采集的信息，感知周边环境或设备信息，利用云端的服务支持，提供基于场景的个性化服务。

2. 物联网

物联网（Internet of Things，IoT）是一个基于互联网、传统电信网等信息承载体，让所有能够被独立寻址的普通物理对象实现互联互通的网络。它具有普通对象设备化、自治终端互联化和普适服务智能化三个重要特征。一个物联网系统可分为三层（见图1.8）。

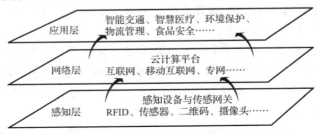

图 1.8　物联网系统的层次结构

感知层利用感知技术进行信息采集、捕获和物体识别，由各种感知设备与传感网关构成。主要感知设备有 RFID、传感器、二维码、摄像头等。在一个区域部署大量传感器节点时，可以自动构建无线传感网（Wireless Sensor Network，WSN）实现协作感知。

网络层以互联网、移动互联网和专网作为基础设施，将感知数据在一定范围内（包括长距离）传输，实现信息交换和集成等功能。通常还包括通过云计算平台采用分布式数据库实现海量感知数据的存储。

应用层面向信息服务需求，对物联网大数据进行处理和利用，提供面向行业或公众的智能化信息服务。

物联网技术扩展了信息系统的数据感知、采集和集成处理能力，提升了系统对物理世界的实时控制、精确管理和资源优化配置能力。它已经广泛应用于各种行业，如智能交通、智慧医疗、环境保护、物流管理、食品安全、数字家庭等。

3. 云计算

云计算（Cloud Computing）的核心思想是将大量用网络连接的计算资源统一进行管理和调度，构成一个可配置的计算资源共享池，按需向用户提供服务。它利用虚拟化技术将单个资源划分成多个虚拟资源或将多个资源整合成一个虚拟资源。云平台由云服务提供商的数据中心建设和管理。在使用者看来，用户像接入电网获得电力一样接入互联网来获得各种 IT 服务，而不需要了解云端资源如何存储、如何管理，而且这些资源可以无限扩展、随时获取、按需使用和按量计费。

云计算可以提供三个层次的服务（见图1.9）。

① 基础设施服务（Infrastructure as a Service，IaaS）：将基础设施，如虚拟的服务器、存储器、网络和其他基本的计算资源作为服务提供给用户。用户可以租用这些基础设施部署和运行任意软件，包括操作系统和应用程序。该层服务主要面向 IT 架构师。

② 平台服务（Platform as a Service，PaaS）：将系统平台作为一种服务，例如，开发运行环境、数据库服务器、应用开发的接口和工具等作为服务提供给用户，用于网络应用软

件开发。该层服务主要面向应用开发者、IT 架构师和系统管理员。

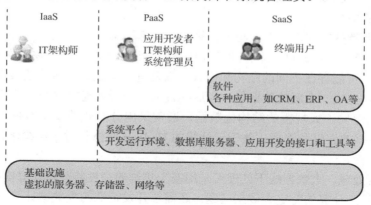

图 1.9　云服务的三种服务模式

③ 软件服务（Software as a Service，SaaS）：将软件作为一种服务提供给用户。与传统的应用软件不同，云软件的单个软件实例可以被多个用户主体共享，实现多重租用，并根据用户需要按需定制。该层服务主要面向各类终端用户。

传统的互联网应用实现时，开发者需要自己搭建网络和部署应用服务。云计算改变了系统的开发、部署、管理和使用方式，企业可以在多个层面利用云计算的支持。

① 信息系统运行环境。利用 IaaS，企业无须建设自己的数据中心，直接将系统部署在租用的云服务器上，可以节省初期硬件投资和后期管理成本；企业也可将原有的数据中心改造为私有云，实现存储、数据库和应用服务的共享，降低成本，提高网络服务水平。

② 信息系统开发环境。PaaS 可以提供开发环境、中间件等开发服务支持，特别是基于云计算的并行架构，可以在 IaaS 的分布式数据存储和大规模计算能力的支持下，实现并行计算，从而使大数据处理应用成为可能。

③ 信息系统服务。中小企业无须自己开发和部署信息系统，也无须管理软/硬件资源，可直接租用云上的各种 SaaS，通过浏览器使用客户关系管理（Customer Relation Management，CRM）服务、企业资源计划（Enterprise Resource Planning，ERP）服务、办公自动化（Office Automation，OA）等，快速实现自己的业务信息化。

4. 大数据

大数据（Big Data），指无法在一定时间范围内用常规软件工具进行记录、管理和处理的数据集合。大数据具有以下特点，因为英文都以字母 V 开头，也称 4V 特点。

① 数据量大（Volume）：大数据的起始计量单位至少是 PB（1024TB）、EB（1024PB）或 ZB（1024EB）。

② 类型繁多（Variety）：包括网络日志、音频、视频、图像、地理位置信息等，多类型的数据对系统处理能力提出了更高的要求。

③ 价值密度低（Value）：数据价值密度相对较低。例如，物联网中的信息感知设备能获得海量信息，但价值密度较低，需要通过强大的机器学习算法完成数据的价值"提取"。

④ 速度快（Velocity）：要求数据处理速度快，满足时效性。这是大数据区分于传统数据挖掘最显著的特征。

大数据需要特殊的技术，而且与云计算的支持密不可分。

① 大数据获取。数据可以来自业务处理系统、科学实验系统、物联网和社交网络等。不同的数据集，可能存在不同的结构和模式，需要进行集成处理将这些数据收集、整理、清洗和转换后，生成一个新的数据集，为后续查询和分析处理提供统一的数据视图。

② 大数据存储。大规模的结构化数据，通常采用分布式的新型数据库集群，实现对PB 以上量级数据的存储和管理；基于云计算的 Hadoop 等擅长对半结构化和非结构化数据的存储。

③ 大数据处理。大数据线下处理可采用基于集群的高性能并行计算模型 MapReduce。面向低延迟和复杂计算的特定大数据问题，还需要开发特殊的大数据计算系统。

④ 大数据分析。大数据的深度分析主要基于大规模的机器学习技术，近年来深度学习技术的应用效果明显。

⑤ 大数据可视化。可视化技术结合多分辨率表示等方法，通过交互式视觉表现的方式，将数据转换成图形图像来帮助人们探索和理解复杂的数据。

大数据技术能将大规模数据中隐藏的知识挖掘出来，使信息系统提供更多适应性的智能服务，为决策者提供更可靠的知识支持。大数据在商务智能、智能电网、智慧医疗、智慧城市等领域可以发挥独特的信息服务能力，如分析消费者行为数据进行商品推荐和精准营销，基于视频大数据进行城市实时监控与突发事件分析等。

5. 人工智能

人工智能（Artificial Intelligence，AI）是研究如何使用计算机模拟人的某些思维过程和智能行为（如学习、推理、思考、规划等）的学科，目的是使计算机能实现更高层次的应用，胜任一些通常需要人类智能甚至高于人类智能才能完成的复杂工作。

人工智能的研究领域很广泛，主要包括机器人、机器学习、计算机视觉、图像识别、自然语言处理和专家系统等，涉及计算机科学、数学、语言学、心理学和哲学等多个学科。当前，在云计算的支持下，作为一种典型的人工智能方法，致力于大数据分析的深度学习在语音、图像、自然语言的处理等领域获得了突破性进展，并得到了广泛的应用。

人工智能技术为信息系统提供了更自然的人机交互接口，如语音识别、人机对话、图像理解；提供了更丰富的安全认证技术，如指纹识别，虹膜识别、人脸识别等；提供了更先进的基于知识的智能服务能力，如智能搜索、逻辑推理、智能规划、智能控制等。

1.2.3　领域案例及趋势

"互联网+"依托信息技术实现互联网与各领域应用的融合，给传统信息系统赋予连接、融合、智能、移动等新特点。下面简单介绍"互联网+"领域应用系统的案例及发展趋势。

1．"互联网+"制造

（1）制造业信息系统

制造企业涉及的业务领域比较广，信息采集和利用可以分为 5 个层次（见图 1.10）。

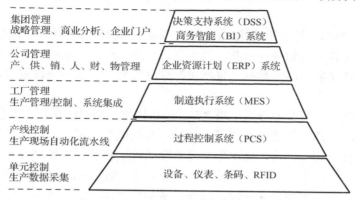

图 1.10　制造业信息化框架

① 单元控制。在生产线的各控制单元通过设备、仪表、条码和 RFID 等采集生产数据。

② 产线控制。过程控制系统（Process Control System，PCS）根据生产数据对设备进行控制，实现生产现场的自动化流水线。

③ 工厂管理。制造执行系统（Manufacturing Execution System，MES）面向工厂车间，整合 PCS 数据采集渠道，追踪和管理产品的整个生产过程，提供生产监视、数据采集、工艺管理、品质管理、生产排程、任务派工和设备维护等功能。

④ 公司管理。企业资源计划（Enterprises Resources Planning，ERP）系统是一个在全公司范围内集成的一体化信息系统。它体现现代企业管理思想，将企业内部所有资源整合在一起，在各业务系统之间实现数据高度共享，对采购、生产、成本、库存、销售、运输、财务、人力资源等进行规划和优化，从而达到最佳资源组合。

⑤ 集团管理。利用 ERP 系统的数据，可以建立面向集团高层管理的决策支持系统（Decision Support System，DSS）和商务智能（Business Intelligence，BI）系统来支持业务经营决策。

以上每类系统可能又包括若干子系统。企业可以根据自身的情况，面向某类特定的业务问题，选用一种或几种系统来相互集成，有机结合，构建自己的企业信息化框架体系。

（2）"互联网+"制造的发展趋势

制造业信息化面临"互联网+"的转型升级，"连接、智能、创新"逐渐成为企业信息化的本质需求。"互联网+"制造被称为继蒸汽机、电力、计算机之后由互联网推动的第四次工业革命。近年来，各国都提出了自己的制造业发展战略。例如，我国发布的《中国制造 2025》、德国的工业 4.0、美国的工业互联网，目标都是利用信息物理融合系统（Cyber-Physical System，CPS）将生产中的物、人、数据、服务全面互联，建设信息化、智慧化制造支持系统，最后实现快速、有效、个性化的产品供应。这推动着制造业信息化朝着以下两个方向扩展。

① 完善 MES，建设智慧工厂。利用物联网技术将生产设备之间、生产设备和物料、MES 和 ERP 互联，使生产过程不仅自动化，而且能根据环境条件自主调整和自我配置。MES 可以是单一的工厂，也可以跨越不同企业，形成制造过程和产品之间端到端的工程集成。

② 更加关注外部资源的协调性。通过云计算和大数据技术实现供应链协同，包括生产经营过程中的有关各方，如企业自身、供应商、制造工厂、分销商、客户等，并进一步对接来自不同合作伙伴的电商大数据，包括实时订单数据、需求预测数据等，建设跨界融合的制造业新生态。

当产业链上的所有系统都全面集成之后，一条连接市场最终客户、制造业内部各部门、上下游各方的实时协同供应链就形成了。例如，通用电气公司的"炫工厂"具备超强的灵活性，可根据需要在同一厂房内加工生产飞机发动机、风机、水处理设备、内燃机车组件等看似完全不相干的产品。通过分析云端从全球实时反馈回来的数据，"炫工厂"会自行分配各个生产线的人力资源和设备资源，减少设备闲置时间，极大地提高生产效率，提升对市场需求反馈的反应速度。

2. "互联网+"医疗

（1）医院信息系统

医院信息系统（Hospital Information System，HIS）是对医院相关信息系统的统称，是覆盖医院所有业务和业务全过程的各类系统的集成。它实现对病人诊疗信息和行政管理信息进行收集、存储和处理，满足医院各部门的功能需求，提高医院整体管理水平和工作效率。完善的 HIS 至少应包含以下系统。

① 医院管理信息系统（Hospital Management Information System，HMIS）：支持医院的行政管理与事务处理，主要包括财务、人事、住院病人、药品库存管理等功能模块。

② 临床信息系统（Clinical Information System，CIS）：支持医护人员的临床活动，收集和处理病人的临床医疗信息，并提供临床咨询和辅助诊疗决策，主要包括医嘱处理、病人床边、重症监护、移动输液、用药监测、医生工作站、实验室检验、药物咨询等功能模块。

③ 医学影像存档与通信系统（Picture Archiving and Communication Systems，PACS）：全面解决医学图像（如 CT、核磁共振、X 光、超声、核医学等影像）的获取、显示、存储、传送和管理，提供无胶片的图像检查、存档和检索功能。

④ 电子病历（Electronic Medical Record，EMR）：采用信息技术将文本、图像、声音等多种媒体形式结合起来，保存、管理、传输和重现数字化的病人医疗记录，取代手写病历。向用户提供查询、警示、提示和临床决策支持等功能。

（2）"互联网+"医疗的发展趋势

在传统的医患模式中，患者普遍存在事前缺乏预防、事中体验差、事后无服务的现象。"互联网+"医疗能够借助互联网连接、智能的特性，延伸医院信息系统服务，辅助传统的诊疗模式，为患者提供一条龙的健康管理服务。

在"互联网+"医疗领域有很多应用有待开发，但涉及外部信息很多，如居民户籍、医保、医药、保险和银行等，其困难不是来自技术约束，而是要解决行业协同问题。未来可能会有以下几种热点应用模式。

① 导医和远程诊疗。一些医院的手机客户端可以提供导诊、挂号和健康档案管理功能。云医院支持专家通过在线会诊平台接诊疑难杂症患者，第三方平台如丁香园、好大夫网站等提供专家推荐及预约挂号服务。

② 可穿戴医疗设备。可穿戴医疗设备通过对体征数据（如心率、脉率、呼吸频率、体温、热消耗量等）的采集，并配合 APP 和后台软件实时监测用户的生理状况（见图 1.11）。这些数据可帮助用户管理生理活动，通过与人群的基准数据对比，发现慢性病风险；医生也能用来判断患者疾病变化、康复进展等信息，并有针对性地提供个性化医疗方案。

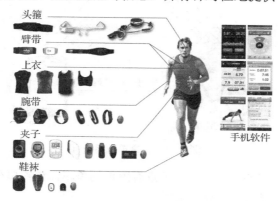

图 1.11   可穿戴医疗设备示例

③ 医疗大数据挖掘。医院积累了大量的疾病案例数据，可穿戴医疗设备市场也积累了大量与消费者健康相关的数据，通过人工智能算法对这些数据进行深度挖掘，可以推动精准医疗，为患者、医生、医院、制药企业和保险公司等提供智能服务。例如，通过对病案的挖掘，可以优化医疗流程，对医保进行监控等；将深度学习技术与医疗影像识别结合，实现辅助医疗影像诊断。

3. "互联网+"交通

（1）"互联网+"交通服务系统

互联网不仅深刻地改变了生产方式，也广泛地影响着人们的日常生活。以服务为核心的各种交通信息系统使人们的出行更便捷，使交通管理更高效。在出行管理、车辆控制、交通监管、旅行信息、电子收费等方面有很多信息系统，这里仅列举个人用户常用的系统。

① 路线规划和导航系统。路线规划是导航的前提，系统根据目的地、出发地及路径策略的设置，为用户量身设计出行方案，同时可结合实时交通情况，帮助用户绕开拥堵路段，提供更贴心、更人性化的出行体验。例如，百度地图、高德导航等平台都提供这样的服务。

② 在线票务。航空、铁路、公路等全国联网的在线票务系统可实时查询交通时刻、票价和票源等信息，在线完成订票、改签和退票业务。例如，铁路 12306 提供全网实名

制订票、列车运行状态查询等；携程不仅提供航班票务，还提供订旅馆、租车、旅行等相关服务。

③ 个人出行平台。滴滴出行移动平台改变了传统的打车方式，实现了线上与线下相融合（Online to Offline，O2O），节省司乘双方的资源与时间，优化服务体验。

共享单车提供单车的分时租赁，开启了共享经济模式。图 1.12 显示了在一次使用过程中系统各模块的信息交互，各模块的功能如下。

图 1.12　共享单车系统

> 手机 APP：是用户的操作入口，可查看附近的单车，预约单车、充值、扫描二维码开锁、查看行驶路径、计算费用等。
> 云端平台：作为系统的中控大脑，存储和处理数据，与单车和用户 APP 进行数据通信。收集单车信息和用户请求，向单车下发控制命令，向用户发送计费结果等信息。
> 车控终端：是共享单车的核心部件，实现车辆电子锁控制、车辆 GPS 定位、与云端通过 GPRS 进行数据传输的功能。

（2）"互联网+"交通的发展趋势

智能交通（Intelligent Transportation System，ITS）是一种面向整个交通系统而建立的，在大范围内全方位发挥作用的，实时、准确、高效的综合交通运输管理系统，包括公共交通、交通信息、交通管理、车辆控制、货运管理、紧急救援、电子收费等功能模块。

它主要由地理信息系统（Geographic Information System，GIS）、移动通信、宽带网、RFID、传感器、云计算等新一代信息技术做支撑。ITS 的发展趋势如下。

① 动态感知和实时监测的信息获取。随着物联网等新技术的深度应用，对交通基础设施、交通流量及环境等状态感知将更加准确和实时，这是支撑智能交通发展的基础。

② 无处不在和随需而动的信息服务。信息服务遍及交通运输领域的各个角落，根据用户需求，如时间、费用、低碳、舒适度等，随时随地提供个性化和多样化信息服务。

③ 主动预警和快速响应的安全保障。通过车路协同、船岸通信等方式，实现对危险情况的主动预警和事件的快速响应，为交通参与者提供更加安全可靠的交通环境。

④ 信息共享和业务协同的运输体系。通过信息共享和业务协同，推动运输通道、枢纽、运输方式等资源的优化配置，促进运输方式之间的无缝衔接和零换乘。

⑤ 智能控制辅助的车辆驾驶。自动识别车况和周围环境，通过与用户和智能交通网络的实时交互，进行预警和自动操控，最终发展到无人驾驶。

4. "互联网+"商贸

（1）电子商务系统

互联网特别是移动互联网应用在零售和商贸等领域对传统行业的冲击非常大。电子商务系统是指在互联网开放的网络环境下，支持买卖双方在不谋面的情况下进行各种商贸活动，实现消费者的网上购物，商户之间的网上交易和各方之间的在线电子支付等各种商务活动、交易活动、金融活动和相关的综合服务活动的一种信息系统。

电子商务按交易的对象主要分为三类：企业对企业（Business to Business，B2B），支持企业间在线交易和产品展示；企业对消费者（Business to Customer，B2C）支持顾客网上购物；消费者对消费者（Customer to Customer，C2C），支持个人之间的交易和拍卖等。

不同于一般组织内部的信息系统，电子商务系统涉及对象多，系统功能复杂且安全性要求高，它将消费者、商家、银行、物流、认证中心等多个实体集合在一起。系统主要由网站系统、电子支付系统、物流信息系统构成（见图1.13）。

图 1.13　电子商务系统

① 网站系统：包括前台和后台两部分。前台提供消费者的交互界面，一般包括客户注册和登录、商品展示、商品查找、在线下单等功能。后台提供商家的交互界面，主要包括顾客资料管理、商品数据维护、交易分析等功能。后台一般还包括客户关系管理功能，主要完成客户信息的搜集、分析和营销决策应用支持。

② 电子支付系统：电子支付系统以电子货币方式通过网络完成款项支付。该系统比较复杂，安全性要求高，需要金融机构、认证机构的共同支持，并需要安全高速的网络平台。

③ 物流信息系统：物流信息系统支持物流仓储管理、配送管理、运输网络管理，实现

企业和客户之间高效的产品传递，是电子商务的最后一个环节。

（2）"互联网+"商贸的发展趋势

"互联网+"商贸迎来新一轮重要发展机遇。从技术支持角度来看，主要趋势如下。

① 移动购物。不仅把电子商务搬到移动设备上，而且充分利用移动设备的特征，例如，扫描、图像、语音识别、感应和定位等特征，提供更智能的服务。

② 社交购物。微信等社交网络的发展，让购物成为一种分享体验，可以在社交网络上分享购物体验，同时满足用户的社交需求和购物需求。

③ O2O 发展。互联网倒逼实体商贸转向线上与线下相融合，转变传统的以供应链管理和库存周转的获利模式，通过挖掘流量价值和提供服务平台实现赢利增长。

④ 精准营销。利用顾客的历史行为数据，通过大数据分析做精准推荐，支持企业运营决策，产生商业赢利。

⑤ 物联网。未来的商品或容器具备感知能力，能定期传达状态信息和自动触发订单。

⑥ 跨界合作。产业链、价值链和供应链上下游各方协作，构建开放生态的产业系统。

"互联网+"与各种传统产业都可以结合，找到新的业务形态。除了这里列举的示例，其他如金融、政务、农业、通信和文化等领域也发生着巨变。另外，"互联网+"正不断催生着新生业务模式和新产业，为创新创业提供了机遇和平台。

1.3 系统开发环境及实例

本书主要介绍事务处理系统的分析设计和开发方法，这是大家日常接触最多的系统类型，也是其他系统类型的基础。下面我们开始一个实例开发之旅，来认识本书所选择的数据库和软件开发环境，直观地体验系统实现过程，尽快从用户转换为开发者角色。

1.3.1 系统开发环境

要开发一个数据库应用系统，首先要选择数据库管理系统和确定应用程序开发工具环境。

1. 关系数据库管理系统 MySQL

数据库管理系统（Database Management System）是指支持创建、操纵和管理数据库的整套软件，一般由专业软件公司或开源社区开发。当前可供选择的商品化数据库管理系统有很多，可以根据开发环境和实际业务需要选择合适的软件及版本。大企业、政府和金融机构等通常使用 Oracle、DB2，中小企业特别是采用 Windows 平台时常选择 SQL Server，小型或个人应用可选择桌面化的 Access，预算有限的可选择开源的 MySQL，使用嵌入式或移动设备开发的可选用轻型的 SQLite 等，考虑自主知识产权可选择国产金仓（KingbaseES）或达梦（DM）数据库。这些关系数据库管理系统原理相同，使用方法相似。本书以开源的 MySQL 数据库管理系统为例，并选择第三方数据库管理工具 Navicat for MySQL 作为可视化管理工具。

① MySQL 数据库管理系统 mysql-installer-community 下载地址：https://dev. mysql.

com/downloads/mysql。

② Navicat for MySQL 下载地址：http://www.formysql.com。

2. 应用程序开发环境 Visual Studio

数据库应用系统的展现形式多样，但它们与数据库相关的访问操作及数据处理方法大致相同。实际项目需要根据业务需求确定系统架构类型，并选择相应的开发工具环境。本书以 Web 应用系统开发为例，如果采用响应式布局，则可以直接实现 Web APP。设计和实现 Web 应用程序的可选开发环境很多，如 ASP.NET、PHP、JSP 等，每种选择又有一系列相关的开发框架和工具来支持。本书选择 ASP.NET 开发 Web 应用程序，C#语言作为处理语言，它们和访问数据库的 ADO.NET 组件都已经被集成在微软公司的 Visual Studio 集成开发环境下。

由于 Visual Studio 不包含 MySQL 数据提供程序，因此，在安装 Visual Studio 后，还需要单独安装 MySQL 驱动组件。若要使用可视化配置数据源，则需要安装 MySQL for Visual Studio。

① Visual Studio 下载地址：微软官网或 http://msdn.itellyou.cn。

② MySQL 组件驱动 mysql-connector-net.msi 下载地址：

https://dev.mysql.com/downloads/connector/net

③ MySQL for Visual Studio 下载地址：

https://dev.mysql.com/downloads/windows/visualstudio

提示：下载软件的版本没有限制，但必须注意，软件版本要与机器使用的操作系统环境（如 64 位或 32 位）匹配，各种组件版本要与软件版本匹配，具体参见软件的官网说明。扫描文前的二维码可查看本书所使用的软件环境说明和各软件安装过程。

1.3.2　实例开发体验

【例 1.1】为某电影分享网站创建一个简单的 Web 应用程序（见图 1.14），从下拉列表中选择电影类型，可查看该类电影的列表。

图 1.14　查看电影

演示视频

1. 电影数据库设计说明

关系数据库采用关系模型，以二维表格来存储数据，表之间通过公共属性建立关系，表中每条记录完整地描述一个实体成员的信息。如图 1.15 所示是电影数据库中的三个关系表及部分数据：电影类型表存放电影类型信息，电影表存放电影的详细信息，导演表存放导演信息。电影类型表和电影表通过公共属性"类型号"建立关系，电影表和导演表通过"导演号"建立关系。可以看到，表之间的关系将独立的表关联为逻辑上的整体信息。

电影类型表

类型号	类别名
01	奇幻
02	喜剧
03	战争
04	爱情

电影表

电影号	电影名	类型号	首映时间	主演	导演号
1001	战狼II	03	2017-07-27	吴京	D02
1002	风月	04	1996-05-09	张国荣	D04
1003	红海行动	03	2018-02-16	张译	D03
1004	妖猫传	01	2017-12-22	黄轩	D04

导演表

导演号	导演名	出生地	出生日期
D01	张艺谋	西安	1950-04-02
D02	吴京	北京	1974-04-03
D03	林超贤	香港	1965-07-01
D04	陈凯歌	北京	1952-08-12

$1:n$ ⸺ $n:1$

图 1.15　电影数据库

数据表中各列（也称为字段）根据数据特点选用合适的数据类型（见表 1.2 至表 1.4），并将能唯一区分一条记录的字段定义为主关键字（主键）。表中，char(n)表示固定长度为 n 的字符串；varchar(n)表示可变长度的字符串，最大长度是 n；datetime 为日期型。

表 1.2　filmtype（电影类型表）

字 段 名 称	数 据 类 型	字 段 约 束	关系（外键）
类型号	char(2)	主键	
类型名	varchar(4)	非空	

表 1.3　filminfo（电影表）

字 段 名 称	数 据 类 型	字 段 约 束	关系（外键）
电影号	char(4)	主键	
电影名	varchar(20)	非空	
类型号	char(2)		filmtype:类型号
首映时间	datetime		
主演	varchar(10)		
导演号	char(3)		director:导演号

表 1.4　director（导演表）

字 段 名 称	数 据 类 型	字 段 约 束	关系（外键）
导演号	char(3)	主键	
导演名	varchar(10)	非空	
出生地	varchar(10)		
出生日期	datetime		

2. 在 MySQL 中创建数据库

使用 Navicat for MySQL 可以快速、可视化地完成数据库创建。

第一步：创建数据库 film。

① 在 Navicat for MySQL 左栏连接树中右击，从快捷菜单中选择"新建数据库"命令。

② 在对话框中（见图 1.16）填写数据库名 film，字符集选择 utf8 -- UTF-8 Unicode，排序规则选择 utf8_general_ci，单击"确定"按钮即可创建新数据库。

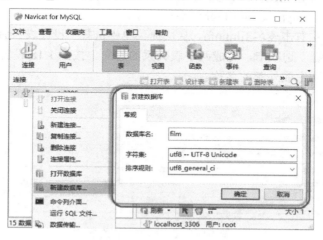

图 1.16　创建数据库

第二步：依次创建两个表 filmtype 和 filminfo（数据字段说明见表 1.2 至表 1.4）。

① 在左栏连接树中双击展开 film 数据库，右击"表"项，从快捷菜单中选择"新建表"命令，弹出表的设计窗口（见图 1.17）。

图 1.17　表的设计窗口

② 在表设计窗口中，根据表的存储结构设计依次完成每个字段的名称和数据类型设置。例如，选择"栏位"选项卡，在第一行中创建"类型号"字段："名"设置为"类型号"，

"类型"设置为 char（定长字符串），"长度"设置为 2，"允许空值"取消方框中的"√"（表示该字段的值不允许为空），单击工具栏中的"🔍主键"按钮，设置其为主键，在窗口下方的"注释"框中可填写字段的描述说明"电影类型编号"，完成"类型号"字段的创建。

③ 单击工具栏中的"⊙添加栏位"按钮，或按键盘中的"↓"键移到下一行，创建"类型名"字段："类型"设置为 varchar（可变长字符串），"长度"设置为 4。最后单击工具栏中的"保存"按钮，输入表名 filmtype，一个表就创建完成了。

④ 参照上述步骤，根据表 1.3 完成 filminfo 表的创建并保存。

第三步：建立 filmtype 表和 filminfo 表的关系。

在左栏连接树中右击表名 filminfo，从快捷菜单中选择"设计表"命令，重新进入表设计窗口，选择"外键"选项卡，完成两个表关系的建立。按图 1.18 设置各列的选项值，单击"保存"按钮自动生成外键的名称。

图 1.18　建立两个表的关系

提示：用来建立关系的"类型号"字段在两个表中的字段类型和长度必须完全一致，并且在 filmtype 表中已经设置为主键。

第四步：向数据表中添加记录。

① 在左栏连接树中右击 filmtype 表，从快捷菜单中选择"打开表"命令，进入表数据窗口（见图 1.19），输入各记录的字段值，单击窗口下部"➕"按钮或按键盘中的"↓"键移到下一行。输入完成后，单击表数据窗口右上角"×"按钮关闭窗口，按提示保存即可。

② 同上方法为 filminfo 表添加记录。

图 1.19　表数据窗口

提示：一定要先添加 filmtype 表中的数据，再添加 filminfo 表中的数据，顺序不可颠倒。因为在这两个表之间的关系中，后者的数据受前者约束。

第五步：生成创建数据库的 SQL 脚本文件，便于以后恢复或转移数据库。

第四步已经完成数据库的创建。为了以后恢复或转移数据库，需生成创建数据库的 SQL 文件保存起来。右击 film 数据库，从快捷菜单中选择"转储 SQL 文件"命令（见图 1.20），在打开的对话框中输入文件名，选择保存位置，转储完成后单击"关闭"按钮（见图 1.21）。*.sql 是文本文件，可以用文本编辑器打开。

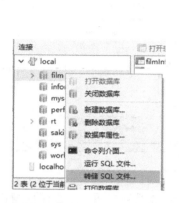
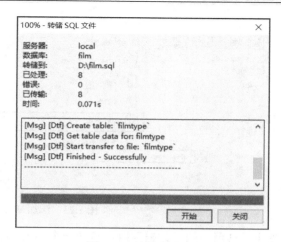

图 1.20　转储 SQL 文件　　　　　　　　图 1.21　转储完成

3. 开发网站应用程序

Visual Studio 是可视化开发环境，支持使用 ASP.NET 创建网站，下面给出实现步骤。

（1）新建 ASP.NET 网站项目。启动 Visual Studio，选择菜单命令"文件→新建→网站"，在"新建网站"对话框（见图 1.22）中，模板选择"Visual C#""ASP.NET 空网站"，Web 位置为"文件系统"，路径为"D:\W11_film"，单击"确定"按钮。系统将在 D:\W11_film 文件夹下创建若干文件夹和文件。在解决方案资源管理器中可看到新建立的项目。

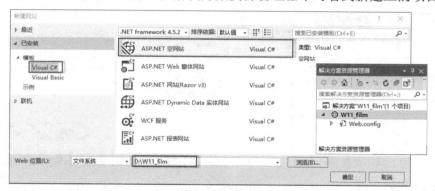

图 1.22　新建网站项目

（2）新建 ASP.NET 页面 FilmShow.aspx。在解决方案资源管理器中，右击 W11_film 网站，从快捷菜单中选择"添加新项"命令，打开"添加新项"对话框（见图 1.23），模板选择"Visual C#""Web 窗体"，名称修改为 FilmShow.aspx，单击"添加"按钮完成页面添加。

（3）设计 FilmShow.aspx 页面。在解决方案资源管理器中，右击 FilmShow.aspx，从快捷菜单中选择"视图设计器"命令，打开页面设计窗口（见图 1.24）。展开工具箱中的"标准"组，拖动一个 Label 控件放置到页面上；打开属性窗口，设置 Text 属性值为"电影类型"；放置一个 DropDownList 到 Label1 之后，单击右上角"▷"按钮，在任务列表中勾选"启用 AutoPostBack"项。

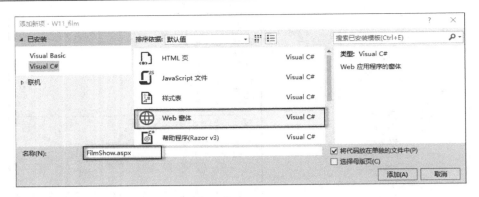

图 1.23　添加 Web 窗体

展开工具箱中的"数据"组，拖动一个 GridView 控件放置到页面上，在属性窗口中设置 GridView1 的 Caption 属性值为"电影列表"，单击右上角"▷"按钮，在任务列表中选择自动套用格式"简明型"。

（4）编写代码。访问数据库的处理流程固定，代码很容易掌握，将在第 6 章中详细讲解。这里只需要生成事件过程框架，然后录入或复制其中代码即可。

① 在解决方案资源管理器中，右击项目，从快捷菜单中选择"添加引用"命令，在打开的对话框中选"浏览"选项卡（见图 1.25），找到并选中本机安装 MySQL 驱动时产生的 MySql.Data.dll 文件（如 C:\Program Files(x86)\MySQL\MySQL Connector Net 6.10.8\Assemblies\ v4.5.2 文件夹下），确定后完成 MySQL 驱动的添加。

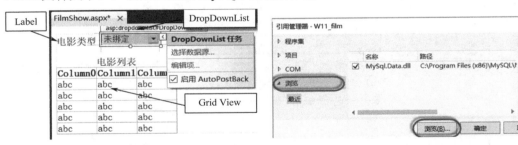

图 1.24　页面设计窗口　　　　图 1.25　在项目中添加 MySQL 驱动的引用

② 双击视图设计器进入代码文件 FilmShow.aspx.cs，开始编辑 Page_Load()事件过程代码。注意，在引用部分需要添加命名空间 System.Data 和 MySql.Data.MySqlClient。

```csharp
using System;
using System.Collections.Generic;
using System.Linq;
using System.Web;
using System.Web.UI;
using System.Web.UI.WebControls;
using System.Data;                    //引用 DataSet 的命名空间
using MySql.Data.MySqlClient;         //引用 MySQL 驱动的命名空间

public partial class FilmShow : System.Web.UI.Page
```

```
{//页面首次加载，从数据库中读取 filmtype 数据，并将"类型名"添加到 DropDownList1 中
protected void Page_Load(object sender, EventArgs e)
{
    if (!IsPostBack)                     //若为回传消息而加载页面，则不执行
    {
        //说明服务器、数据库、用户名和密码，建立数据库连接对象
        MySqlConnection cn=new MySqlConnection("server=localhost; database=film;
                            user id=root; password=1234");
        //建立数据适配器对象，说明 SQL 命令
        MySqlDataAdapter da = new MySqlDataAdapter("Select * From filmtype", cn);
        //建立数据集对象，执行 SQL 命令，填充数据集
        DataSet ds = new DataSet();
        da.Fill(ds, "temp");
        //将数据集与 DropdownList 绑定，显示从数据库获取的信息
        DropDownList1.DataSource = ds.Tables["temp"];
        DropDownList1.DataTextField = ds.Tables["temp"].Columns["类型名"].ColumnName;
        DropDownList1.DataBind();
    }
}
}
```

③　在设计页面中双击下拉列表，生成 DropDownList1_SelectedIndexChanged()事件过程框架，编写代码如下：

```
//从下拉列表中选择一个类型名，根据该类型名从数据库中提取电影信息添加到 GridView1 中
protected void DropDownList1_SelectedIndexChanged(object sender, EventArgs e)
{
    MySqlConnection cn = new MySqlConnection("server=localhost; database=film; user id=root;
                        password=1234");
    MySqlDataAdapter da = new MySqlDataAdapter("Select filminfo.*, filmtype.类型名
                        From filminfo Join filmtype On filminfo.类型号=filmtype.类型号
                        Where  类型名= @TypeName", cn);
    DataSet ds = new DataSet();
    da.SelectCommand.Parameters.AddWithValue("@TypeName", DropDownList1. SelectedValue);
    da.Fill(ds, "temp");
    GridView1.DataSource = ds.Tables["temp"];
    GridView1.DataBind();
}
```

（5）运行程序。选择菜单命令"调试→启动调试"运行程序。

Page_Load()和 DropDownList1_SelectedIndexChanged()事件过程的代码极其相似，分别独立完成了一次数据库查询过程，主要区别在于 SQL 命令不同和绑定的页面对象不同。

实验与思考

实验目的：认识开发环境，体验开发过程。

实验环境及素材：数据库管理系统 MySQL 和数据库管理工具 Navicat for MySQL，应用程序开发集成环境 Visual Studio，数据库脚本文件 film.sql。

脚本文件

1．体验例 1.1 电影分享网站的运行。

（1）在 Navicat for MySQL 中恢复数据库 film 并新增记录。

① 创建一个名称为 film 的数据库。

② 执行例 1.1 生成的脚本文件 film.sql 恢复 filmtype 表和 filminfo 表。

③ 打开 filminfo 表，新增两部电影。

提示：电影号不能与表中已有的电影号重复；类型号必须是 filmtype 表中已有的类型号；如果导演与已有电影不同，请自行为导演编号。

（2）在 Visual Studio 中加载程序并运行。

① 在"我的电脑"中复制 W11_film 文件夹，并重新命名为 L11_film。

② 启动 Visual Studio，打开 L11_film 网站。进入 FilmShow.aspx.cs 代码文件，检查以下语句：

```
MySqlConnection cn = new MySqlConnection("server=localhost;
                database=film; user id=root;password=1234");
```

将其中的 user id 和 password 值修改为自己的 MySQL 用户名和密码，注意有两处。

③ 运行程序进行体验，选择不同类型，显示电影信息。

2．扩展 L11_film 网站，增加一个网页，按照导演查询电影，结果如图 1.26 所示。

图 1.26　查询结果

（1）在 Navicat for MySQL 中为 film 数据库新增 director 表。

① 创建 director 表（数据类型说明见表 1.4）。

② 向 director 表中添加记录（见表 1.4）。

提示：导演号必须包含 filminfo 表中的所有导演号，包括新增的导演号。

③ 设置其外键，通过"导演号"字段与 filminfo 表建立关系。

（2）启动 Visual Studio，在 L11_film 网站中新建页面根据导演查询电影。

① 打开 L11_film 网站，新建一个网页文件 FilmShow1.aspx。

② 在设计页面中增加一个 DropdownList（下拉列表）控件，启用 AutoPostBack 项；增加一个 GridView 控件，设置其 Caption 属性值为"电影信息"，自动套用格式"石板"。

③ 进入 FilmShow1.aspx.cs 代码文件，编写代码。

➢ 在程序头部增加两句代码引入有关命名空间（见图 1.27），可录入或从 FilmShow.aspx.cs 中复制。

➤ 从 FilmShow.aspx.cs 中复制 Page_Load()代码并按照图 1.27 进行修改。

```
FilmShow1                                          ⌄ Page_Load(object sender, EventArgs e)              ⌄
using System;
using System.Collections.Generic;
using System.Linq;
using System.Web;
using System.Web.UI;
using System.Web.UI.WebControls;                    修改1：增加两句代码
using System.Data;
using MySql.Data.MySqlClient;

public partial class FilmShow : System.Web.UI.Page
{    //页面首次加载，从数据库读取filmtype数据，并将"类型名"添加到下拉来列表框DropDownList1
    protected void Page_Load(object sender, EventArgs e)
    {
        if (!IsPostBack)   //如果是页面首次加载执行下面代码，如因按钮回传消息加载页面，则不执行
        {
            MySqlConnection cn = new MySqlConnection("server=localhost; database=film; user id=root;password=1234");
            MySqlDataAdapter da = new MySqlDataAdapter("Select * From filmtype", cn);
            DataSet ds = new DataSet();
            da.Fill(ds, "temp");                                  修改2：filmtype替换为director
            DropDownList1.DataSource = ds.Tables["temp"];
            DropDownList1.DataTextField = ds.Tables["temp"].Columns["类型名"].ColumnName;
            DropDownList1.DataBind();
        }                                                        修改3：类型名替换为导演名
    }
}
100 %  ▾  ◂                                                                                              ▸
```

图 1.27 程序头部和 Page_Load()代码修改

➤ 双击 DropdownList1 生成事件过程框架，从 FilmShow.aspx.cs 中复制代码并修改 5 处（见图 1.28）。注意：原来有空格的地方要保留，"."的左右不要加空格。

"Select filminfo.*, filmtype.类型名 From filminfo Join filmtype ON filminfo.类型号=filmtype.类型号 Where 类型名 = @TypeName"

director.导演名　　　director　　导演号　director.导演号　导演名

图 1.28 DropDownList1_SelectedIndexChanged()代码修改

➤ 运行程序，体验运行结果。

第2章

关系数据库基本知识

数据库将经过抽象的信息以一定的数据结构描述，从而进行统一规划和集中管理，并支持数据的多用户共享和多应用共享。本章首先介绍数据模型，然后重点讲述关系模型和关系数据库的基本知识及相关概念，并简要介绍关系数据库的基础理论。

2.1 数据模型

对所研究的实体进行必要的简化，用适当的表现形式或规则描述它的主要特征，所得到的简化系统就是模型。例如，模仿鸟类的飞行原理设计飞机模型，形成原理方案，再根据模型制造实物。数据模型也是一种模型，用来抽象、表示和处理现实世界中的信息，是构造数据结构时所遵循的规则及对数据所能进行的操作的总称。它是设计和实现数据库的基础。

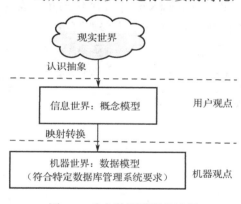

图 2.1 建立数据模型的过程

为现实世界中的信息建立数据模型的过程包括两个阶段（见图 2.1）。首先按用户的观点对现实事物及其关联关系进行抽象描述，形成信息世界的概念模型；然后按机器（计算机）的观点将其映射转换为符合特定数据库管理系统要求的数据模型。

2.1.1 信息世界的概念模型

1. 概念模型的含义

概念模型是按用户的观点将现实世界的信息进行模型化表示后形成的。现实世界中的事物千差万别，事物之间的关系错综复杂。概念模型需要简洁、恰当地刻画目标系统所关注的现实世界中的信息，主要包括两个方面：

① 筛选出有价值的事物并对其主要特性进行描述；

② 描述这些事物之间的联系。

概念模型是人们进行信息系统分析的有效交流工具，不仅可以有效地帮助开发人员描述现实世界中的信息，还能辅助开发人员与用户沟通数据需求，是后续数据模型设计的基础。它不依赖于具体的计算机系统和数据库管理系统，通常采用实体联系模型（Entity-Relationship Diagram，简称 E-R 图或 E-R 模型）来描述。

2. E-R 图

（1）E-R 图的基本结构

E-R 图主要由实体、实体的属性和实体间的联系构成（见图 2.2），结构简单、清晰易懂。

1）实体。实体是指在现实世界中客观存在的、具有共同特征并可以相互区别的事物对象的集合。例如，学生、课程、教师等都是实体，而具体的某个学生是学生实体这个集合中的一个成员。在 E-R 图中，实体用矩形表示，矩形内的文字是实体的名称。

2）属性。实体内各个成员所具有的共同特征就是属性。例如，学生实体具有学号、姓名、性别、出生日期等属性。在 E-R 图中，属性用椭圆形表示，并用直线与相关的实体进行连接，椭圆内的文字是属性的名称。

3）关键字。实体中能够唯一标识实体成员的一组最小的属性集合称为实体的关键字。一个实体可以有多个关键字，通常选择一个作为主关键字（主键）。例如，"学号"可作为学生实体的主键，它能唯一标识一个学生，因为每个学生的学号不同。在 E-R 图中，主键属性用下画线表示。

4）联系。联系是实体之间的一种关联。联系也可以具有属性。例如，学生实体与课程实体之间具有"选修"联系，成绩可作为"选修"联系的一个属性。在 E-R 图中，联系用菱形表示，菱形内的文字是联系的名称，并用直线将它与关联的实体进行连接。

联系可以分为三种类型，下面以本书所用的在线学习系统实例——"e 学习"系统中涉及的实体联系为例进行说明。

① 一对一联系（1:1）。实体 A 中的每个成员最多与实体 B 中的一个成员相关联，反之亦然。图 2.2（a）中的学生实体与毕业证实体之间是一对一的联系，因为一个学生最多只能获得有一个毕业证，而一个毕业证只能颁发给一个学生。

② 一对多联系（1:n）。实体 A 中的每个成员可以与实体 B 中的多个成员相关联，反之，实体 B 中的每个成员最多与实体 A 中的一个成员相关联。图 2.2（b）中的课程实体与课件实体之间是一对多的联系，因为一门课程可包含多个课件，而一个课件只能属于一门课程。

③ 多对多联系（m:n）。实体 A 中的每个成员可以与实体 B 中的多个成员相关联，反之，实体 B 中的每个成员也可以与实体 A 中的多个成员相关联。图 2.2（c）中的学生实体与课程实体之间是多对多的联系，一个学生可选修多门课程，一门课程也可以被多个学生选修。

（2）E-R 图的设计过程

根据对系统数据处理需求的分析，首先定义每个局部应用的 E-R 图，然后按照一定的规则把它们集成起来，从而设计出系统的全局概念结构。

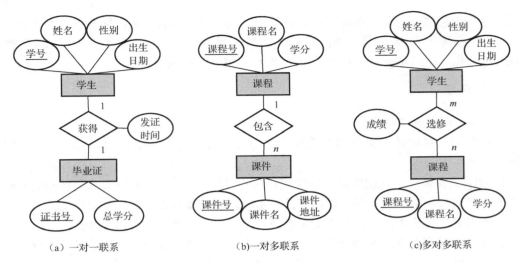

（a）一对一联系　　　　　　　（b)一对多联系　　　　　　　（c)多对多联系

图2.2　"e学习"系统的局部E-R图及联系类型举例

1）设计局部E-R图

局部E-R图设计的主要步骤如下：① 确定实体，分析各实体间存在的联系，并定义联系的类型；② 确定实体的属性、联系的属性；③ 定义各实体的主键。

区分实体与属性的一般原则：① 实体一般需要描述信息，而属性则不需要；② 多值的属性可考虑作为实体。例如，在一般系统中，"地址"作为属性即可；但在电商系统中一个用户通常有多个收货地址，最好将"收货地址"作为一个独立的实体，否则数据库中将会出现大量的空值。

根据"e学习"系统的数据处理需求，我们可以设计其他局部E-R图（见图2.3）。

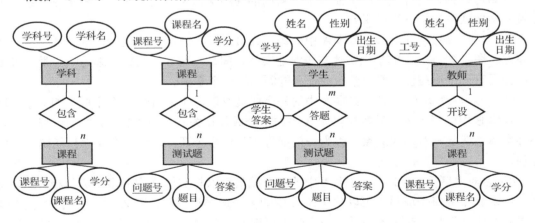

图2.3　"e学习"系统的其他局部E-R图

2）设计全局E-R图

将局部E-R图进行集成就得到全局E-R图。图2.2和图2.3中的局部E-R图集成后得到的全局E-R图如图2.4所示。

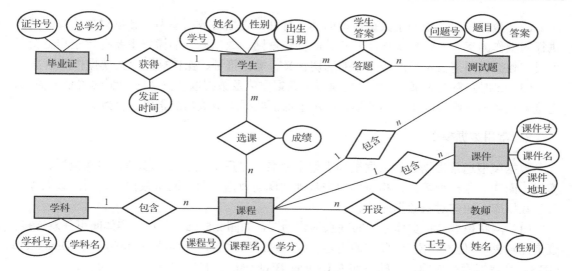

图 2.4　"e 学习"系统的全局 E-R 图

将局部 E-R 图进行集成时需要消除它们之间的冲突，主要有以下三类冲突。

① 属性冲突包括以下两种情况：第一种是属性域冲突，即属性的类型、取值范围和取值集合不同，例如，"学号"是字符型还是整型，以及长度范围等需要统一；第二种是属性的取值单位冲突，例如，"成绩"用百分制还是 5 分制，各处要一致。

② 命名冲突包括以下两种情况：第一种是同名异义，指不同的实体或属性在两个局部 E-R 图中命名相同，但含义不同；第二种是异名同义，指同一个实体或属性在两个局部 E-R 图中命名不同，但含义相同。

③ 结构冲突包括以下两种情况：第一种是同一个对象有不同的抽象，例如，"成绩"在某个 E-R 图中是实体，而在另一处为属性；第二种是同一个实体在两个局部 E-R 图中包含的属性个数不同，解决这类冲突可以用各局部 E-R 图中属性的并集作为该实体的属性。

3）对全局 E-R 图进行优化

全局 E-R 图在能够全面反映用户数据需求的情况下，还应该进行优化，使实体个数尽可能少，实体所包含的属性尽可能少，以及实体间的联系无冗余。

2.1.2　机器世界的数据模型

1. 数据模型的构成

概念模型需要转换为数据模型才能被计算机处理。数据模型由数据结构、数据操作和数据完整性约束三部分组成，是严格定义的一组概念的集合，这些概念精确地描述了数据模型的特性。

（1）数据结构：是数据模型中最重要的部分，说明了数据模型的静态特性。它对所关心的数据对象的类型、内容、性质，以及数据对象之间的相互关系进行描述，规定了如何把基本的数据项组织成较大的数据单位。

（2）数据操作：说明了数据模型的动态特性。它描述数据模型中数据对象的实例允许执行的操作的集合，包括操作及其有关的操作规则。数据库中的操作主要有检索和更新两大类。数据模型需要定义这些操作的确切含义、操作符号、操作规则及实现操作的语言。

（3）数据完整性约束：是对数据模型中数据取值及数据取值变化时的制约关系的描述。它是一组数据完整性约束规则的集合，用于保证数据库中数据的正确、有效和相容。

2. 常用数据模型

数据模型通常根据它的数据结构类型来命名，先后出现了网状模型、层次模型、关系模型、面向对象模型等，以相应模型为基础实现的数据库即为网状数据库、层次数据库、关系数据库、面向对象数据库等。

（1）网状模型：将实体之间的联系描述为图，如图 2.5（a）所示，实体间可任意连接，查询比较灵活，但操作复杂。美国通用电气（GE）公司开发的网状数据库 Integrated Data Store（IDS）是数据库的先驱，它的发明人 Charles Bachman 于 1973 年获得图灵奖。

（2）层次模型：将实体之间的联系描述为树状，如图 2.5（b）所示，数据查询只能沿着"父→子"路径进行，描述简洁但查询效率低。国际商业机器（IBM）公司开发的层次数据库 Information Management System（IMS）是最早的商用数据库。

（3）关系模型：实体用"二维表"（这种表在数学上称为关系）来描述，如图 2.5（c）所示，将实体间的联系通过表的公共属性来表达。它简单灵活、数据独立性高。IBM 公司的 System R、加州大学伯克利分校的 Ingres，以及目前广泛应用的 Oracle、SQL Server、MySQL 等都是关系数据库。关系模型的理论奠基人 Edgar Frank Codd 于 1981 年获得图灵奖。

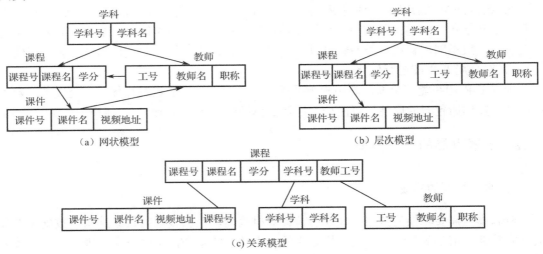

图 2.5　几种数据模型结构示例

3. "e 学习"系统数据库的关系模型

根据图 2.4 中的 E-R 图可以得到"e 学习"系统数据库的关系模型（见图 2.6），除了将

7 个实体转换为 7 个关系表，还将两个多对多联系分别转换为单独的表，即：将学生和课程的联系转换为选课表，将学生和测试题的联系转换为答题表。

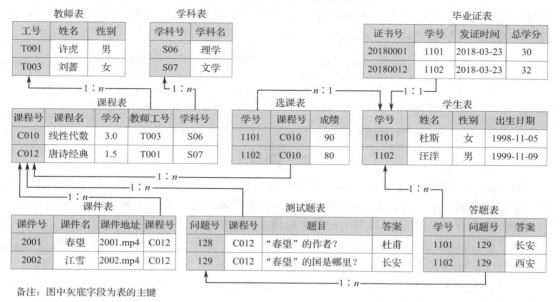

图 2.6 "e 学习"系统数据库的关系模型示意图

2.2 关系模型与关系数据库

关系数据库是以关系模型为基础的数据库，是目前最成熟、应用最广泛的数据库。本节以如图 2.6 所示的一个简化的"e 学习"系统数据库为例讲解关系数据库的有关概念。

2.2.1 关系数据结构

1. 表结构

关系表结构涉及以下概念。

（1）表。关系模型的数据结构单一，它采用二维表结构来表示实体及实体之间的联系。一个关系对应一个二维表，也可称为关系表，简称为表，例如，学生表、课程表等。

（2）属性。表中每列描述实体的一个特征，称为属性（也称字段或列）。每个属性都有相应的取值范围，称为值域。例如，学生表中的"姓名"取值为长度不大于 16 的字符串。

（3）记录。表中的每行由一个实体成员的属性取值构成，称为记录（或元组）。例如，学生表中的（1102，王洋，男，1999-11-09）是一条记录，它完整地描述了一个实体成员。记录中的一个属性值称为分量。例如，"王洋"是一个分量。

需要注意的是，关系是二维表，但这种表有以下限制。

① 表中的每个属性必须有唯一的名字，属性在表中的顺序可以任意交换。

【例 2.1】 通讯录表中多个联系电话的正确描述。

在图 2.7（a）中，每个学生可有两个联系电话，但属性名相同是不合法的。修改两个属性名分别为"手机电话"和"座机电话"，如图 2.7（b）所示。另外，属性的位置可随意调换。例如，可以将"姓名"移到最后一列。

学号	姓名	电话	电话
1101	杜斯	13916627891	057167543062
1102	汪洋	13756312276	057154780916
1103	林豆豆	13501702755	051823098588

（a）有不合法的同名属性

学号	手机电话	座机电话	姓名
1101	13916627891	057167543062	杜斯
1102	13756312276	057154780916	汪洋
1103	13501702755	051823098588	林豆豆

（b）合法

图 2.7　通讯录表

② 表中每个属性的取值都是基本数据类型，例如，整型、实型、字符型等，数组或结构等不能作为属性的类型。属性必须在所规定的值域内取值，不同属性的值域可以相同。

【例 2.2】 学生表中性别和出生日期的取值。

图 2.8（a）中，如果规定"性别"字段的值域为一个字符，那么第二条记录的取值 Male 是不合法的；如果规定"出生日期"字段为日期型，那么，第二条记录的取值"1999 年"是字符串，也是不合法的。图 2.8（b）中各数据取值合法，其中的"出生日期"和"注册日期"字段的值域都是日期类型。

学号	姓名	性别	出生日期	注册日期
1101	杜斯	女	1998-11-05	2017-09-01
1102	汪洋	Male	1999年	2018-05-23
1103	林豆豆	女	1997-12-15	2017-06-16

（a）有不合法的取值

学号	姓名	性别	出生日期	注册日期
1101	杜斯	女	1998-11-05	2017-09-01
1102	汪洋	男	1999-11-09	2018-05-23
1103	林豆豆	女	1997-12-15	2017-06-16

（b）合法

图 2.8　学生表

③ 表中任意两条记录不能完全相同，即不允许有重复的行。记录在表中的顺序可以交换。

【例 2.3】 学生表中的重复记录。

在图 2.9（a）中，第一条和第三条记录完全相同，这是不合法的。在图 2.9（b）中，第一条和第二条记录虽然多数字段值相同，但学号值不同，这是合法的。另外，记录的顺序可以交换，这里将第二条记录移到最后也是可以的。

学号	姓名	性别	出生日期
1101	杜斯	女	1998-11-05
1102	汪洋	男	1999-11-09
1101	杜斯	女	1998-11-05

（a）有重复的不合法记录

学号	姓名	性别	出生日期
1101	杜斯	女	1998-11-05
1107	杜斯	女	1998-11-05
1102	汪洋	男	1999-11-09

（b）记录合法

图 2.9　学生表

（4）主键，也称主关键字（Primary Key）。主键是保证表中记录具有唯一性的一种机制。

① 候选码，也称候选关键字（Candidate Key），是关系表中按语义能唯一标识记录的

最小属性的集合。在最简单的情况下，候选码只包含一个属性。在极端情况下，关系表的所有属性的集合是这个关系表的候选码，称为全码。

② 主键，用来指定在关系表中唯一标识记录的一个候选码。一个关系表可能有多个候选码，但只能选定其中一个为主键。主键的值不能为空且不能重复。

在一般情况下，为每个关系表都要定义主键，以保证任意两行数据记录不完全相同。

【例 2.4】 学生表的主键。

对于学生表，如果不允许表中出现姓名相同的学生，则该表中"学号"和"姓名"都具有唯一性语义，都是候选码，主键可以选定"学号"或"姓名"；如果允许表中出现姓名相同的学生，则"姓名"不能作为候选码，主键只能是"学号"。

主键应根据语义定义，可以是一个属性，也可以是多个属性组成的属性组。

【例 2.5】 选课表的主键。

选课表存放所有学生选修所有课程的信息。如果将"学号"定义为主键，那么每个学号只能在表中出现一次，即：每个学生只能选修一门课程，这显然与实际选课情况不符合。同理，"课程号"和"学分"都不适合作为主键。这时可以定义一组属性来作为主键，选择（学号，课程号）很合适。由此例可以看出，主键应根据现实世界中实体的实际情况确定。

2. 表之间的关系

现实世界中的事物是相互联系的，这种联系需要通过数据模型体现出来。联系可以分为两种：一种是实体内部的联系，它反映了不同属性之间的联系，这种联系已经在表的结构中体现出来；另一种是实体之间的联系，在概念模型中采用 E-R 图描述，反映到关系模型中就是表和表之间的关系。

在关系模型中，表和表之间的关系通过表的公共属性来实现。在图 2.6 中，尽管学科数据与课程数据分别存放在不同的表中，但是通过学科表和课程表中的公共属性"学科号"就可以建立两个表之间的关联。例如，要查询有哪些"文学"类的课程，可以先从学科表中查出它的学科号是 S07，然后根据学科号 S07 在课程表中查出对应的所有课程。反之，要查询"唐诗经典"课程属于哪个学科，也可以通过它的学科号在学科表中查询到"文学"。

两个表的公共属性之间的关联定义实现了两个表的连接运算，它不仅支持对数据库的多表连接数据操作，而且可以实现相关联数据表中数据的互相约束，从而保证数据的完整性，并减少数据冗余。因此，在设计数据库时，可以把复杂的事物分解，用多个表进行描述，利用表之间的关系使信息仍保持整体的逻辑结构。

为了描述表之间的关系，关系数据模型使用了外关键字、主表和外表等概念。

（1）外关键字（Foreign Key），简称外键。如果一个表中的主键与另一个表中的某个属性相同或相容（数据类型相同、语义相同、描述实体相同），可使用这个相同或相容的公共属性建立两个表之间的联系，这个起联系作用的属性在另一个表中被称为外键。

提示： 公共属性在两个表中名称可以不同。但为了设计和开发方便，在数据库设计时，最好为不同表中的公共属性定义相同的属性名。

（2）主表和外表。当两个表关联后，两个表就有了角色之分。公共属性作为主键的表称为主表，另一个表称为外表。

分析以上定义，可以得到在两个表之间建立关系的一般原则：

① 两个表具有能体现实体存在联系的相同或相容的公共属性；

② 该公共属性至少在其中一个表中是主键。

图 2.6 中用连线指示了各个表之间的关系，连线箭头指向主表，主表中用于建立关系的属性是主键；连线另一端是外表，外表中用于建立关系的属性是外键。下面通过几个小例子详细说明如何通过外键定义表之间的关系。

【例 2.6】学科表和课程表之间的一对多关系。

学科实体和课程实体存在归属关系，一个学科开设多门课程，任何一门课程都属于且仅属于某个学科。学科表和课程表有相同属性"学科号"，可以用"学科号"建立二者之间一对多的关系（见图 2.10），在学科表中的"学科号"是主键，而在课程表中的"学科号"就是外键。在这个关系中，学科表是主表，课程表是外表。

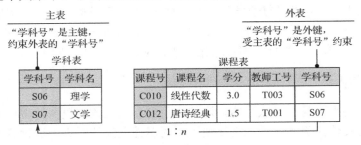

图 2.10 学科表和课程表之间的一对多关系

提示：当建立关系的公共属性只是其中一个表的主键时，建立的是一对多关系。

【例 2.7】学生表和毕业证表之间的一对一关系。

学生实体和毕业证实体存在获得关系，可以用它们的共同属性"学号"建立关系。"学号"作为主键所在的学生表是主表，毕业证表是外表，如图 2.11（a）所示。为保证这是一对一关系，需要在外表（毕业证表）中限定"学号"取值唯一，可通过为"学号"字段建立唯一索引实现。

还可以采用另外一种设计方案，如图 2.11（b）所示：将"学号"也设为毕业证表的主键，利用它们的共同属性"学号"建立在学生表和毕业证表之间的一对一关系。在这个由两个主键建立的关系中，哪个是主表，哪个是外表呢？理论上，可以任选一个作为主表，另一个作为外表。但在关系中，主表约束外表，要根据实际的关系分析，选择一般性、主导性信息所在的表作为主表。因此，在该关系中，定义学生表为主表，毕业证表为外表。这样，毕业证表中的"学号"既是该表的主键，也是用于关联学生表的外键。

提示：当建立关系的公共属性在一个表中是主键，在另一个表中也是主键或唯一索引时，建立的是一对一关系。

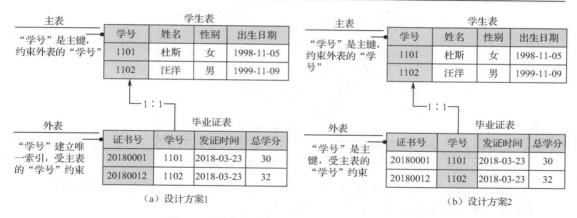

图 2.11　学生表和毕业证表之间的一对一关系

【例 2.8】教师表和课程表之间的一对多关系。

教师实体和课程实体之间存在讲授关系（见图 2.6）。它们没有名字相同的属性，但教师表中的属性"工号"和课程表中的属性"教师工号"，数据类型和含义相同，且"工号"在教师表中是主键，可以用这对属性建立一个一对多关系，教师表是主表，课程表是外表。

【例 2.9】学生表和教师表之间的关系。

教师实体和学生实体之间可能存在多种关系，如任课、指导等。但在图 2.6 的各个表中，没有体现这种关系的公共属性。虽然学生表和教师表都有属性"姓名"和"性别"，但是它们分别描述不同的实体，并不是公共属性。如果需要表达以上某种师生关系，则可以选择以下设计。

① 任课关系。图 2.6 可以表达任课关系，不需要额外设计，因为通过学生表和选课表、选课表和课程表、课程表和教师表之间的关系，可以找到任课教师信息。

② 指导关系。可以在学生表中增加一个属性"工号"，用来记录该学生的指导教师，然后利用"工号"来建立教师表和学生表之间的一对多关系。

从图 2.6 可以看出，尽管数据库中的各个表是独立的，但是表与表之间可以通过外键建立相互联系，从而构成一个整体的逻辑结构。而且除了外键和一些必需的属性，这些表中尽可能地减少了数据冗余。

3. 关系模式

表中的行定义（即表头）是实体所有相关属性的集合，称为该表的关系模式，通常记为：

关系名（属性名 1，属性名 2，…，属性名 n)

为一个数据库定义的所有关系模式的集合构成该关系数据库的逻辑结构模型。"e 学习"系统数据库由 9 个关系模式构成（见图 2.12），其中带下画线的属性为主键，带星号（*）的属性是外键。

学科（<u>学科号</u>，学科名）
教师（<u>工号</u>，姓名，性别）
课程（<u>课程号</u>，课程名，学分，教师工号*，学科号*）
课件（<u>课件号</u>，课件名，课件地址，课程号*）
测试题（<u>问题号</u>，课程号*，题目，答案）
学生（<u>学号</u>，姓名，性别，出生日期）
选课（<u>学号</u>*，<u>课程号</u>*，成绩）
答题（<u>学号</u>*，<u>问题号</u>*，答案）
毕业证（<u>证书号</u>，学号*，发证时间）

图 2.12　"e 学习"系统数据库的关系模型

关系模式确定后，在数据库物理设计阶段可以用表格详细地描述关系模式的定义。

【例 2.10】选课表关系模式的物理结构设计。

图 2.13 采用表格描述选课表关系模式的物理结构设计，包括属性名称、属性说明、类型定义、属性限定和关系（外键）。"学号"的类型是长度为 4 的整数，"课程号"是长度为 4 的字符串，"成绩"是总长为 5 且保留 1 位小数的数值型。该表的主键为（学号，课程号）。该表通过"学号"与学生表建立关系，是学生表的外表；该表通过"课程号"与课程表建立关系，是课程表的外表。

属性名称	属性说明	类型定义	属性限定	关系（外键）
学号	学生代号	int(4)	主键	学生表：学号
课程号	课程代号	char(4)	主键	课程表：课程号
成绩	课程成绩	float(5,1)		

图 2.13　选课表关系模式的物理结构设计

除了用表格详细描述关系模式，还可以用关系数据库的结构化查询语言（Structured Query Language，SQL）中的数据定义语句来定义关系模式（参见 4.1.2 节），数据库管理系统执行这些描述命令后就可以在数据库中建立数据表对象。

4. E-R 图向关系模型转换

关系模型的逻辑结构是一组关系模式的集合。将我们前面建立起来的概念模型 E-R 图进行转换就可以得到这些关系模式，即：将 E-R 图中的实体及实体间的联系转换为关系模式，并确定这些关系模式的属性和主键。主要转换规则如下。

（1）实体到关系模式的转换。一般来说，E-R 图中的一个实体转换为一个关系模式，实体名就是关系名，实体的属性就是关系模式的属性，实体的关键字就是关系模式的主键。

（2）联系到关系模式的转换。联系可以单独转换为一个关系模式，但根据联系类型不同，通常采用以下不同的转换规则。

① 一对一联系的属性与一个实体的主键一起合并到另一个实体对应的关系模式中。

【例 2.11】"学生"和"毕业证"实体之间联系的转换。

图 2.2（a）中的 E-R 图可转换为两个关系模式，有两种方案（见图 2.14）。

方案1　　学生（<u>学号</u>，姓名，性别，出生日期，证书号*，发证时间）
　　　　　毕业证（<u>证书号</u>，总学分）

方案2　　学生（<u>学号</u>，姓名，性别，出生日期）
　　　　　毕业证（<u>证书号</u>，总学分，学号*，发证时间）

图 2.14　一对一联系转换为关系模式

分析可知，方案 2 优于方案 1。因为毕业生只占学生的一部分，方案 1 中学生关系模式的"证书号"和"发证时间"数据项有一部分为空，浪费存储空间。进一步分析方案 2 中的毕业证关系模式，可以选择"学号"和"证书号"中的一个作为主键，另一个建立唯一索引，保证其唯一性。这里我们选择"证书号"作为主键。

② 一对多联系的属性与一端实体的主键一起合并到多端实体所对应的关系模式中。

【例 2.12】"课程"和"课件"实体之间联系的转换方法。

图 2.2（b）中的 E-R 图转换为两个关系模式"课程"和"课件"（见图 2.15）。

课程（<u>课程号</u>，课程名，学分）
课件（<u>课件号</u>，课件名，课件地址，课程号*）

图 2.15　一对多联系转换为关系模式

③ 一个多对多联系必须转换为一个独立的关系模式。该关系模式的属性包括联系本身的属性及两端实体的主键，其主键由两个实体的主键构成。

【例 2.13】"学生"和"课程"实体之间联系的转换方法。

图 2.2（c）中的 E-R 图转换为三个关系模式"学生""课程"和"选课"（见图 2.16）。

学生（<u>学号</u>，姓名，性别，出生日期）
课程（<u>课程号</u>，课程名，学分）
选课（<u>学号*</u>，<u>课程号*</u>，成绩）

图 2.16　一对一联系转换为关系模式

④ 三个或三个以上实体间的一个多元联系可以转化为一个关系模式。与该多元联系相连的各个实体的主键及联系本身的属性均转换为此关系模式的属性，而此关系模式的主键包含各个实体的主键。

⑤ 具有相同主键的关系模式可以合并，但是否合并取决于实际设计需求。

2.2.2　关系操作

关系数据结构描述了关系模型的静态特性，实现了信息的结构化存储。关系操作则说明了其动态特性，描述关系模型中的数据允许执行的操作及其操作规则的集合，实现了数据访问支持。

关系操作以关系代数为理论基础。关系表可以看作记录的集合。传统的集合操作包括并、交、差、笛卡儿积等，这些集合操作对应数据库针对行的基本操作。另外，关系模型还专门定义了针对列的操作，包括选择、投影、连接等。上述所有操作的结果仍然是记录的集合，即关系表。本书将在 2.3.2 节中介绍关系操作的有关理论基础。

根据关系模型支持的各种操作运算，关系数据库主要支持以下针对关系表的操作。

① 插入。在一个表中插入一条或多条新记录。

② 删除。从一个表删除一条或多条满足条件的记录。

③ 修改。在一个表中修改满足条件的记录的某些字段的值。

④ 查找。从一个或多个表中提取满足条件的数据记录，生成计算列或汇总数据。

关系数据库的基本操作语言是 SQL，它以简洁的语法支持上述各类操作。本书将在第 4 章中详细讲解 SQL 语言。

2.2.3 关系完整性约束

对关系表进行关系操作可能会使表中的数据发生变化。关系完整性约束是对关系模型中的数据取值及数据取值变化时的制约关系的描述，用于保证关系操作后表中的数据仍能有效地反映所描述实体的实际状态，保证多个表中相关数据的一致。

完整性约束规则是在表和属性上定义的约束条件。数据库管理系统依据这些约束条件对数据取值进行检查，使不合法数据不能进入数据库。关系模型的完整性约束规则主要包括域完整性规则、实体完整性规则和参照完整性规则。

1. 域完整性规则

域完整性规则规定：属性的取值必须是属性值域中的值。

域完整性规则是针对属性实施的。它在关系模型定义时，对属性的数据类型、长度、单位、精度、格式、值域、是否允许为"空值"等进行限定。

【例 2.14】学生表的域完整性规则应用。

对学生表进行物理结构设计，根据实际情况定义各字段的属性（见图 2.17）。

类型定义限定了属性的取值类型："学号"是长度为 4 的整数，"姓名"是长度不超过 16 的可变字符串，"性别"是长度为 1 的定长字符串，"出生日期"是日期型数据。

属性取值的值域也可以限定。例如，"姓名"和"性别"不允许为空值（记为"Not Null"），"性别"的默认值是"男"，"出生日期"的值应">=1990-01-01"等。

属性名	类型定义	属性限定
学号	int(4),自增	Primary Key
姓名	varchar(16)	Not Null
性别	char(1)	Not Null，默认值"男"
出生日期	datetime	>=1990-01-01

学号	姓名	性别	出生日期
1101	杜斯	女	1998-11-05
1102	汪洋	男	1999-11-09
1103	林豆豆	女	1997-12-15

（a）学生表关系模式定义　　　　　　　　（b）学生表数据

图 2.17　学生表的域完整性规则应用

提示：空值表示"不知道"或"未定义"。数值零、空字符或空字符串都不是空值。例如，没有成绩与成绩为零分显然是不同的。"允许空"表示该属性可以填写任何值，"不允许为空"要求任何记录在该属性处必须有值。默认值表示如果该字段不输入值，则自动填入该值。

应根据实体特点和应用语义进行属性限定，建立域完整性规则。

2. 实体完整性规则

实体完整性规则规定：主键的取值不能为空且不能重复。

实体完整性规则是针对关系表而言的，目的是保证表中记录的唯一性。如果表中定义了主键，关系数据库管理系统就会强制检查数据以保证实体完整性。

【例 2.15】学生表的实体完整性规则应用。

按照图 2.17（a）对学生表关系模式的定义，"学号"是主键，那么图 2.17（b）中的数据符合实体完整性规则。假定有一条新记录（1103，王秋水，女，2000-03-04）需要插入学生表，系统会拒绝该请求，因为它违反了实体完整性规则，表中已存在一条主键值为 1103 的记录。

3. 参照完整性规则

参照完整性规则规定：表的外键的取值必须是其对应的主表中主键的已有值或空值。

因为数据库的表之间存在关联关系，而且有些属性在多个表中重复出现，所以，为了保证数据完整性，需要对表之间重复出现的数据进行约束。参照完整性是在表间关系的基础上实施的表之间的数据约束。

【例 2.16】学科表和课程表之间的参照完整性规则应用。

如图 2.10 所示，学科表和课程表之间建立了一对多的关系，课程表中的"学科号"是外键。如果在这个关系上实施参照完整性约束，那么课程表中"学科号"的取值必须是空值或在学科表中"学科号"属性出现过的值。也就是说，先有学科再有学科下的课程，如果课程表的"学科号"属性取值允许为空，则表示该课程还没有确定属于哪个学科。

对数据表进行更新操作时，可能会破坏表之间的参照完整性。数据库管理系统支持进一步根据操作类型设置限制细节，这些限制包括插入约束、删除约束和更新约束。

（1）插入约束。设置插入约束，可以在外表中插入新记录时，要求外键值在主表中已存在或为空值（如果允许为空）。

例如，向图 2.10 所示的课程表中添加一条记录（C065，明史，2，T001，S11），操作会被拒绝，因为学科表中不存在 S11 学科，该记录违反了参照完整性规则。

（2）删除约束。设置删除约束，可以保证在从主表中删除记录时保持外表数据的完整性。删除约束有两种。一种是限制删除，即：如果要删除记录的主键值在某个外表中存在，则不允许删除；另一种是级联删除，即：在删除主表中记录之前，将外表中外键值与之匹配的记录全部删除。

例如，从图 2.10 所示的学科表中删除学科号为 S06 的记录，系统会检查课程表，发现有相关的"线性代数"等课程。如果设置了限制删除，则系统会拒绝删除操作，以免这些相关课程失去所属学科的信息。如果设置了级联删除，则系统会在删除学科表记录的同时，将课程表中所有学科号是 S06 的记录全部删除。

（3）更新约束。设置更新约束，可以保证在修改主表中的主键值时保持外表数据的一致性。更新约束有两种。一种是限制更新，即：如果要更新记录的主键的取值在某个外表中存在，则不允许更新。另一种是级联更新，即：在更新主表中主键之后，将外表中与之匹配的外键值全部更新。

例如，将图 2.10 所示的学科表中学科号 S06 修改为 S88，系统检查课程表发现有相关的"线性代数"等课程。如果设置了限制更新，则系统会拒绝更新操作；如果设置了级联更新，则系统会在修改学科表的同时，将课程表中所有学科号是 S06 的课程的学科号全部改为 S88。

提示：本例中 S88 必须是学科表中不存在的学科号，否则违反实体完整性规则。

通过以上例子可以发现，保证数据的完整性和一致性对数据库是至关重要的。在数据库设计时，必须充分考虑并建立关系完整性约束规则。关系完整性约束规则的用途主要体现在以下三个方面。

① 保证数据的有效、完整和一致，避免给应用带来困难或错误。

② 减少不合法的垃圾数据在数据库中的堆积，保证数据质量。

③ 简化应用程序开发，减轻输入有效性检查的负担，有些数据还可以通过级联操作由数据库管理系统自动维护。

关系数据库管理系统提供了比较完善的约束机制。只要在定义表结构时考虑域完整性和实体完整性，并且在建立表之间的关系后进行参照完整性约束方式的设置，关系数据库管理系统就会根据这些规则来自动实施关系完整性约束。

2.3　关系数据库的基础理论

2.3.1　关系模式规范化

关系模式设计要以关系模式规范化理论为指导，从而减少数据库中的数据冗余，避免异常操作和避免数据不一致。

关系模式规范化理论包括一系列范式（Normal Forms，NF）。高一级范式所需要的条件包含了低一级范式所需要的条件：如果一个关系模式需要符合第三范式，则其必须符合第一范式和第二范式。关系模式的规范化就是将一个低一级范式的关系模式，通过模式分解转换为高一级范式的过程。对于大部分关系数据库设计来说，符合第三范式就可以了。如图 2.12 所示的"e 学习"系统数据库的所有关系模式都符合第三范式。

1. 第一范式（1NF）

如果关系模式中的每个分量都是不可分的，则其符合 1NF。1NF 是关系模式的最低要求。

将非 1NF 关系模式规范化为 1NF，需要对列中有分量的属性进行合并或分割，以保证每个字段都不可分；对行中存在的多个数据值通过扩展主键的方法进行记录分割，以唯一标识一条记录。

【例 2.17】 生源表的正确描述。

图 2.18（a）中的生源表出现了"表中有表"的现象，它有两点不符合 1NF 的要求：第一，"地区"字段有"省"和"市"两个分量值；第二，首条记录的"姓名"字段有多个值。解决的方法是，把地区分成省、市两列（见图 2.18（b））或合并为一列（见图 2.18（c）），同时设置主键，将相关数据项拆分到单条记录中。

姓名	地区	
	省	市
杜斯	浙江	杭州
汪洋		
林豆豆	江苏	连云港

（a）有不合法的属性

姓名	省	市
杜斯	浙江	杭州
汪洋	浙江	杭州
林豆豆	江苏	连云港

（b）合法

姓名	地区
杜斯	浙江杭州
汪洋	浙江杭州
林豆豆	江苏连云港

（c）合法

图 2.18　生源表

2. 第二范式（2NF）

如果一个关系模式符合 1NF，且所有非主键属性都完全依赖于主键，则其符合 2NF。

2NF 适用于有复合主键的关系模式。复合主键即由两个或多个属性组成的主键。主键为单属性且满足 1NF 的关系模式一定满足 2NF。

如图 2.19 所示的关系模式 R（学号，姓名，课程名，学分，类别，成绩），主键为（学号，课程名）。非主键属性"姓名"只依赖于复合主键的部分属性"学号"，而"学分"和"类别"只依赖于"课程名"，不完全依赖于主键。因此，关系模式 R 不满足 2NF。

非 2NF 的关系模式会引起数据冗余、数据不一致和操作复杂等问题。例如，一门课的学分在多条记录中重复存储，修改学分要修改所有相关记录，不仅操作复杂，而且稍有不慎，可能所有记录无法保持一致的学分。

将非 2NF 的关系模式转化为符合 2NF 的关系模式，一般采用投影分解的方法，将其分解为两个或多个关系模式，从而消除非主键属性对主键的部分依赖。分解过程如下。

第 1 步：用主键属性集合的每个子集分别作为主键构成一个关系模式。

第 2 步：将每个属性分配到它所依赖的最小主键对应的关系模式中。

第 3 步：去掉只由主键的子集构成的关系模式。

【例 2.18】 将 R（学号，姓名，课程名，学分，类别，成绩）规范化为 2NF 关系模式。

投影分解步骤如图 2.20 所示，得到三个满足 2NF 的关系模式：R1（学号，姓名）、R2（课程名，学分，类别）、R3（学号，课程名，成绩）。结果如图 2.19 所示。

3. 第三范式（3NF）

如果一个关系模式符合 2NF，且表中任意非主键属性都不传递依赖于主键，则其符合 3NF。

如图 2.21 所示的关系模式 R（课程名，学分，教师，职称）是一个非 3NF 的关系模式。原因是：表中的非主键属性"职称"并不直接依赖于主键"课程名"，而是依赖于非主键属性"教师"，而"教师"依赖于主键"课程名"，说明该表存在非主键属性"职称"传递依赖于主键"课程名"。

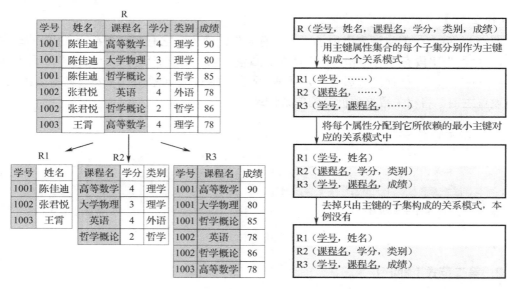

图 2.19　R 分解为三个 2NF 关系模式　　　图 2.20　R 的投影分解步骤

非 3NF 的关系模式也会出现数据冗余和操作异常等问题。例如，教师张晓芸开设多门课程，她的职称也要重复出现多次，造成数据的冗余；若要对职称进行修改，则可能会出现修改复杂、产生数据不一致等问题。

将非 3NF 的关系模式转化为符合 3NF 的关系模式，也采用投影分解方法，将其分解为两个或多个关系模式，从而消除非主键属性对主键的传递依赖。分解过程如下。

第 1 步：删除不直接依赖于主键的所有属性，并以每个被依赖属性作为主键新建一个关系模式。

第 2 步：在新建关系模式中放入所有依赖它的属性。

【例 2.19】将 R（课程名，学分，教师，职称）分解为满足 3NF 的关系模式。

投影分解步骤如图 2.22 所示，得到两个满足 3NF 的关系模式：R1（课程名，学分，教师）、R2（教师，职称）。结果如图 2.21 所示。

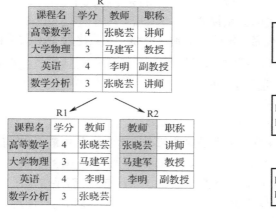

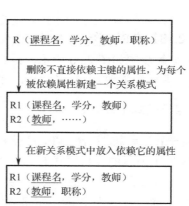

图 2.21　R 分解为两个 3NF 关系模式　　　图 2.22　R 的投影分解步骤

2.3.2　关系模型运算理论简介

了解关系模型的数学基础，对于理解关系模型、设计关系模式和实现应用很有帮助。本节通过实例对关系模型的数学理论基础——关系代数进行简要介绍。

1. 关系定义

在关系模型中，无论是实体还是实体之间的联系均由单一的结构类型，即关系（二维表）来表示。下面首先以关系代数中的集合理论引出关系的定义。

（1）域。域是一组具有相同数据类型的值的集合。例如，非负整数、整数、实数、长度小于 25 字节的字符串集合、$\{0,1\}$、大于 0 且小于 100 的正整数等都可以是域。

【例 2.20】下列三个集合表示三个域。

$D_1=\{$陈佳迪,徐瑶琪$\}$，表示学生的集合。

$D_2=\{$男,女$\}$，表示性别的集合。

$D_3=\{$上海,浙江,山西$\}$，表示地区的集合。

（2）笛卡儿积。为了从集合代数的角度给出关系的定义，这里引入笛卡儿积的概念。

给定一组域 $D_1,D_2,\cdots,D_n$，则这组域的笛卡儿积为：

$$D_1\times D_2\times\cdots\times D_i\times\cdots\times D_n=\{(d_1, d_2, \cdots, d_i, \cdots, d_n)\mid d_i\in D_i, i=1, 2, \cdots, n\}$$

从这个定义中可以看出，笛卡儿积得到的也是一个集合，该集合中的每个元素称为一个 n 元组，简称元组。元组中的每个 d_i 称为元组的一个分量，分别取自相应的集合 D_i。

【例 2.21】求例 2.20 中三个域的笛卡儿积。

$D_1\times D_2\times D_3=\{$(陈佳迪,男,上海), (陈佳迪,男,浙江), (陈佳迪,男,山西), (陈佳迪,女,上海), (陈佳迪,女,浙江), (陈佳迪,女,山西), (徐瑶琪,男,上海), (徐瑶琪,男,浙江), (徐瑶琪,男,山西), (徐瑶琪,女,上海), (徐瑶琪,女,浙江), (徐瑶琪,女,山西)$\}$。

$D_1\times D_2\times D_3$ 共有 12 个元组，它组成了一个以元组为元素的集合，形成一个二维表（见图 2.23）。由此可见，笛卡儿积可以表示一个二维表。

（3）关系。笛卡儿积 $D_1\times D_2\times\cdots\times D_n$ 的任意一个子集称为 D_1, D_2, $\cdots$, D_n 上的一个 n 元关系，通常用 $R(D_1, D_2, \cdots, D_n)$ 表示，这里 R 为关系名，n 是关系的度。关系也是一个集合，它的元素为元组。关系可以直观地用一个二维表表示，表的每行对应一个元组，表的每列对应一个域。由于域可以相同，为了加以区分，应为每列起一个名字，称为属性。显然，n 元关系必有 n 个属性。

姓名	性别	地区
陈佳迪	男	上海
陈佳迪	男	浙江
陈佳迪	男	山西
陈佳迪	女	上海
陈佳迪	女	浙江
陈佳迪	女	山西
徐瑶琪	男	上海
徐瑶琪	男	浙江
徐瑶琪	男	山西
徐瑶琪	女	上海
徐瑶琪	女	浙江
徐瑶琪	女	山西

图 2.23　笛卡儿积形成的二维表

【例 2.22】用例 2.21 中笛卡儿积的一个子集构造一个关系。

陈佳迪、徐瑶琪是两个学生的姓名，他们的性别都在 D_2 域内，地区在 D_3 域内，从图

2.23 中笛卡儿积的 12 个元组中必能找出符合他们实际情况的两个元组,用二维表来表示如图 2.24 所示。

在实际应用中,关系是从笛卡儿积中选取的有意义的子集。图 2.24 中的两个元组是图 2.23 中笛卡儿积的一个子集,构成了名为"学生"的关系模式,记为学生(姓名,性别,地区)。其中,"学生"为关系名,"姓名""性别""地区"均为属性名。

姓名	性别	地区
陈佳迪	男	上海
徐瑶琪	女	浙江

图 2.24 学生表

2. 关系运算

关系运算是以集合为基础的各种运算,可以支持对关系模型的操作要求,也是关系数据库查询语言的理论基础。关系运算包括传统的集合运算和面向数据库的专门关系运算。

（1）传统的集合运算

在传统的集合运算中,参加运算的集合以元组(记录)作为它的元素,其运算是从行的角度来进行的。这些运算都是二元运算,由两个关系产生一个新的关系,主要包括并、交、差和笛卡儿积。

如果关系 R 和 S 具有相同或相容的关系模式(相容指两个关系有相同的属性结构,且对应属性的值域相同),则 R 和 S 可进行并、交、差运算。在图 2.25 中,文学社表 R（见图 2.25（a））与合唱团表 S（见图 2.25（b））有相同的关系模式。

1）并运算

关系 R 和 S 的并运算的形式化表示为:

$$R \cup S = \{t | t \in R \vee t \in S\},\ t\ \text{是元组变量}$$

关系 R 和 S 的并运算结果由属于 R 和属于 S 的所有元组组成,其结果关系的属性的个数与 R 或 S 相同。并运算实现了数据记录的合并,即向表中插入数据记录的操作。

【例 2.23】文学社表 R 和合唱团表 S 的并运算。

图 2.25（d）为 R 和 S 并运算的结果,包含文学社和合唱团的所有学生记录。

2）交运算

关系 R 和 S 的交运算的形式化表示为:

$$R \cap S = \{t | t \in R \wedge t \in S\},\ t\ \text{是元组变量}$$

关系 R 和 S 的交运算结果由既属于 R 又属于 S 的元组组成,其结果关系的属性的个数与 R 或 S 相同。交运算获得两个关系中相同的记录。

【例 2.24】文学社表 R 和合唱团表 S 的交运算。

图 2.25（e）为 R 和 S 交运算的结果,仅包含既参加文学社又参加合唱团的学生记录。

3）差运算

关系 R 和 S 差运算的形式化表示为:

$$R - S = \{t | t \in R \wedge t \notin S\},\ t\ \text{是元组变量}$$

关系 R 和 S 的差运算结果由属于 R 但不属于 S 的元组组成,其结果关系的属性的个数与 R 或 S 相同。差运算实现了从表中删除数据记录的操作。

【例 2.25】文学社表 R 和合唱团表 S 的差运算。

图 2.25（f）为 R 和 S 差运算的结果,包含只参加文学社未参加合唱团的学生记录。

4）笛卡儿积

笛卡儿积也是二元运算，但与并、交、差运算不同，它不要求参加运算的两个关系模式相同或相容。关系 R 和 U 的笛卡儿积运算的形式化表示：

$$R \times U = \{t_r t_u \mid t_r \in R \land t_u \in U\}, \quad t_r, t_u \text{ 是元组变量}$$

一个 n 列的关系 R 和一个 m 列的关系 U 的笛卡儿积是一个 $n+m$ 列的元组的集合，元组的前 n 列是关系 R 的一个元组，后 m 列是关系 U 的一个元组。若 R 有 k_1 个元组，U 有 k_2 个元组，则关系 R 和关系 U 的笛卡儿积有 $k_1 \times k_2$ 个元组。笛卡儿积运算获得两个关系中记录的连接。

【例2.26】文学社表 R 和选课表 U 的笛卡儿积运算。

图2.25（c）为选课表 U。图2.25（g）为 R 和 U 的笛卡儿积运算的结果，是文学社表与选课表数据记录的连接。但有些连接数据没有意义，因为运算实现的是不同学生的选课记录与所有学生记录的连接，进一步选取学号相等的元组就有实际意义了。

学号	姓名	性别
1102	汪洋	男
1103	林豆豆	女
2101	张小贝	男

（a）文学社表R

学号	姓名	性别
1101	杜斯	女
1103	林豆豆	女
4102	徐纯纯	女

（b）合唱团表S

学号	课程名	成绩
1101	高等数学	78
2101	武术	96

（c）选课表U

学号	姓名	性别
1101	杜斯	女
1102	汪洋	男
1103	林豆豆	女
2101	张小贝	男
4102	徐纯纯	女

（d）$R \cup S$

学号	姓名	性别
1103	林豆豆	女

（e）$R \cap S$

学号	姓名	性别
1102	汪洋	男
2101	张小贝	男

（f）$R-S$

学号	姓名	性别	学号	课程名	成绩
1102	汪洋	男	1101	高等数学	78
1102	汪洋	男	2101	武术	96
1103	林豆豆	女	1101	高等数学	78
1103	林豆豆	女	2101	武术	96
2101	张小贝	男	1101	高等数学	78
2101	张小贝	男	2101	武术	96

（g）$R \times U$

学号	姓名	性别
1102	汪洋	男
2101	张小贝	男

（h）$\sigma_{\text{性别}='\text{男}'}(R)$

姓名	性别
汪洋	男
林豆豆	女
张小贝	男

（i）$\pi_{\text{姓名, 性别}}(R)$

学号	姓名	性别	学号	课程名	成绩
2101	张小贝	男	2101	武术	96

（j）R 和U的等值连接

学号	姓名	性别	课程名	成绩
2101	张小贝	男	武术	96

（k）R 和U的自然连接

图2.25 关系运算举例

（2）专门的关系运算

这种运算是为关系模型而引进的特殊运算，它主要从列的角度即属性的角度来进行运算，但有时也会对行有影响。专门的关系运算主要包括选择、投影、连接等。

1）选择

选择操作是一元运算，它在关系中选择满足某些条件的元组，即在表中选择满足某些条件的记录行。因此选择操作得到的关系模式与原来关系模式的定义相同，只是数据是原数据的子集。选择操作是对关系的水平分割，实现了依据条件查询数据记录的操作。

关系 R 关于选择条件 F 的选择操作记为：

$$\sigma_F(R) = \{t \mid t \in R \wedge F(t) = \text{true}\},\ t\ 是元组变量$$

【例 2.27】文学社表 R 的选择运算：找出所有男学生。

若要在文学社表中找出所有性别是"男"的学生，就可以对学生表做选择操作，条件是："性别等于"男""，操作记为 $\sigma_{\text{性别}="男"}(R)$。图 2.25（h）为运算结果。

2）投影

投影操作是一元运算，它在关系中选择某些属性，因此选择结果的关系是原关系的子集。选择操作是对关系的垂直分割，实现了查询包含部分属性的记录集合的操作。

关系 R 是 k 元关系，R 在其分量集合 A 中的投影操作记为：

$$\pi_A(R) = \{t \mid t \in R \wedge t \in A\},\ t\ 是分量$$

【例 2.28】文学社表 R 的投影运算：查看成员的姓名和性别。

若只要查看文学社学生的姓名、性别，就可以对文学社表做投影操作，选择表中的"姓名"和"性别"列，操作记为 $\pi_{\text{姓名,性别}}(R)$。图 2.25（i）为运算结果。

3）连接

连接操作是二元运算，指从两个关系的笛卡儿积中选取满足一定条件的元组。

【例 2.29】文学社表 R 和选课表 U 的连接运算。

关系 R 和关系 U 做连接操作，连接条件是 $R.$学号 $= U.$学号，即在图 2.25（g）的笛卡儿积中选取满足 R 中"学号"属性值和 U 中"学号"属性值相等的元组，得到的结果如图 2.25（j）所示。该连接结果反映了学生及其所选课程的信息，与实际情况相符合。连接运算实现了针对多表的联合查询操作。

连接条件中的属性称为连接属性，两个关系中的连接属性应该是可比的，即：是同一种数据类型的。例如，都是数字型的或都是字符型的。连接条件中的运算符为比较运算符，当此运算符取"="时，称为等值连接，图 2.25（j）是关系 R 和 S 做等值连接后得到的结果关系。运算符也可以是=、>、>=、<、<=、<>（不等于）。

如果等值连接中连接属性为相同属性（或属性组），而且在结果关系中去掉重复属性，则此等值连接称为自然连接。图 2.25（k）是关系 R 和 S 做自然连接后得到的结果关系。自然连接是最常用的连接。

实验与思考

模板文件

实验目的： 熟悉 E-R 图及 E-R 图向关系模式的转换方法，养成规范写作设计文档的习惯。

实验环境及素材： Word 和 Visio，模板文件"数据库设计_模板.docx"。

Visio 的使用方法参见本书配套资源。

1．在 Visio 中绘制图 2.2 中的三个 E-R 图，保存为绘图文件"e 学习系统 E-R 图"。

提示： 不要把图绘制得太大，否则放到文档中会显得不协调。建议字体选 10 号，图元与字体适配。

2．在 Visio 中绘制描述图 1.15 中有关信息的局部 E-R 图，并绘制集成后得到全局 E-R 图，保存为绘图文件"电影分享系统 E-R 图"。

提示： 在 E-R 图中，公共属性只出现在主表对应的实体一侧。只有在将 E-R 图转换为关系模式时，才在外表中增加该属性。

3．在 Word 中打开文档模板文件，用自己的信息修改文件名为"学号姓名_数据库设计.docx"。

（1）以对象方式复制前面两个题目所绘制的 E-R 图，放置在相应的位置，为图编号并命名，然后完善有关描述说明。

（2）完成 E-R 图向关系模式的转换，并给出电影分享系统的数据库逻辑结构。

提示： 以对象方式复制是指，在 Visio 中选中对象，复制后将其粘贴到 Word 文件中。在 Word 中双击该对象就可以进入 Visio 编辑状态。不要以图片方式复制，那样无法在 Word 中进行编辑。

第 3 章

数据库创建与维护

数据库管理系统是创建和使用数据库的必备软件，它提供了集中进行数据组织、存储、维护和检索的功能。本章介绍关系数据库的体系结构及数据库管理系统的功能，重点讲解在 MySQL 关系数据库管理系统中建立和维护数据库的方法。

3.1 数据库管理系统概述

3.1.1 关系数据库的体系结构

关系模型的数据结构简单，而且有完善的理论支持数据操作，但在实现可应用的数据库管理系统时，必须考虑各类数据库用户的特点和需求，提供相关管理功能。美国国家标准协会提出的数据库的三级模式结构，从不同用户的角度对数据模型进行抽象，从而指导数据库管理系统的实现。

1. 三级模式结构概述

使用数据库的不同人员，例如，应用程序员、系统分析员和数据库管理员等，由于工作职责不同，接触和使用数据库的范围各不相同，从而形成了各自的数据库视图。所谓视图，是指观察、认识和理解数据的范围、角度和方法。根据各类人员与数据库的不同关系，可把视图分为三种：对应于应用程序员的外部视图、对应于系统分析员的逻辑视图和对应于数据库管理员的内部视图。关系数据库以三级模式及三级模式之间的两级映射关系形成整体体系结构，三级模式分别是外模式、模式和内模式（见图 3.1）。

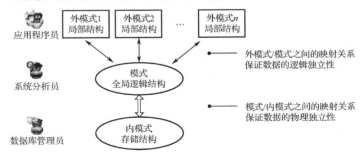

图 3.1　数据库的三级模式结构

2. 三级模式简介

（1）模式

模式又称逻辑模式，对应于一个应用的所有关系模式的集合、关系完整性约束及其所允许的关系操作就构成了关系数据库的逻辑模式。它是由数据库设计者综合所有相关数据对象、按照统一的观点构造的全局逻辑结构，是对数据库中全部数据的逻辑结构和特征的总体描述，是所有用户的公共数据视图。它是系统分析员所看到的全局数据库视图。一个数据库只有一个逻辑模式。如图 2.6 所示为"e 学习"系统数据库的关系模型，反映了数据库逻辑模式的概要信息。

（2）外模式

外模式又称子模式或用户模式，是某个或某些应用程序员所看到的数据库的局部数据视图。外模式可以通过定义"查询"或"视图"从"基本关系模式"中变换导出，是从模式中导出的子模式。一个数据库可以有多个外模式。

"查询"是根据指定条件对表进行查询所得的结果表，是临时表，一般不再使用，因此具有一次性和冗余性的特点。"视图"是为了方便查询和处理而设计的数据虚表，在数据库中只存储结构的定义，而不存储数据，数据来自基本表。

【例 3.1】从学生表、课程表和选课表变换得到学生成绩视图。

以图 2.6 中的数据库关系模型为基础，从学生表、课程表和选课表分别选取相关属性，得到外模式：学生成绩（姓名，课程名，成绩），学生成绩视图如图 3.2 所示。

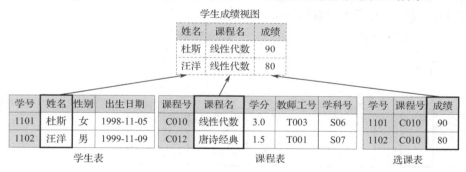

图 3.2　学生成绩视图的定义

（3）内模式

内模式又称存储模式，是数据库全体数据的机器内部表示或存储结构描述，是真正存放在外存储器中的物理数据库，它描述数据记录、索引、文件的组织方式和在存储介质上的物理结构。内模式是数据库管理员创建和维护数据库的视图。一个数据库只有一个内模式。内模式主要关注以下问题。

① 关系存储结构。数据库的逻辑结构与系统平台无关，但数据库的物理结构存储必须考虑具体的计算机系统和数据库管理系统，采用它们所支持的数据库文件结构存储方法，设计数据库文件的存储位置，选用它们所支持的数据类型描述和完整性约束规则来定义数据表。

② 关系存取方法。在数据库管理系统中，关系表中的数据按记录存储。为了提高对数据记录的查询效率，通常采用索引方法来建立数据记录的存取顺序。索引与书的目录或字典检字索引的原理是一样的。数据库管理系统一般集成多种快速查找算法，但这些算法基本上都是以数据记录排序为前提的。

3. 模式间的映射关系

数据库的三级模式是数据模型在三个层次上的抽象表示。为了实现这三个抽象层次间的联系和转换，数据库管理系统在三级模式之间提供两级映射关系（见图 3.1）。

（1）外模式与模式之间的映射关系

外模式与模式之间的映射关系保证了数据的逻辑独立性，即当数据库的逻辑结构发生变化时，可通过调节"外模式/模式"之间的映射关系保证外模式不变，那么建立在外模式基础上的应用程序也不需要改变。

【例 3.2】学生年龄视图的定义。

基于关系模式：学生（学号，姓名，性别，年龄）建立外模式：学生年龄（学号，年龄），如图 3.3（a）所示。应用程序根据外模式学生年龄编写。

在后续应用中发现，"年龄"值会由于时间变化变得不准确，因此需要将学生表的"年龄"属性修改为"出生日期"。这时我们只要调整"模式/外模式"之间的映射关系，即原来外模式中"年龄"是直接从学生表中的"年龄"属性获得的，现在改为通过当前日期和学生表的"出生日期"计算得到，如图 3.3（b）所示。外模式不变，建立在外模式上的应用程序也不用修改，实现了数据的逻辑独立性。

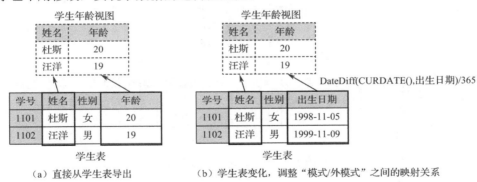

（a）直接从学生表导出　　　　　（b）学生表变化，调整"模式/外模式"之间的映射关系

图 3.3　学生年龄视图的定义

（2）模式与内模式之间的映射关系

模式与内模式之间的映射关系保证了数据的物理独立性，即：当数据的存储结构发生变化时，可以通过调节"模式/内模式"之间的映射关系保证模式不变。例如，当学生表的存储位置、存取方式发生变化时，数据库管理系统通过调整"模式/内模式"之间的映射关系保证模式不变。

3.1.2　关系数据库管理系统

1. 数据库管理系统的概念

数据库管理系统（DataBase Management System，DBMS）是以数据库的三级模式结构为指导实现的数据库管理软件。它位于应用程序与操作系统之间，是数据库应用系统开发必不可少的一个系统软件。如图 3.4 所示，数据库应用程序提出数据操作要求，需要通过数据库管理系统访问数据库，数据库管理员也要通过数据库管理系统对数据库实施管理。

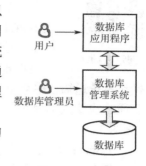

图 3.4　数据库管理系统的作用

数据库管理系统一般由商业软件公司或开源社区开发。流行的关系型数据库管理系统有很多，如 SQL Server、Oracle、MySQL 等，它们的基本原理和主要功能相似。

2. 数据库管理系统的功能

数据库管理系统的主要功能如下。

（1）数据定义：支持建立数据库，定义数据库的模式结构、数据库的完整性约束规则和安全性控制方式等。

（2）数据操作：支持对数据库中数据的检索及更新（包括插入、删除和修改）操作。

（3）数据库的运行管理：完成数据库运行时的控制和管理，包括并发控制、安全性检查、完整性约束规则的检查、数据库的内部管理和维护（如索引维护等）。

（4）数据库的维护：提供包括数据库初始数据输入、数据转换、数据库备份和恢复、数据导入和导出、数据库重组、性能监视和分析等功能。

（5）数据库语言的支持：支持用数据库语言（如 SQL 语言）来使用和管理数据库。

3.2　MySQL 及数据库案例

3.2.1　MySQL 简介

MySQL 数据库管理系统由瑞典 MySQL AB 公司开发，目前属于 Oracle 公司。它简单易用、功能强大，支持高效构建基于网络的数据库应用系统，因此深受系统开发人员的青睐。

1. MySQL 的特点

与其他流行的关系数据库管理系统相比，MySQL 具有以下主要特性：

① 成本低。软件采用双授权政策，分为社区版和商业版。社区版开源免费。

② 体积小。功能有限但实用，支持标准的结构化查询语言（SQL），符合 SQL92 标准。

③ 性能高。它的 SQL 函数库经过高度优化，运行速度快，使用的核心线程为完全多

线程，支持多处理器。

④ 可移植性好。它可在各种主流操作系统（Windows、Linux、Mac OS 等）下运行，支持采用主流程序设计语言（如 C、C#、Java、Perl、PHP、Python 等）编程访问。

2. MySQL 服务启动

MySQL 安装完成后，需要启动服务进程才能提供数据库服务。

（1）用 MySQL Notifier 管理 MySQL 服务

在 Windows 中，单击"开始→程序→MySQL"，启动 MySQL Notifier，在操作系统通知栏中会出现一个小海豚图标"⬚"，右击它，可通过快捷菜单命令管理 MySQL 服务，或转换服务状态（见图 3.5）。

▶ Start：启动服务，相关管理和服务功能可用。

■ Stop：停止服务，所有与该服务连接的客户端将全部断开。

图 3.5　MySQL 服务快捷菜单

⇅ Restart：所有与该服务连接的客户端全部断开，然后重新启动服务。

（2）用 Windows 服务管理器管理 MySQL 服务

在 Windows 中，选择"控制面板→管理工具→服务"，可启动或停止 MySQL 服务。

3. 数据库管理工具 Navicat for MySQL

MySQL 提供的 MySQL Workbench 是一个图形化管理工具，用于创建、访问、更新、备份、管理和维护数据库。在"开始→程序→MySQL"程序组中可启动 MySQL Workbench。

本书选用简单直观的第三方数据库管理工具 Navicat for MySQL 讲解 MySQL 数据库的管理和维护操作。

使用 Navicat for MySQL 需要先新建对服务器（即运行着 MySQL 实例的计算机）的连接。选择菜单命令"文件→新建连接"，打开"新建连接"对话框（见图 3.6），其中各选项的含义说明如下。

演示视频

图 3.6　新建连接

① 连接名：连接服务的名称。用户可以根据需要自行命名，便于管理多个服务连接。

② 连接参数：通常包括以下内容。

➢ 主机名或 IP 地址：安装 MySQL 的计算机名或 IP 地址，localhost 或 127.0.0.1 表示本机服务器。

➢ 端口：MySQL 所使用的 TCP/IP 协议中的端口号，默认值为 3306，可根据安全需求进行更改。

➢ 用户名和密码：默认用户为 root，安装时已设定了密码。

Navicat for MySQL 的界面如图 3.7 所示。左栏以可折叠的树状目录（简称为连接树）呈现连接服务器的实例对象，包括表、视图、函数、事件、查询、报表和备份等；右栏为对象窗口，呈现左栏选中对象的细节，也可以使用工具栏中的按钮选择对象。

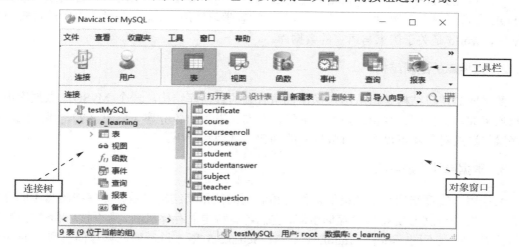

图 3.7　Navicat for MySQL 的界面

3.2.2　MySQL 数据库管理模式

1. MySQL 的两类数据库

MySQL 不仅存储数据，所有与数据处理操作有关的信息也都存储在其中，因此 MySQL 管理的数据库对象（见图 3.8）可分为两类：系统数据库和用户自定义数据库。

系统数据库用于存放 MySQL 工作时所需要的系统级信息，例如，数据库信息、账户信息、数据库文件信息等。MySQL 的系统数据库及作用见表 3.1，它们在 MySQL 安装时创建并由系统自动维护。这些数据库很重要，损坏或丢失会影响 MySQL 的正常工作。

图 3.8　MySQL 管理的
数据库对象

表 3.1　MySQL 的系统数据库

数　据　库	主　要　作　用
mysql	核心数据库，存储数据库的用户、权限设置、关键字等控制和管理信息
sys	系统性能数据库，包含内存页、操作系统、锁、互斥变量等各种性能数据，方便进行性能优化和故障快照
information_schema	信息数据库，保存所管理的用户数据库的信息，提供了访问数据库元数据的方式
performance_schema	数据库服务器性能参数数据库，收集进程等待信息、锁、互斥变量、文件信息、历史事件汇总信息和对 MySQL 服务器的监控事件点、监控周期信息

用户自定义数据库是用户根据数据管理需要建立的数据库，由用户自行创建和维护。MySQL 自带了两个示例用户数据库，方便初学者学习使用。sakila 是关于电影演员管理的数据库，world 是关于国家与语言的数据库。

2. 数据库的逻辑结构

数据库的逻辑结构是指从用户操作视角看到的数据库结构。一个 MySQL 数据库由一组对象组成，包括表、视图、函数、事件、查询、报表和备份等（见图 3.7），用户或应用程序操作这些对象就可以实现对数据库的创建、管理和使用。

3. 数据库的物理结构

数据库的物理结构是指从机器操作视角看到的数据库结构，是数据库在磁盘中的存储和管理方式。MySQL 支持多种存储引擎，它们各有特定的存储机制、索引技巧和锁定模式，整体性能、特点不同，其中，InnoDB 是 MySQL5.5.5 版本以后的默认存储引擎。InnoDB 存储引擎采用表空间来管理表数据和索引，在磁盘中的默认存储位置为"C:\ProgramData\MySQL\MySQL Server 5.x\Data"，其中 5.x 是版本号。修改 MySQL 安装目录下的 my.ini 文件中的 datadir 可以指向自定义的文件夹。

MySQL 在 Data 文件夹中创建以下公共文件供所有数据库实例使用（见图 3.9 上部）。

➢ ibdata$i$：系统表空间文件，i 表示文件序号。它用于存储 InnoDB 系统信息及用户数据库表数据和索引。

➢ ib_logfile$i$：日志文件，i 表示文件序号。它用于记录 MySQL 执行的所有事务及由这些事务操作引起的数据库变化。在数据库损坏时，可以根据事务日志文件恢复数据库。

MySQL 在 Data 文件夹下为每个用户数据库创建一个文件夹，在其中为每个表创建两个文件："表名.frm"和"表名.ibd"。图 3.9 下部为 e_learning 数据库的部分文件。

➢ 表名.frm：表的定义文件。每个表对应一个同名的.frm 文件，用于存储数据表的框架结构。

➢ 表名.ibd：表空间文件。每个表对应一个同名的.ibd 文件，用于存储表的数据和索引。

提示：C:\ProgramData 文件夹默认为隐藏状态，在"查看"选项卡中勾选"隐藏的项目"复选框后可以显示该文件夹。注意，复制其中的文件是无法直接使用的，需要进行一些操作设置。后面会介绍如何通过 SQL 语句导出或备份数据库方式来转储数据库。

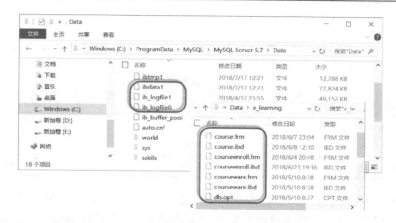

图 3.9　Data 文件夹中的数据库文件

3.2.3　MySQL 的数据类型

按照数据库设计要求，数据表中每个字段都需要定义明确的数据类型来规定该字段的数据取值类型、范围和存储格式。在设计数据表时，根据应用需求为各字段选择恰当的数据类型，既要满足存储需求又要方便程序处理，但也不能大材小用，以免浪费存储空间。

MySQL 不但支持所有标准 SQL 中的数据类型，还对其进行了扩展，见表 3.2。

表 3.2　MySQL 的数据类型

数 据 类 型	主要类型符号标识
整型	bigint、int、mediumint、smallint、tinyint
浮点及定点型	float、double、decimal
字符及文本型	char、varchar、text、enum、set
日期及时间型	datetime、year、date、time、timestemp
位及二进制型	bit、binary、varbinary、bolb

（1）整型

整型用于存储整数，有 5 种数据类型分别用于存储不同范围的整数（见表 3.3）。

表 3.3　整型

数 据 类 型	数 据 范 围	占用存储空间
bigint	$-2^{63} \sim 2^{63}-1$	8B
int	$-2^{31} \sim 2^{31}-1$	4B
mediumint	$-2^{23} \sim 2^{23}-1$	3B
smallint	$-2^{15} \sim 2^{15}-1$	2B
tinyint	$0 \sim 255$	1B

（2）浮点及定点型

浮点及定点型用于存储含小数的十进制数，有三种数据类型（见表3.4）。

表3.4　浮点和定点型

数 据 类 型	数 据 范 围	占用存储空间
float(m,d)	−3.40E+38～3.40E+38	4B
double(m,d)	−1.79E+308～1.79E+308	8B
decimal(m,d)	−1.79E+308～1.79E+308	m+2B

float 是单精度浮点型，double 为双精度浮点型，decimal 是定点型。用 m 表示总的数据位数，d 为小数位数，如果超出精度范围则会四舍五入。例如，float(4,1)表示的数据范围为−999.9～999.9。decimal 占用空间更大，可以存储高精度数据，适合银行账目等使用。

（3）字符及文本型

字符及文本型用于存储由字母、符号和数字组成的字符串。字符串常量要用单引号作为起止界限，例如，'9aC'。字符及文本型有 5 种数据类型，见表3.5。

表3.5　字符及文本型

数据类型	使 用 说 明
char(n)	存储固定长度的字符串，n 为长度。超长部分会被截掉；不足 n 时，在串尾自动添加空格
varchar(n)	存储可变长度的字符串，n 为最大长度。以字符串实际长度存储
text	存放文章等长文本数据
enum	枚举类型，元素为确定值，不能为 null 或变量及表达式。适合存储单选值。格式为：enum('值 1','值 2',…)
set	集合类型，与 enum 相似，但元素值可有 0 个或多个。适合存储多选值。格式为：set('值 1','值 2',…)

若新建数据库时选择 utf-8 字符集，则字符串以 Unicode 字符集存储，适合存储中文或中英文混合字符串，否则可能会出现中文乱码的情况。

若某个字段的字符串长度固定，则选用 char 类型；若长度明显不一致，则选用 varchar 类型。例如，student 表中 Gender 属性用 char(1)存储定长的 1 位字符：'男'或'女'；属性 StudentName 存储的姓名长度不同，使用了 varchar(16)，最长可含 16 个字符。

（4）日期及时间型

日期及时间型用于存储日期或时间相关的数据，有 5 种常用数据类型（见表3.6）。

表3.6　日期及时间型

数 据 类 型	说 明
datetime	格式为'YYYY-MM-DD HH:MM:SS'或'YYYYMMDD HHMMSS'，取值范围为'1000-01-01 00:00:00'～'9999-12-31 23:59:59'
year	4 位数字字符串或整数表示年份。若用 2 位数字，则 1～69 会自动转换为 2001～2069，70～99 会自动转换为 1970～1999

续表

数据类型	说　　明
date	格式为'YYYY-MM-DD'或'YYYYMMDD'，若使用'YY-MM-DD'或'YYMMDD'格式表示，则自动转换结果同上
time	格式为'D HH:MM:SS'或'HHMMSS'，D 表示日
timestemp	格式与 datetime 相同，默认为当前系统时间

表 3.6 中的各日期及时间型常量必须按其数据类型约定的完整格式书写，并用引号括起来，例如，datetime 型常量值'2020-12-08 12:35:29'。

（5）位及二进制型

位及二进制型适合存放用二进制表达的数据，有 4 种常用数据类型（见表 3.7）。

表 3.7　位及二进制型

数据类型	说　　明
bit	位数据类型，常作为逻辑变量使用，只有两种取值：0 和 1
binary(n)	定长二进制数据，n 为固定字节长度
varbinary(n)	可变长二进制数据，n 为最大字节长度
bolb	二进制类型，常用于存放大量的二进制数据，如图片、程序等

当表示真和假、是和否时，可以使用 bit 型。虽然图片、声音等多媒体数据可以转化为二进制数以 binary、varbinary、bolb 型存储，但读取和写入都不方便。在实际应用中，常将这些文件存放在文件系统中，只在数据库中存放文件路径和文件名。

3.2.4　"e 学习"系统数据库案例

第 2 章通过实例介绍了"e 学习"系统数据库的设计过程，并得到了如图 2.12 所示的关系模型的逻辑结构，通过为每个字段定义恰当的数据类型和对各个表进行数据完整性约束定义，就可以得到该数据库的物理结构设计。

下面给出"e 学习"系统的数据库 e_learning 在 MySQL 中的完整设计，它基本采用图 2.12 的数据库逻辑结构，但为了后续实例应用，进行了以下一些小的变动。

① 各种标识符包括数据库名、数据表名及各字段名均采用英文命名。这主要是为了避免一些开发工具在处理汉字时由于汉字编码方式不一致导致的乱码问题，同时也可减少开发时的中英文输入切换。

② 在一些关系模式中增加了一些属性，使得信息更全面丰富。

本书后续章节的例题都以该数据库为基础。读者可以通过该数据库体会数据库基本知识。e_learning 数据库脚本文件可以在"本书资源"中找到。

1．数据库的逻辑结构

e_learning 数据库包含 9 个关系表，数据库关系模式和表之间的关系见图 3.10。该图是在 MySQL 中建立的数据库关系图，图中用钥匙图标标注的字段是主键（主关键字），表间连接线表示两个表之间通过外键（外关键字）建立了关系。

　　student 表存储学生信息，certificate 表存储毕业证信息，subject 表存储学科信息，course 表存储课程信息，courseware 表存储课件信息，courseenroll 表存储学生选课及成绩信息，teacher 表存储教师信息，testquestion 表存储测试题信息，studentanswer 表存储学生答题信息。

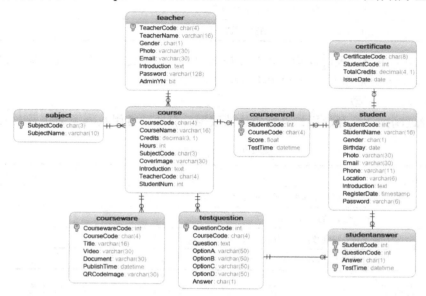

图 3.10　e_learning 数据库关系图

2. 数据库的物理结构

　　各个表的物理结构如表 3.8 至表 3.16 所示。这里只给出各关系表设计及完整性约束设计和索引设计。

表 3.8　student 表

字 段 名 称	字 段 说 明	类 型 定 义	属 性 限 定	索 引	关系（外键）
StudentCode	学号	int(4)，自增，初始值为 1001	Primary Key	主索引	
StudentName	姓名	varchar(16)	Not Null	索引	
Gender	性别	char(1)	Not Null		
Birthday	生日	date	Not Null		
Photo	照片文件路径	varchar(30)			
Email	电子信箱	varchar(30)	Not Null		
Phone	电话	varchar(11)			
Location	生源地	varchar(6)			
Introduction	个人简介	text			
RegisterDate	注册日期	timestamp	Default CURRENT_TIMESTAMP		
Password	密码	varchar(6)	Not Null		

表 3.9　certificate 表

字 段 名 称	字 段 说 明	类 型 定 义	属 性 限 定	索 引	关系（外键）
CertificateCode	证书号	char(8)	Primary Key	主索引	
StudentCode	学号	int(4)	Not Null	唯一索引	student: StudentCode
TotalCredits	总学分	decimal(4,1)			
IssueDate	发证日期	date	Not Null	索引	

表 3.10　subject 表

字 段 名 称	字 段 说 明	类 型 定 义	属 性 限 定	索 引	关系（外键）
SubjectCode	学科号	char(3)	Primary Key	主索引	
SubjectName	学科名	varchar(10)	Not Null	唯一索引	

表 3.11　teacher 表

字 段 名 称	字 段 说 明	类 型 定 义	属 性 限 定	索 引	关系（外键）
TeacherCode	工号	char(4)	Primary Key	主索引	
TeacherName	姓名	varchar (16)	Not Null	索引	
Gender	性别	char (1)	Not Null		
Photo	照片文件路径	varchar(30)			
Email	电子信箱	varchar(30)	Not Null		
Introduction	个人简介	text			
Password	密码	varchar(6)	Not Null		
AdminYN	是否管理员	bit	Not Null, Default 0		

表 3.12　course 表

字 段 名 称	字 段 说 明	类 型 定 义	属 性 限 定	索 引	关系（外键）
CourseCode	课程号	char(4)	Primary Key	主索引	
CourseName	课程名	varchar(16)	Not Null	索引	
Credits	学分	decimal(3,1)	Not Null，Default 0		
Hours	学时	int	Not Null		
SubjectCode	学科号	char(3)	Not Null		subject: SubjectCode
CoverImage	封面图片	varchar(30)			
Introduction	课程简介	text			
TeacherCode	教师工号	char(4)	Not Null		teacher:TeacherCode
StudentNum	选课人数	int			

表 3.13　courseenroll 表

字 段 名 称	字 段 说 明	类 型 定 义	属 性 限 定	索　引	关系（外键）
StudentCode	学号	int(4)	Primary Key	主索引	student: StudentCode
CourseCode	课程号	char(4)	Primary Key	主索引	course: CourseCode
Score	成绩	float(4,1)			
TestTime	测试时间	datetime			

表 3.14　courseware 表

字 段 名 称	字 段 说 明	类 型 定 义	属 性 限 定	索　引	关系（外键）
CoursewareCode	课件号	int(5)，自增，起始 10001	Primary Key	主索引	
CourseCode	课程号	char(4)	Not Null	索引	course: CourseCode
Title	课件标题	varchar(16)	Not Null	索引	
Video	视频地址	varchar(30)	Not Null		
Document	文档地址	varchar(30)			
PublishTime	发布时间	datetime	Not Null		

表 3.15　testquestion 表

字 段 名 称	字 段 说 明	类 型 定 义	属 性 限 定	索　引	关系（外键）
QuestionCode	问题号	int(6)，自增	Primary Key	主索引	
CourseCode	课程号	char(4)	Not Null	索引	course: CourseCode
Question	题干	text	Not Null		
OptionA	选项 A	varchar(50)	Not Null		
OptionB	选项 B	varchar(50)	Not Null		
OptionC	选项 C	varchar(50)	Not Null		
OptionD	选项 D	varchar(50)	Not Null		
Answer	正确答案	char(1)	Not Null		

表 3.16　studentanswer 表

字 段 名 称	字 段 说 明	类 型 定 义	属 性 限 定	索　引	关系（外键）
StudentCode	学号	int(4)	Primary Key	主索引	student: StudentCode
QuestionCode	问题号	int(6)	Primary Key	主索引	testquestion:QuestionCode
Answer	学生答案	char(1)			
TestTime	测试时间	datetime	Primary Key	主索引	

3.3　MySQL 数据库的创建与维护

3.3.1　创建数据库

在 MySQL 中创建数据库有多种方式：采用 Navicat for MySQL 或 MySQL Workbench 可视化创建数据库；也可执行 SQL 语句实现；还可以利用已有数据库备份文件创建数据库；或从其他数据库导出等。本节介绍采用 Navicat for MySQL 可视化创建数据库的方法。

【例 3.3】 创建数据库 e_learning。

① 在 Navicat for MySQL 左栏连接树中右击，从快捷菜单中选择"新建数据库"命令。

② 在打开的对话框中填写数据库的基本信息（见图 3.11），即可创建数据库。

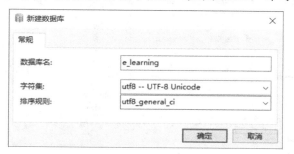

图 3.11　新建数据库

演示视频

提示： 若数据库中需要存储中文字符，则必须选择 utf8--UTF-8 Unicode 字符集及 utf8_general_ci 排序规则。

观察 my.ini 文件中 datadir 变量所说明的数据存储位置，可在磁盘中找到 e_learning 文件夹和其中包含的数据库文件，以及包含字符集与排序规则的 db.opt 文件（见图 3.9）。在数据库管理窗口中可看到 e_learning 的逻辑结构（见图 3.7 左栏连接树）。

删除数据库的操作方法如下：

① 在 Navicat for MySQL 左栏连接树中，右击要删除的数据库，从快捷菜单中选择"删除数据库"命令。

② 在"确认删除"对话框勾选"是，我确定"项，并单击"删除"按钮即完成。

提示： 删除操作将数据库文件及数据从服务器磁盘中全部删除，该数据库中所有的对象均被删除，即永久性删除，不能恢复，所以删除操作要慎重！

3.3.2　创建和维护表

新建数据库只生成了必要的系统文件，接下来的工作就是建立数据库中的各个对象，其中最重要的是表。表的创建可以采用和创建数据库类似的多种方式。下面介绍采用 Navicat for MySQL 创建和维护表的方法。

1. 创建表

【例 3.4】在 e_learning 数据库中创建 student 表，完成各字段的定义。

① 在 Navicat for MySQL 左栏连接树中，双击 e_learning 数据库，展开对象列表，右击"表"，从快捷菜单选择"新建表"命令，弹出表设计窗口（见图 3.12）。

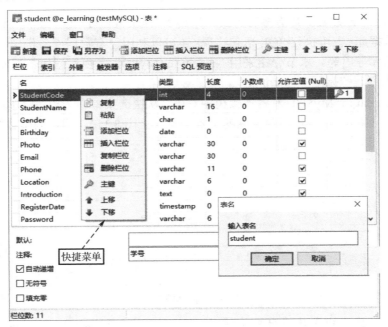

演示视频

图 3.12　student 表的设计

② 在表设计窗口中，根据表设计说明（见表 3.8）依次完成每个字段名称和数据类型的设置。例如，在第一行的"名"处输入 StudentCode，在"类型"处选择 int，长度选择 4，单击去掉"允许空值(Null)"复选框中的"√"，表示该字段的值不允许为空。在下方窗格中进行必要的属性设置，如在"注释"栏中填写当前字段的描述说明"学号"。

提示：选中"允许空值(Null)"表示添加新记录时该列的值可以没有，即为 Null。

③ 下移光标依次完成其他各字段的创建，然后单击工具栏中的"🖫"按钮或选择菜单命令"文件→保存"或关闭表设计窗口，输入表名 student，表创建完成。

④ 在左栏连接树中展开"e_learning→表"，可以看到创建好的 student 表。

2. 修改表结构

在对象列表中右击待修改的表，从快捷菜单中选择"设计表"命令，出现表设计窗口，选中需要修改的行，可重新进行各种设置，如添加或删除字段、修改字段数据类型等。利用右键快捷菜单（见图 3.12）或工具栏中的相应按钮，可以设置主键、插入栏位、删除栏位等。拖动行可以调整字段的顺序。修改完毕后保存。

3. 重命名表

在对象列表中右击需要重命名的表，从快捷菜单中选择"重命名"命令，在表名处输入新表名即可。

4. 删除表

在对象列表中右击待删除的表，从快捷菜单中选择"删除表"命令，打开"确认删除"对话框，单击"删除"按钮，即可删除该表。注意，不能删除系统表及有外键参照约束的表。

提示：删除表要十分谨慎，因为当表被删除时，该表的结构定义、数据、索引和约束等都被永久地从数据库中删除了！

根据表 3.8 至表 3.16 可依次创建 e_learning 数据库中的各个表，以便演示本章后续实例。为了减少准备工作，扫描"本书资源"中的二维码可以获取 SQL 脚本文件 e_learning.sql，新建一个数据库，然后选中它并右击，从快捷菜单中选择"运行 SQL 文件"命令，选择该脚本执行后完成各表的创建。

3.3.3 创建数据完整性约束

MySQL 提供了定义约束、检查和保持数据符合约束的完整性控制机制，主要是通过限制表的字段、记录及表之间的参照数据来保证数据完整性。用户在建立数据表时应该设置各项完整性约束，以保证表中数据的一致性。MySQL 常用的完整性约束见表 3.17。

表 3.17 MySQL 常用的数据完整性约束

完 整 性	约 束	作 用
实体完整性	主键（Primary Key）约束	约束主键不能出现重复值，保证表中记录的唯一性
	唯一性（Unique）约束	约束非主键字段不出现重复值
域完整性	默认值（Default）约束	对没有插入值的列自动添加表定义时对该列设置的默认值
	非空值（Not Null）约束	限定某一列必须有值，即不允许空值
参照完整性	外键（Foreign Key）约束	通过表间关系约束字段值的有效性

提示：标准 SQL 中还有一种称为检查约束（Check）的域完整性机制，可限定某一列中的取值或数据格式，例如，性别只能取值"男"或"女"，但 MySQL 目前版本不支持。

1. 实体完整性约束

实体完整性主要体现为表中记录的唯一性。其实现方式有主键约束和唯一性约束。

（1）主键约束

主键是表中能保证表中记录唯一性的一个或多个字段的组合。主键的值不重复且不为空。一个表只能有一个主键。

【例 3.5】定义 student 表的主键为 StudentCode。

在 student 表的表设计窗口（见图 3.13）中，选择要设置主键的行 StudentCode（若需多个字段作为主键，可按住 Ctrl 键用鼠标同时选中多个字段），右击，从快捷菜单中选择"主键"命令，或单击工具栏中的"🔑主键"按钮，在该列中出现"🔑"图标表示主键设置成功。

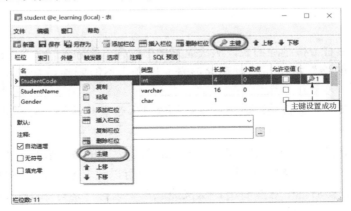

演示视频 图 3.13 设置主键约束

（2）唯一性约束

使用唯一性约束可以保证非主键列不出现重复值。尽管唯一性约束和主键都强制唯一性，但在下列情况下，应该使用唯一性约束：

① 对非主键字段或字段的组合强制唯一性。可以为表定义多个唯一性约束，但表的主键只能定义一个。

② 对允许空值的字段强制唯一性。主键约束虽然强制唯一性但不允许空值。

【例 3.6】在 student 表中不允许出现姓名且生日相同的记录，即对 StudentName 和 Birthday 字段组合定义唯一性约束。

在 MySQL 中，唯一性约束通过设置唯一性索引来实现，具体步骤如下。

① 打开 student 表的表设计窗口，选择"索引"选项卡（见图 3.14）。

演示视频 图 3.14 "索引"选项卡

② 在第一行的"名"处，输入约束的索引名称 IX_StudentNameBirth；单击"栏位"后面的"…"按钮，打开"栏位"对话框，分别在两行中选择 StudentName、Birthday，并选择各列的排序顺序，确定后返回"索引"选项卡；在"索引类型"处选择 Unique（表示唯一性约束）。当保存表时，该约束设置即保存在表中。

2. 域完整性约束

域完整性主要体现为表中字段值的有效性。其实现方式有默认值约束和非空值约束。

（1）默认值约束

默认值约束就是为某个字段定义一个默认值，当添加的新记录在该字段中无输入值时，系统将该默认值填入。注意，默认值与字段的数据类型要一致。

【例 3.7】在 student 表中设置性别 Gender 字段的默认值为"男"。

打开 student 表的表设计窗口（见图 3.15），选择 Gender 字段，在下方窗格的"默认"栏中填写"男"（不加引号），然后保存表。

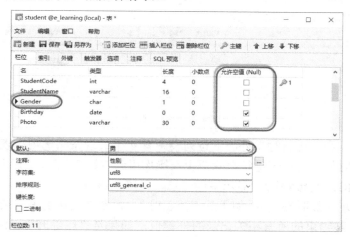

图 3.15　设置默认值约束　　　　　　　演示视频

（2）非空值约束

非空值约束可以限定某个字段必须有值，即在向表中添加新记录时必须为该字段输入一个值，或已经为该字段定义了默认值，否则该记录不允许存入数据库。

提示：注意 0、空白或零长度的字符串""并不是空值。空值意味着没有输入，通常表示值未知或未定义。例如，student 表中某条记录的 Birthday 字段为空值并不表示该学生没有生日，而是指目前未知或未录入。

【例 3.8】在 student 表中设置 StudentCode、StudentName、Gender 字段为非空值，其他字段允许为空（见图 3.15）。

一个字段在新建时默认设置为允许空值（有"√"），如果要将其设置为非空值，只需将该字段在"允许空值(Null)"处的"√"去掉即可（再次单击可恢复"√"），设置好后保存表。

演示视频

3. 参照完整性约束

参照完整性通过表间关系来约束字段值的一致性，即通过外键约束实现。两个建立关联关系的表，外键的取值必须是主键中存在的值或空值，并可以进一步设定违反约束时的处理方式。

【例 3.9】在 courseware 和 course 表之间建立关系，设置参照完整性约束。在该关系中，将主表 course 的 CourseCode 字段设置为主键，将外表 courseware 的 CourseCode 设置为外键，实施参照完整性约束的设置，拒绝违反参照完整性的操作。

演示视频

① 打开 courseware 表的表设计窗口，选择"外键"选项卡（见图 3.16）。

② 输入外键关系名称 FK_courseware_course，栏位选择 CourseCode，参考数据库选择 e_learning，参考表选择 course，参考栏位选择 CourseCode，在"删除时"和"更新时"处的下拉列表中全部选择处理策略 RESTRICT，最后保存表。

提示：注意 course 表的 CourseCode 字段必须已经被设为主键或唯一性约束。外键名可自行定义，习惯的命名规则为："FK_外表名_主表名"，其中 FK 是 ForeignKey 的简称。

图 3.16 "外键"选项卡

在"删除时"和"更新时"处的下拉列表中有 4 个处理策略选项，表明违反外键约束时的处理方式，它们在对主表进行删除或更新操作引起主键变化时起作用。

➤ NO ACTION（无操作）：显示错误信息，并终止该操作。

➤ CASCADE（级联操作）：如果是"更新时"，则允许更新主表记录，同时自动更新外表中被其约束的所有相关记录的外键值；如果是"删除时"，则允许删除主表记录，同时自动删除外表中被其约束的所有相关记录。

➤ SET NULL（设为空值）：更新或删除主表记录时自动将外表中被其约束的相关记录的外键值设置为空值（Null）。

➤ RESTRICT（限制）：显示错误信息，并终止该操作。

RESTRICT 和 NO ACTION 的结果是相同的，它们的差别在于检查时间不同：NO ACTION 对删除或更新数据延期检查，而 RESTRICT 则在保存操作结果时立即检查。

【例 3.10】 当处理策略是 RESTRICT 时，把主表 course 中的课程号 C001 修改为 C015，观察参照完整性约束的作用。

演示视频

① 右击 course 表，从快捷菜单中选择"打开表"命令，打开表数据窗口，修改 C001 为 C015（见图 3.17）。

② 退出编辑时，会出现错误提示消息，因为外键约束不允许对父行（parent row）进行删除或修改操作（见图 3.17）。

图 3.17 修改主键时显示的错误信息

③ 单击"确定"按钮，然后将 C015 恢复为 C001，关闭表数据窗口保存表。

【例 3.11】当处理策略是 RESTRICT 时，在外表 courseware 中插入记录，观察外键约束的作用。

演示视频

① 右击 courseware 表，从快捷菜单中选择"打开表"命令，打开表数据窗口，单击最下一行左侧的"+"按钮添加一条新记录（见图 3.18），依次录入以下各字段值：

（10007，C018，大数据应用，10007.mp4，10007.pptx，2017-10-03）

图 3.18　修改外键时显示的错误信息

② 当退出编辑时，出现错误信息，不允许对子行（child row）进行添加或修改操作。

③ 单击"确定"按钮，然后右击该新记录，从快捷菜单中选择"删除记录"命令，删除该记录，关闭表数据窗口。

④ 打开 course 表查看数据，可以看到 course 表中不存在 CourseCode 为 C018 的记录，因此限制了 courseware 表中新记录的加入。

外键约束需要额外系统开销来进行检测，如果不是要求特别严格的约束，也可在设计表时不考虑建立参照完整性约束，而是通过应用程序代码实现。

3.3.4　创建索引

1．索引的概念

为了提高数据操作时的记录定位速度，一般需要在表上建立索引。索引与图书目录或字典检字索引的原理是一样的。它由一个表中的一列或者若干列的值与其对应的记录在数据表中的地址所组成。数据库中一个表的存储由两部分组成：数据页和索引页。

如图 3.19 所示，为 student 表建立了以"姓名"为索引键的索引 1 和以"出生日期"+"性别"为索引键的索引 2。

图 3.19　索引示意图

可以在一个表上建立多个索引。索引建立后，由系统进行维护并自动使用。用户也可以在开发应用程序时指明使用哪个索引。使用索引的目的是改善查询性能，加快依据索引字段对表中数据行的检索。例如，图 3.19 中的索引 1 可以支持以"姓名"为检索条件的快速查找。

索引虽然能改善查询性能，但也耗费了磁盘空间，并且当对数据表进行增加、修改或删除数据操作时，系统需要花费一些时间来维护索引页。所以通常不要在一个表上建立太多索引，也不要建立不常用的索引。一般需要建立索引的字段有：主键和外键、频繁作为检索条件的字段、经常需要排序的字段。

2. 索引的分类

（1）聚集索引和非聚集索引

根据索引的顺序与表中数据的物理顺序是否相同，可分为聚集索引和非聚集索引。

聚集索引对表中的数据行按指定索引字段值进行排序后再重新存储到磁盘中，使表的物理顺序与索引一致。聚集索引的优点是检索速度快，缺点是重组记录物理顺序来维护索引的时间和空间消耗大。每个表只能建一个聚集索引，通常建在主键上。

非聚集索引通过增加索引页来存储组成非聚集索引的字段值和地址，不需要将数据行重新排序。可以建立多个非聚集索引。例如，图 3.19 中的索引 1 和索引 2 都是非聚集索引。

（2）唯一索引和非唯一索引

根据表中任意两行中被索引字段值是否允许相同，可分为唯一索引和非唯一索引。

非唯一索引允许各记录字段值相同或取空值，而唯一索引要求每个记录的字段值不能相同，也是强制取值唯一性的一种机制。

（3）单列索引和复合索引

根据索引字段由一列还是多列构成可分为单列索引和复合索引。图 3.19 中的索引 1 是单列索引，而索引 2 是由两个字段构成的复合索引，即：如果生日相同，那么再以性别排序。

3. 索引的创建

MySQL 常见的索引类型有：普通索引（Normal）、唯一索引（Unique）和全文索引（Full Text）。另外，主键默认建立了聚集索引，也称为主索引。

① 普通索引：基本索引类型，属于非唯一索引，允许在所定义的索引列中有重复值或

空值。

② 唯一索引：不允许表中任何两行具有相同的索引字段值。本章 3.3.3 节中介绍过的唯一性约束本质上就是唯一索引。创建唯一索引就是创建唯一性约束。

③ 全文索引：通常在 char、varchar 和 text 类型的列上创建。所定义的索引列支持全文查找，允许重复值或空值。

【例 3.12】在 student 表中按生源地（Location）建立普通索引，索引方式为 BTREE。

打开 student 表的表设计窗口，选择"索引"选项卡，可看到例 3.6 在（StudentName，Birthday）组合上已经建立的唯一性约束，即唯一索引 IX_StudentNameBirth（见图 3.14）。单击工具栏中的"+添加索引"按钮或按方向键"↓"添加一个新索引，名为 IX_Location，栏位选 Location，索引类型选 Normal，索引方式选 BTREE（见图 3.20）。关闭该窗口并保存。

图 3.20　创建索引

演示视频

MySQL 支持 BTREE 和 HASH 两种索引方式，默认为 BTREE。BTREE 采用 B+树索引，适用于=、>、>=、<、<=和 BETWEEN 等比较操作符，以及查询条件不以通配符开头的 LIKE 操作符；HASH 索引采用哈希算法定位记录，对于等值查询效率极高，但对于范围查询，或存在大量重复值的情况并不适合。

索引管理包括索引的查看、修改和删除操作，具体方法如下：
① 在要维护索引的表设计窗口中单击"索引"选项卡。
② 在索引列表中选择要查看或修改的索引，可直接修改该索引的各项属性。
③ 若要删除索引，则选中要删除的索引，单击工具栏中的"删除索引"按钮即可。

3.3.5　添加表记录

在实际开发信息系统时，只有当一个数据库中的所有表及完整性约束完全创建好后，才向其中添加数据记录，而且数据添加和维护操作都是用户通过应用程序进行的。

Navicat for MySQL 提供了对表数据维护的支持，包括数据的查看、插入、删除和修改操作，主要用于调试程序或临时操作数据库。

1. 插入记录

双击 student 表（或右击它，从快捷菜单中选择"打开表"命令），出现表数据窗口（见图 3.21），表中的数据按行显示，每条记录占一行。可在此向表中插入记录、删除或修改记录。窗口下部有记录操作按钮，或右击某条记录后选择快捷菜单命令也可实现相应操作。

图 3.21　student 表的表数据窗口

可以一次向表中插入多条记录，操作步骤如下：

① 选定记录插入位置，单击表数据窗口下部的"+"按钮（或将光标定位到最后一条记录中，然后按"↓"键），会出现一条空记录，所有字段值都为"（Null）"。

② 逐个字段输入值，按"→"键或 Tab 键可以移至下一个字段。

提示：要注意不允许为空并且无默认值的字段必须输入值。

③ 输入完数据，关闭表数据窗口，弹出确认对话框，单击"保存"按钮即可。

2. 修改记录

定位将要修改的记录字段，对其中的字段值进行编辑修改。

3. 删除记录

① 定位将要删除的记录（可按住 Ctrl 键或拖动鼠标多选），右击，从快捷菜单中选择"删除记录"命令（或者使用表数据窗口下部的"-"按钮）。

② 弹出确认删除对话框，单击"删除 n 条记录"按钮即可（n 为已选记录数）。

3.3.6　数据模型可视化

Navicat for MySQL 支持可视化管理数据模型，使得数据库维护更直观、便捷。

1. E-R 图

在数据库中创建各种对象，立刻会直观地反映到对象窗口中。选中数据库，选择菜单命令"查看→ER 图表"，在对象窗口中以 E-R 图方式显示各数据表的结构和表间关系（见图 3.22）。右击某个表，选择快捷菜单命令，可以实现对表的各种操作；右击表间连线，选择快捷菜单命令，可以维护表间关系；也可以使用对象窗口下部的工具栏进行快捷操作。

2. 可视化建模

"模型"对象提供了可视化设计数据库的方法，以及将设计与数据库同步的功能，支持从数据库导入关系、以拖动的方式建立对象之间的关系，可以将所建立的关系同步到数据库中，并可以将数据模型的关系图保存为 PDF、PNG 或 SVG 格式，形成设计文档。

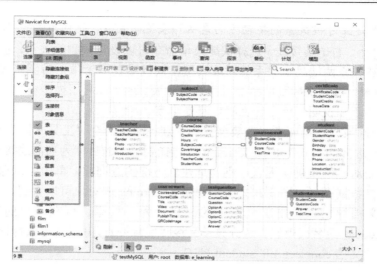

图 3.22　在对象窗口中显示的 E-R 图

【例 3.13】利用模型实现可视化管理。在 e_learning 数据库中，建立 courseenroll 表和 student 表间的外键关系，将该数据模型同步到数据库中，并保存为 courseenroll_student，打印输出为 courseenroll_student.PNG。

演示视频

① 新建模型。在工具栏中单击"模型→新建模型"按钮，在打开的对话框中输入模型名 courseenroll_student，确定后保存。

② 拖入相关表。分别将 student 表和 courseenroll 表从 Navicat for MySQL 左栏连接树中拖至模型窗口（见图 3.23）中。如果已建立外键关系，则会自动导入模型中。为演示本操作，应该在对象窗口中删除该外键关系。

③ 建立外键关系。单击工具栏中的" 1:1 "按钮，从 courseenroll 表的 StudentCode 拖至 student 表的 StudentCode，即可建立自动命名为 fk_courseenroll_student_1 的外键。

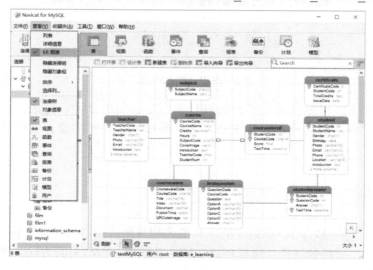

图 3.23　外键 fk_courseenroll_student_1 的可视化创建

提示：注意建立外键关系的拖动方向是从外表拖向主表，并且两端的字段选择要正确。

④ 模型设计。右击连接线，选择快捷菜单命令可以设计或删除关系，也可以通过设置两端的基数来在关系两端显示关系的对应类型，双竖线表示 1 端，带圈竖线表示多端（零或多个）。右击表，选择快捷菜单命令可直接设计表。还可以利用模型窗口左侧工具栏中的按钮添加各种图示和说明，使设计文档信息更丰富。

⑤ 将设计同步到数据库中。在模型窗口中选择菜单命令"工具→同步到数据库"，默认选择"同步已选择的模式"和"e_learning"，选择要同步的目标为当前连接（testMySQL），并进行对比。若对比结果确认无误，则勾选建立外键的查询项，单击"运行查询"按钮即可将外键同步到数据库（见图 3.24）中。刷新 e_learning 表对象可以看到。

⑥ 设计文档导出。单击工具栏中的"另存为"按钮，可在弹出的对话框中输入 courseenroll_student 命名该模型。选择菜单命令"文件→打印成"，可选择保存路径和文件类型，输出设计文档 courseenroll_student.PNG。

图 3.24 将设计同步到数据库中

在模型窗口中，可以从新建表开始进行整个数据库的设计，完成后再进行数据库同步来创建表和关系，最后导出设计文档，这样可以创建完整的设计文档及与文档一致的数据库。

实验与思考

实验目的：了解 MySQL 数据库的逻辑结构和物理结构，进一步理解关系表及数据完整性约束的概念、索引的概念；掌握创建和维护数据库、数据表的方法；掌握数据库 SQL 脚本的转储方法和使用脚本重建数据库的方法。

实验环境及素材：MySQL 和 Navicat for MySQL，bookstore 数据库设计文档（参见 10.1 节）。

1．创建一个名称为 bookstore 的数据库，支持网上书店系统的信息管理。

提示：注意，应选择 utf8 - -UTF-8 Unicode 字符集及 utf8_general_ci 排序规则。

2．在 bookstore 数据库中按表 10.1（a）至表 10.8（a）的表结构创建表，并为各个表定义相应的域完整性约束，定义主键实现实体完整性约束。

提示：至少完成 publisher 表、book 表、customer 表的创建。

3．在各相关表之间建立关系，实施参照完整性约束，并查看 E-R 图（见图 10.4）。

提示：注意建立关系的两个字段的数据类型必须完全相同。

4．为 publisher 表、book 表、customer 表各添加三条记录，见表 10.1（b）至表 10.8（b）。

提示：添加记录要有先后顺序：主表数据应先输入，外表数据后输入，并且外键的值必须是主键中已经存在的值或为空（如果外键允许为空）。另外，数据不能违反完整性约束。

5．修改数据表结构。将 customer 表 Name 字段的类型改为 nvarchar(20)；在 LoginDate 字段前增加一个字段 Photo，类型设置为 nvarchar(50)。

6．更新表记录。在 book 表中添加一条图书记录；将 book 表中 BookCode 为 0503 的记录删除；将 BookCode 为 0202 的记录的 Discount 字段值修改为 0.50，PublisherCode 字段内容更新为 55。

提示：注意观察哪些操作不成功，思考为什么，加深对数据完整性约束作用的理解。

7．创建索引。在 book 表中按 BookName 升序排序并建立一个名称为 IX_BookName 的唯一索引；以 PublisherCode 和 PublishTime 建立一个自命名的普通索引。

8．转储数据库。为所创建的 bookstore 数据库生成脚本文件 bookstore.sql，保存在 D:\ 下。新建一个数据库 bookshop，然后运行该脚本文件新建数据库对象和添加数据记录。

提示：右击 bookstore 数据库，从快捷菜单中选"转储 SQL 文件"命令，保存脚本文件。运行该脚本文件可以恢复数据库。

9．数据模型可视化。新建"模型"，在模型窗口中新建 orders 表，并分别设计 orders 表与 book 表、customer 表的外键关系，保存模型为 bookorder，最后导出设计文档 bookorder.sql。

提示：右击工作区，从快捷菜单中选"新建→表"命令可建新表；book 表和 customer 表可直接从数据库中拖入。

第4章

数据库操作语言SQL

SQL 是 Structured Query Language（结构化查询语言）的简称，它是一个通用的、功能强大的关系数据库操作语言。MySQL 所使用的 SQL 语言遵从 ANSI-92 国际标准。

本章介绍 SQL 语言的常用语句和几种可编程数据库对象，包括视图、存储过程和触发器。

4.1 常用 SQL 语句

4.1.1 SQL 概述

1. SQL 的特点

SQL 支持对数据库的操纵和管理，是数据库应用开发的基本语言。它有如下特点。

（1）高度一体化：包含数据定义、数据操纵、数据控制语句，可独立完成数据库生命周期的所有活动。

> 数据定义语句（Data Definition Language，DDL），用于建立或修改数据库对象，包括数据库、数据表、视图、存储过程及触发器等，主要有 CREATE、ALTER、DROP 语句。

> 数据操纵语句（Data Manipulation Language，DML），实现对数据库中数据的查询和更新，主要有 SELECT、INSERT、UPDATE、DELETE 语句。

> 数据控制语句（Data Control Language，DCL），实现对数据库对象的授权及控制事务等，主要有 GRANT、REVOKE、DENY 等语句。

（2）非过程化：在使用 SQL 语言时，用户不必描述解决问题的全过程，只需提出"做什么"，至于"如何做"的细节则由数据库系统本身去完成，直至给出操作的结果。

（3）使用方式灵活：SQL 语句既可以交互方式独立使用，也可嵌入 C#、Java 等各种高级语言程序中。

（4）语句结构简洁，易学易用。

2. SQL 语句的基本语法规则

先看下面一条查询语句：

SELECT StudentCode, StudentName FROM student; -- 查询学生表中学生的学号和姓名

① 语句中的单词可以是关键词，也可以是标识符。关键词是 SQL 里有固定含义的单词，这里的 SELECT 和 FROM 是关键词；标识符是用户自己定义的数据库、表、字段、索引等的名字，这里的 student 是表名，StudentCode、StudentName 是字段名。

② 每个单词之间都要有空格，MySQL 要求 SQL 语句结尾必须有一个西文的分号"；"。

③ 不区分字母大小写，即大写字母和小写字母的含义完全相同。

④ 一条语句可以写在一行中，也可以换行写在若干行中。

⑤ 为了增强代码的可读性，可在适当的地方加上注释。有两种注释方法。

单行注释：用两个连字符"--"开头，注意"--"和注释文字间要有空格。

多行注释：当注释文字长度超过一行时，将注释文字放在"/*"和"*/"组成的符号对之间。

前面的查询语句中使用了单行注释，如果注释更长就可以用多行注释，例如，

/*SELECT 语句是查询语句，可以从表中检索返回符合条件的记录，下面的查询语句用于查询学生表中所有学生的学号和姓名*/
SELECT StudentCode, StudentName FROM student;

提示：为阅读方便，本书将一条 SQL 语句写在多行中，并用全大写字母书写关键词。

4.1.2　创建数据库

1. 数据定义语句

数据定义语句支持对数据库对象的建立、修改和删除操作，这些对象包括数据库、表、视图、索引、存储过程、触发器等。主要语句见表 4.1。

表 4.1　数据定义语言 DDL 的常用语句

操 作 对 象	操 作 方 式			
	创　　建	删　　除	修　　改	打　　开
数据库	CREATE DATABASE	DROP DATABASE	ALTER DATABASE	USE
表	CREATE TABLE	DROP TABLE	ALTER TABLE	
视图	CREATE VIEW	DROP VIEW	ALTER VIEW	
索引	CREATE INDEX	DROP INDEX		
存储过程	CREATE PROCEDURE	DROP PROCEDURE	ALTER PROCEDURE	
触发器	CREATE TRIGGER	DROP TRIGGER	ALTER TRIGGER	

由于篇幅所限，下面仅通过几个小例子简单介绍 DDL 语句的基本结构和用法。

（1）创建数据库

CREATE DATABASE 创建一个数据库，基本语法格式如下：

CREATE DATABASE 数据库名
[[DEFAULT] CHARACTER SET 字符集], [[DEFAULT] COLLATE 校对规则];

其中，[ ]表示可选项。

【例4.1】创建一个名为 pet 的数据库，采用默认的字符集和排序规则。

```
CREATE DATABASE pet;
```

演示视频

在 Navicat for MySQL 中执行该命令并查看结果，操作步骤如下。

① 在 Navicat for MySQL 左栏连接树中选择当前连接，然后单击工具栏中的"查询"按钮，在命令区中单击"新建查询"按钮，打开查询编辑器，输入上述语句（见图4.1）。

② 单击" ▶运行"按钮可执行该语句，下部信息窗口中的信息表明命令成功执行。

③ 右击当前连接，从快捷菜单中选择"刷新"命令，可以看到新创建的 pet 数据库。

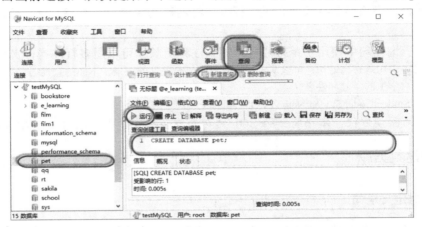

图4.1 在查询编辑器中执行 DDL 语句

【例4.2】创建一个名为 plant 的数据库，设置其字符集为 utf8。

```
CREATE DATABASE plant CHARACTER SET utf8;
```

（2）打开数据库

使用 USE 语句可以打开数据库，即设置当前可操作的数据库。

```
USE 数据库名;
```

例如：

```
USE pet; -- 将 pet 设定为当前数据库，后续 SQL 命令才可针对该数据库进行操作
```

（3）删除数据库

当不再需要一个数据库时，可以使用 DROP 语句将其删除。

```
DROP DATABASE 数据库名;
```

例如：DROP DATABASE plant; -- 删除数据库 plant

（4）创建表

使用 CREATE TABLE 可以创建一个表，基本语法格式如下：

```
CREATE TABLE 表名(
    字段名 字段数据类型 字段约束,
    ...
    Constraint 约束说明
);
```

【例 4.3】在 pet 数据库中建立猫表 cat。

```
USE pet                                              /*将 pet 数据库设定为当前数据库*/
CREATE TABLE 'cat' (
    'CatCode' int(4) NOT NULL AUTO_INCREMENT,        /*不可取空值，创建自增约束*/
    'CatName' varchar(16) NOT NULL,                  /*不可取空值*/
    'Gender' char(1) NOT NULL DEFAULT '母',
    'Birthday' date NOT NULL,
    'Photo' varchar(30) DEFAULT NULL,
    'Introduction' text,
    'RegTime' timestamp DEFAULT CURRENT_TIMESTAMP,   /*默认当前时间*/
    PRIMARY KEY ('CatCode')                          /* 设置 CatCode 为主键*/
);
```

提示：语句中字段名的单引号可以去掉。

（5）删除表

使用 DROP TABLE 语句可以删除表。

```
DROP TABLE 数据表名;
```

例如：

```
DROP TABLE cat;    -- 删除 cat 表
```

（6）建立索引

使用 CREATE INDEX 语句可以建立索引。

```
CREATE [UNIQUE|FULLTEXT|SPATIAL] INDEX 索引名
ON 数据表名(字段  ASC|DESC);    -- ASC 升序，DESC 降序
```

例如：

```
CREATE UNIQUE INDEX IX_Name ON cat (CatName DESC); /*在 cat 表的 CatName 字段上建立唯一
                                                     索引 IX_Name，按名字降序排列*/
```

（7）删除索引

当不再需要某个索引时，可以使用 DROP INDEX 语句将其删除。

```
DROP INDEX 索引名  on 数据表;
```

例如：

```
DROP INDEX IX_Name on cat;     -- 删除索引 IX_Name
```

2. 转储数据定义 SQL 文件

在 Navicat for MySQL 中创建各种数据库对象，实质上是以可视化方式生成 DDL 语句，这些语句可以保存到一个 SQL 脚本文件中，以后运行该文件可重建数据库对象。SQL 文件是文本文件，可以使用记事本、写字板等文本编辑器打开。

【例 4.4】转储 student 表的 SQL 文件，并在 example 数据库中运行建立 student 表。

① 转储 SQL 文件。右击 student 表，从快捷菜单中选择"转储 SQL 文件"命令，出现"另存为"对话框，设置文件路径和文件名为 D:\student.sql，单击"保存"按钮，SQL 文件生成完毕（见图 4.2），单击"关闭"按钮。使用记事本可打开该文件查看 SQL 语句。

演示视频

② 使用 SQL。在当前连接中建立一个数据库 example。右击该数据库，从快捷菜单中选择"运行 SQL 文件"命令，在"运行 SQL 文件"对话框中选择文件 D:\student.sql，单击"开始"按钮即可（见图 4.3）。查看 example 数据库，可看到 student 表及导入的数据记录。

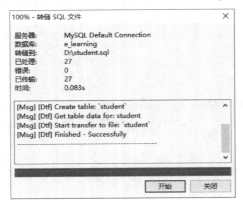

图 4.2　生成 SQL 文件

图 4.3　运行 SQL 文件

和上述方法类似，右击数据库名，从快捷菜单中选择"转储 SQL 文件"命令，生成该数据库所有对象（表、索引、视图、存储过程等）的 SQL 文件，利用它可重建整个数据库。

注意：先自建数据库，再运行 SQL 文件。

4.1.3　查询单表数据

SELECT 语句属于数据操纵语句，其功能是查询表，并返回符合查询条件的数据记录。语法格式如下：

```
SELECT  字段列表
FROM 表名或视图
[WHERE  查询条件]
[GROUP BY  分组字段  [HAVING  分组条件]]
[ORDER BY  字段名  [ASC/DESC]]
[LIMIT  起始位置，记录数];
```

其中，[ ]表示可选项。第一行"SELECT 字段列表"是 SQL 主句，后面各行被称为 SQL 子句。各子句功能不同，顺序不可变。下面通过一些单表查询实例说明语句的使用规则。

1．FROM 子句

FROM 子句紧跟在 SELECT 主句之后，是 SELECT 语句必不可少的一个子句。它用于指定要查询的数据来自的对象，可以是一个或多个表，或视图。

```
FROM 表 1 [,表 2,…,表 n]
```

单表查询只需要一个表，多表连接查询将在 4.1.4 节中介绍。

【例 4.5】查询 student 表中所有学生的姓名和性别信息。查询结果如图 4.4 所示。

```
SELECT StudentName, Gender
FROM student;
```

将字段名 StudentName 和 Gender 列在 SELECT 之后，用逗号分隔，表名 student 放在 FROM 之后。

2. SELECT 字段列表

字段列表位于关键词 SELECT 之后，用于说明查询结果所包含的字段。使用规则如下：

（1）可以选择任意多个字段，字段与字段之间用逗号分隔。参见例 4.5 中的用法。

（2）可以使用通配符"*"表示表中的所有字段。

演示视频

图 4.4　查询姓名和性别

【例 4.6】查询 student 表中所有学生的全部字段信息。查询结果如图 4.5 所示。

```
SELECT *
FROM student;
```

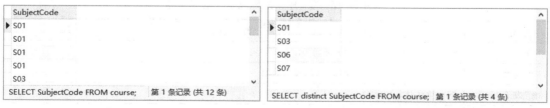

图 4.5　查询全部字段信息

（3）可以用"字段名 AS 别名"将原字段名以别名显示。关键词 AS 可省略，字段名和别名用空格隔开。

【例 4.7】查询 course 表的课程号和课程名信息，用中文显示表头。查询结果如图 4.6 所示。

```
SELECT CourseCode AS 课程号, CourseName  课程名
FROM course;
```

课程号	课程名
▶ C001	多媒体技术及应用
C002	信息系统与数据库技术
C003	计算机网络技术

SELECT CourseCode 课程- 12 条)

图 4.6　别名显示

（4）在字段名前加上 DISTINCT，消除查询结果中的重复记录，只保留一条。

【例 4.8】查询 course 表中的课程属于哪些学科号。

```
SELECT DISTINCT SubjectCode
FROM course;
```

同一个学科往往开设了多门课程，不使用 DISTINCT 限制的查询结果将列出所有课的学科号，如图 4.7（a）所示；使用 DISTINCT 限制后，查询结果仅包含不重复的记录，如图 4.7（b）所示。

SubjectCode
▶ S01
S01
S01
S01
S03

SELECT SubjectCode FROM course;　第 1 条记录 (共 12 条)

SubjectCode
▶ S01
S03
S06
S07

SELECT distinct SubjectCode FROM course;　第 1 条记录 (共 4 条)

　　（a）不使用 DISTINCT 限制　　　　　　　　　（b）使用 DISTINCT 限制

图 4.7　DISTINCT 关键词的作用

（5）计算字段和新增字段。字段可以是表中字段名，也可以是常量和表达式，表达式中可以使用聚合函数进行统计计算。常用的聚合函数见表 4.2。

表 4.2　常用的聚合函数

函 数 名	函 数 功 能
AVG([ALL | DISTINCT] expression)	计算某个字段的平均值（此字段的值必须为数值型）
COUNT([ALL | DISTINCT] expression)	统计某个字段的个数
MAX([ALL | DISTINCT] expression)	查找某个字段的最大值
MIN([ALL | DISTINCT] expression)	查找某个字段的最小值
SUM([ALL | DISTINCT] expression)	计算某个字段的总和（此字段的值必须为数值型）

【例 4.9】查询 courseenroll 表，显示学号、课程号及加 5 分调整后的成绩，并增加一列说明"成绩调整"。查询结果如图 4.8 所示。（注：需要选择菜单命令"查看→在网格中显示备注"。）

```
SELECT StudentCode, CourseCode, Score+5 AS 成绩, '成绩调整' AS 说明
FROM courseenroll;
```

【例 4.10】查询 courseenroll 表，统计所有学生选课的平均分、最高分、最低分及总选课人次。查询结果如图 4.9 所示。

```
SELECT AVG(Score) AS 平均分, MAX(Score) AS 最高分, MIN(Score) AS 最低分,
COUNT(StudentCode) AS 总人次
FROM courseenroll;
```

StudentCode	CourseCode	成绩	说明
1001	C001	75.0	成绩调整
1001	C002	85.0	成绩调整
1001	C003	95.0	成绩调整

平均分	最高分	最低分	总人次
74	90.0	40.0	18

图 4.8　含有常量和表达式的查询结果　　　图 4.9　含有聚合函数的查询结果

3. WHERE 子句

WHERE 子句说明查询条件，是一个可选子句。如果使用必须紧跟在 FROM 子句之后。

WHERE 查询条件

查询条件是一个关系或逻辑表达式，表 4.3 中列出了常用的关系和逻辑运算。

表 4.3　MySQL 中常用的关系和逻辑运算

查 询 条 件	谓 词
比较	>、>=、<、<=、=、<>或!= (不等于)、!>(不大于)、!<(不小于)
确定范围	BETWEEN …AND、NOT BETWEEN… AND
确定集合	IN、NOT IN、EXISTS
字符匹配	LIKE、NOT LIKE
空值	IS NULL、IS NOT NULL

查 询 条 件	谓　　词
否定	NOT 或!
逻辑运算	AND 或&&、OR 或||

准确描述查询条件对于 SELECT 语句非常重要。要根据字段在数据库中所定义的数据类型确定它能参加的运算，并且表达式中的其他运算对象与该字段的类型要一致或相容。

（1）比较和逻辑运算

【例 4.11】查询 student 表中学号为 1003 的学生信息。

```
SELECT * FROM student WHERE StudentCode=1003;
```

在 student 表中，StudentCode 的数据类型为整型，所以表达式 StudentCode=1003 中使用数值常量 1003。如果学号被定义为字符串型，那么该表达式应该写为：StudentCode='1003'。在 SQL 语句中，字符串型和日期型的常量需要加单引号或双引号。

【例 4.12】查询 student 表中所有女生的信息。查询结果如图 4.10 所示。

```
SELECT StudentCode, StudentName, Gender, Location FROM student
WHERE Gender='女';
```

【例 4.13】查询生源地为上海的女生的信息。查询结果如图 4.11 所示。

```
SELECT StudentCode, StudentName, Gender, Location FROM Student
WHERE Gender='女' AND Location='上海';
```

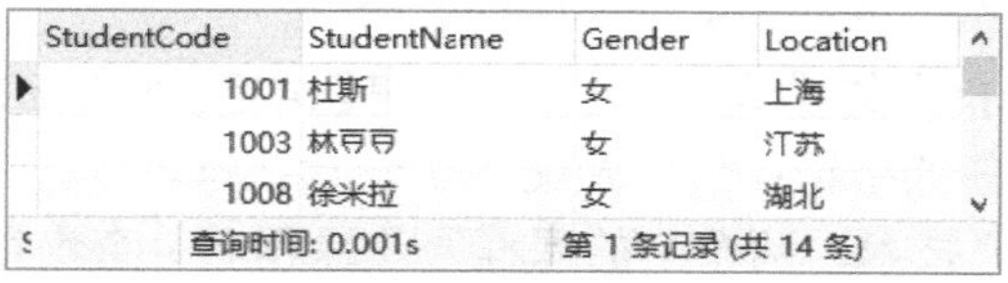

StudentCode	StudentName	Gender	Location
1001	杜斯	女	上海
1003	林亭亭	女	江苏
1008	徐米拉	女	湖北

查询时间: 0.001s　第 1 条记录（共 14 条）

图 4.10　女生信息

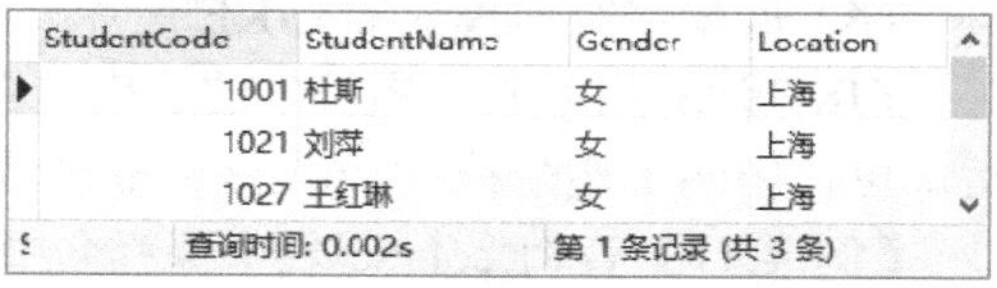

StudentCode	StudentName	Gender	Location
1001	杜斯	女	上海
1021	刘萍	女	上海
1027	王红琳	女	上海

查询时间: 0.002s　第 1 条记录（共 3 条）

图 4.11　生源地为上海的女生信息

（2）界定范围的 BETWEEN…AND 运算

要查询某字段值在或不在指定范围内的数据记录，可用如下运算。

BETWEEN 值 1 AND 值 2：表示在值 1 和值 2 之间的数据（包括值 1 和值 2）。

NOT BETWEEN 值 1 AND 值 2：表示不在值 1 和值 2 之间的数据。

【例 4.14】在 courseenroll 表中查询选修了课程号 C001、成绩在 70～90 分之间的所有学生学号、课程号及成绩信息。查询结果如图 4.12 所示。

```
SELECT StudentCode, CourseCode, Score
FROM courseenroll
WHERE CourseCode='C001' AND Score BETWEEN 70 AND 90;
```

此例的 WHERE 子句也可以改为：

```
WHERE CourseCode='C001' AND Score>=70 AND Score<=90
```

【例 4.15】查询 student 表中不在 1970—2004 年之间出生的学生的学号、姓名和生日。查询结果如图 4.13 所示。

```
SELECT StudentCode, StudentName, Birthday
FROM student
```

WHERE Birthday NOT BETWEEN '1970-01-01' AND '2004-12-31';

注意，日期型常量要用完整格式'年-月-日'。本例表达式也可使用 Year()函数：

WHERE Year(Birthday) NOT BETWEEN 1970 AND 2004

（3）判断是否在集合中的 IN 运算

使用 IN 运算可查询某字段值在或不在某个集合中。

IN (值 1,值 2,…)表示在集合中，NOT IN (值 1,值 2,…)表示不在集合中。

【例 4.16】查询 student 表中来自东北三省的学生，即生源地为黑龙江、吉林、辽宁的学生信息。查询结果如图 4.14 所示。

SELECT StudentCode, StudentName, Location
FROM student
WHERE Location IN ('黑龙江','吉林','辽宁');

此例的 WHERE 子句也可以写为：

WHERE Location ='黑龙江' OR Location ='吉林' OR Location ='辽宁'

StudentCode	CourseCode	Score
1001	C001	70
1002	C001	85
1003	C001	85
1004	C001	90

StudentCode	StudentName	Birthday
1004	张小贝	2005-01-19
1015	刘文强	1963-12-04
1022	汪洋	1968-05-01

StudentCode	StudentName	Location
1006	张小宝	黑龙江
1014	徐纯纯	辽宁
1018	潘佳栋	黑龙江
1025	宋婷婷	黑龙江

图 4.12　成绩在 70～90 分之间　　图 4.13　不在 1970—2004 年之间出生　　图 4.14　来自东三省

（4）匹配字符串模式的 LIKE 运算

LIKE 运算用来判断字符串的子串是否符合指定的模式，可进行字符串匹配查询。LIKE 运算可使用两个通配符："%"匹配 0 个或多个任意字符；"_"匹配 1 个任意字符。

【例 4.17】查询 course 表中课程名中包含"技术"两个字的课程号及课程名。查询结果如图 4.15 所示。

SELECT CourseCode, CourseName
FROM course
WHERE CourseName LIKE '%技术%';

【例 4.18】查询 student 表中不姓刘的学生的学号和姓名。查询结果如图 4.16 所示。

SELECT StudentCode, StudentName
FROM student
WHERE StudentName NOT LIKE '刘%';

CourseCode	CourseName
C001	多媒体技术及应用
C002	信息系统与数据库技术
C003	计算机网络技术

StudentCode	StudentName
1023	周一桐
1025	宋婷婷
1007	宋思明

询时 第 1 条记录 (共 23 条)

图 4.15　名称包含"技术"的课程　　　　图 4.16　不姓刘的学生

4．GROUP BY 子句

GROUP BY 子句用于对数据记录进行分组汇总，即按指定字段把具有相同值的记录通过汇总计算合并成一条记录。其语法格式为：

GROUP BY 分组字段 [HAVING 分组条件]

其中，HAVING 子句的作用是在分组汇总查询后，对查询结果进行进一步过滤。

注意：GROUP BY 子句的分组字段一般应出现在 SELECT 后的字段列表中（可以是字段，也可以在聚合函数中）。如果 GROUP BY 后的分组字段有多个，则表示多次分组。

【例 4.19】统计每门课程的选课人数和平均分。查询结果如图 4.17 所示。

```
SELECT CourseCode, COUNT(StudentCode) AS 选课人数, AVG(Score) AS 平均分
FROM courseenroll
GROUP BY CourseCode;
```

如果句尾增加"HAVING AVG(Score)>=80"或"HAVING 平均分>=80"子句，则查询结果只包含那些平均分大于等于 80 的课程（见图 4.18）。

```
SELECT CourseCode, COUNT(StudentCode) AS 选课人数, AVG(Score) AS 平均分
FROM courseenroll
GROUP BY CourseCode
HAVING 平均分>=80;
```

注意区分 WHERE 子句和 HAVING 子句。虽然都是表达筛选条件，但它们的执行机制不同；而且 HAVING 子句只能跟在 GROUP BY 子句后。下面两条语句都能实现查询课程号为 C001 的选课人数的功能。

```
SELECT CourseCode, COUNT(StudentCode) AS 选课人数, AVG(Score) AS 平均分
FROM courseenroll
WHERE CourseCode='C001'
```

上述语句先对表中数据进行筛选后再汇总选课人数。下面语句汇总各课程选课人数后再进行筛选：

```
SELECT CourseCode, COUNT(StudentCode) AS 选课人数, AVG(Score) AS 平均分
FROM courseenroll
GROUP BY CourseCode
HAVING CourseCode='C001';
```

如果在筛选条件中包含汇总结果，那么用 WHERE 子句无法实现，因为 WHERE 子句中不能包含聚合函数，这时只能用 HAVING 子句。例 4.19 中查询结果只包含平均分大于等于 80 的课程正是这种情况。

【例 4.20】统计各生源地男、女学生的人数。查询结果如图 4.19 所示。

```
SELECT Location, Gender, COUNT(StudentCode) AS 学生人数
FROM student
GROUP BY Location, Gender;
```

CourseCode	选课人数	平均分
▶ C001	5	82.5
C002	5	85
C003	5	65
C007	1	80
C008	1	70
C009	1	80

CourseCode	选课人数	平均分
▶ C001	5	82.5
C002	5	85
C007	1	80
C009	1	80

Location	Gender	学生人数	
▶ 上海	女	3	
上海	男	2	
云南	男	1	
北京	女	1	
北京	男	2	
第 1 条记录（共 20 条）			

图 4.17　课程成绩汇总　　图 4.18　增加 HAVING 子句的查询结果　　图 4.19　各地区男、女学生人数

5. ORDER BY 子句

ORDER BY 子句按查询结果中的指定字段进行排序，语法格式如下：

ORDER BY 字段名 [ASC/DESC]

字段名或含有字段名的表达式是排序的依据，ASC 为升序（默认），DESC 为降序。

该子句可以指定多个排序的字段。多字段排序的规则是：首先根据第一个字段对记录进行排序，然后对此字段中具有相同值的记录根据第二个字段进行排序，依此类推。若在 SELECT 语句中无 ORDER BY 子句，则按原数据表中记录的顺序报告结果。

【例4.21】查询"零零后"学生，并按年龄从小到大排序。查询结果如图 4.20 所示。

```
SELECT StudentCode, StudentName, Birthday
FROM student
WHERE Birthday>='2000-01-01'
ORDER BY Birthday DESC;
```

【例4.22】按生源地升序和学号降序查询学生电话信息。查询结果如图 4.21 所示。

字符串排序按创建数据库时选定的字符集（如 utf8）进行，英文字符将按字符顺序排序。若希望汉字按拼音字母排序，则使用 convert(字段名 using gbk)函数将字段转为 gbk 字符集（一种汉字编码）：

```
SELECT Location, StudentCode, StudentName, Phone
FROM student
ORDER BY convert(Location using gbk), StudentCode DESC;
```

StudentCode	StudentName	Birthday
1004	张小贝	2005-01-19
1021	刘萍	2004-03-21
1020	朱丽娜	2003-12-09
1026	朱松	2002-08-02
1009	杨康	2001-11-09

查询时间: 0.001s 第 1 条记录 (共 9 条)

图 4.20　按年龄从小到大排序的零零后学生

Location	StudentCode	StudentName	Phone
北京	1017	章咪咪	13347146490
北京	1010	郭靖	13974339695
北京	1002	汪洋	13834992564
贵州	1023	周一桐	13162652008
河南	1016	刘起	13550705371

查询时间: 0.001s 第 1 条记录 (共 27 条)

图 4.21　按生源地升序和学号降序显示学生电话

6. LIMIT 子句

LIMIT 子句用于显示查询结果中的部分记录。语法格式如下：

LIMIT 起始位置，记录数

若"起始位置"为 0，可省略；若"记录数"大于查询结果记录总数，则显示所有记录。

【例4.23】查询显示平均成绩前 3 名的学生。查询结果如图 4.22 所示。

StudentCode	平均成绩
1004	90
1003	87.5
1001	80

图 4.22　平均成绩前 3 名

```
SELECT StudentCode, avg(Score) 平均成绩
FROM courseenroll
GROUP BY StudentCode
ORDER BY avg(Score) DESC
LIMIT 3;
```

4.1.4 查询多表数据

涉及两个或两个以上表的查询，需要说明表之间的连接关系。

1. 内连接

内连接又称自然连接，用比较运算符对两个表中的数据进行比较，所有匹配的行连接在一起作为查询结果。内连接的实现方法有两种。

（1）在 WHERE 子句中说明连接条件

在 WHERE 子句中说明两个表查询的连接条件的语法格式如下：

FROM 表 1,表 2
WHERE 表 1.字段名 1 <比较运算符>表 2.字段名 2

其中，表 1、表 2 是被连接的表名，字段名是用于连接的字段名称。字段名可以不同，但必须有相同的数据类型且含义相同。比较运算符可以是：=、<、>、<=、>=、<>。

SubjectCode	SubjectName	CourseName
▶ S01	计算机	多媒体技术及应用
S01	计算机	信息系统与数据库技术
S01	计算机	计算机网络技术
S03	心理学	管理心理学
S03	心理学	心理学与生活

查询时间: 0.001s　　　第 1 条记录 (共 12 条)

图 4.23　课程信息

【例 4.24】查询各学科开设的课程，显示学科号、学科名和课程名。查询结果如图 4.23 所示。

SELECT　　　subject.SubjectCode,　　SubjectName,
CourseName
　　FROM subject, course
　　WHERE subject.SubjectCode=course.SubjectCode;

该查询结果来自两个表 subject 和 course。FROM 子句中列出了这两个表，WHERE 子句中的"subject.SubjectCode=course.SubjectCode"指明 subject 表和 course 表通过 SubjectCode 字段值相等的记录进行连接。

注意：在 SELECT 主句中，若某个字段在多个表中都有，则必须指明查询的字段来自哪个表，格式为"表名.字段名"，例如："subject.SubjectCode"，如果省略"subject."，则会报错。

本例查询结果有 12 条记录。若无 WHERE 子句说明连接条件，则结果是 subject 表和 course 表所有记录的全部互相连接，共 8×12 条记录，显然包含大量不合理的数据。

（2）使用连接关键词 JOIN…ON 说明连接条件

在 FROM 子句中引入专门的关键词 JOIN…ON 来说明两个表的连接条件，而 WHERE 子句只用于数据筛选条件的表达，整个语句结构更为清晰，推荐使用这种方法。

FROM 表 1 [INNER] JOIN 表 2 ON 表 1.字段名 1 <比较运算符>表 2.字段名 2

其中，表 1、表 2 是被连接的表名；字段名是用于连接的字段名称，比较运算符可以是：=、<、>、<=、>=、<>。内连接是系统默认的，可以省略关键词 INNER。

【例 4.25】使用关键词 JOIN…ON 查询各学科开设的课程，显示学科号、学科名和课程名。查询结果如图 4.23 所示。

SELECT subject.SubjectCode, SubjectName, CourseName
FROM subject JOIN course
ON subject.SubjectCode=course.SubjectCode;

2. 外连接

如果需要查询结果不仅包含内连接匹配的行，还要包含某个表的更多信息，可使用外连接。外连接分为左外连接和右外连接，两者处理方法相同，只是表名在语句中位置不同。语法格式如下：

> FROM 表 1 LEFT|RIGHT [OUTER] JOIN 表 2
> ON 表 1.字段名 1 <比较运算符> 表 2.字段名 2   -- OUTER 可省略

LEFT JOIN（左外连接）：查询结果除了包含两个表中连接匹配的行，还包含左表（写在 LEFT JOIN 左边的表）中不符合连接条件，但符合 WHERE 条件的全部记录，即：左表全部，右表匹配。

RIGHT JOIN（右外连接）：查询结果除了包含两个表中连接匹配的行，还包含右表（写在 RIGHTT JOIN 右边的表）中不符合连接条件，但符合 WHERE 条件的全部记录，即：右表全部，左表匹配。

【例 4.26】分别用内连接、左外连接和右外连接查询女生选课信息，并比较查询结果。

> 内外连接：SELECT student.StudentCode, StudentName, CourseCode, Score
>   FROM student JOIN courseenroll
>   ON student.StudentCode = courseenroll.StudentCode
>   WHERE Gender='女';
> 左外连接：SELECT student.StudentCode, StudentName, CourseCode, Score
>   FROM student LEFT JOIN courseenroll
>   ON student.StudentCode = courseenroll.StudentCode
>   WHERE Gender='女';
> 右外连接：SELECT student.StudentCode, StudentName, CourseCode, Score
>   FROM student RIGHT JOIN courseenroll
>   ON student.StudentCode = courseenroll.StudentCode
>   WHERE Gender='女';

三种连接查询结果的对比如图 4.24 所示。内连接的查询结果只包含分属于 2 个学生的 6 条选课记录；左外连接的查询结果共有 18 条记录，除了内连接的 6 条，还包含了未选课的 12 个女生的基本信息，当右表中无匹配数据时，显示"（NULL）"。

本例中，右外连接的查询结果与内连接完全相同，已经包含了右表中的所有女生信息，其他未选课女生的 StudentCode 未出现在 courseenroll 表中。

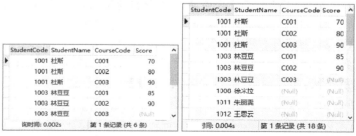

（a）内连接查询结果　　　　（b）左外连接查询结果　　　　（c）右外连接查询结果

图 4.24　三种连接方式的查询结果比较

3. 多表连接查询

如果查询所涉及的表数量在 3 个以上，则形成多表连接查询，语法格式如下：

FROM 表 1 JOIN 表 2 ON 表 1.字段 i <比较运算符>表 2.字段 j
　　　　JOIN 表 3 ON 表 x.字段 k <比较运算符>表 3.字段 l
　　　　…
　　　　[JOIN 表 n ON 表 y.字段 m<比较运算符>表 n.字段 n]　　　$x≤2, y≤n-1$

每 JOIN（连接）一个表，立刻说明其与已连接的某个表的连接条件，最后所有表就连接为一体。

【例 4.27】查询所有女生的选课信息，显示学生名、课程名和成绩。查询结果如图 4.25 所示。

SELECT StudentName, CourseName, Score
FROM student JOIN courseenroll
ON student.StudentCode=courseenroll.StudentCode
JOIN course ON course.CourseCode=courseenroll.CourseCode
WHERE Gender='女';

【例 4.28】查询选修了学科名为"心理学"相关课程的学生名、课程名和成绩。该查询需要用到 4 个表：student、courseenroll、course 和 subject。查询结果如图 4.26 所示。

	StudentCode	StudentName	CourseName	Score
▶	1001	杜斯	多媒体技术及应用	70
	1001	杜斯	信息系统与数据库技术	80
	1001	杜斯	计算机网络技术	90
	1003	林豆豆	多媒体技术及应用	85
	1003	林豆豆	信息系统与数据库技术	90
	1003	林豆豆	计算机网络技术	(Null)

图 4.25　女生的选课信息

	StudentName	CourseName	Score	SubjectName
▶	郭靖	沟通心理学	80	心理学

图 4.26　选修了"心理学"学科各课程的信息

SELECT StudentName,CourseName,Score,SubjectName
FROM student JOIN courseenroll ON student.StudentCode=courseenroll.StudentCode
JOIN course ON courseenroll.CourseCode=course.CourseCode
JOIN subject ON course.SubjectCode=subject.SubjectCode
WHERE SubjectName='心理学';

4. 子查询

将一个查询的返回结果作为另一个查询的条件，这种查询称为子查询，也称为嵌套查询。可以构造出一条含有多个子查询的 SQL 语句来完成复杂的查询目的。

【例 4.29】查询与"章咪咪"来自同一地区的学生的学号和姓名。查询结果如图 4.27 所示。

SELECT StudentCode,StudentName,Location
FROM student
WHERE Location=
(SELECT Location FROM student WHERE StudentName='章咪咪');

本句在执行时，子查询返回章咪咪的生源地为"北京"，然后主查询利用 Location="北京"查询到了所有来自北京的学生，当然也包括章咪咪。

【例4.30】查询选修了课程C001的学生的学号和姓名。查询结果如图4.28所示。

```
SELECT StudentCode, StudentName
FROM student
WHERE StudentCode IN
    (SELECT StudentCode FROM courseenroll WHERE CourseCode='C001');
```

本句在执行时，子查询得到选修了课程 C001 的所有学生的学号返回给主查询，主查询再根据学号获得他们的姓名。由于子查询返回的学号个数可能是多个，所以主查询使用 IN 运算进行筛选。

StudentCode	StudentName	Location
▶ 1002	汪洋	北京
1010	郭靖	北京
1017	章咪咪	北京

图 4.27　与"章咪咪"来自同一地区的学生

StudentCode	StudentName
1001	杜斯
1002	汪洋
1003	林豆豆
1004	张小贝
1005	马林

图 4.28　选修课程 C001 的学生

在多数情况下，包含子查询的语句可以用连接表示，如例 4.30 的查询。但子查询与连接相比，一个显著的优点就是，子查询可以计算一个变化的聚集函数值，并返回主查询进行比较，而连接是做不到的。下面例子只能用子查询实现。

【例4.31】查询年龄最大的学生的学号和姓名。查询结果如图4.29所示。

```
SELECT StudentCode, StudentName, Birthday
FROM student
WHERE Birthday IN
    (SELECT MIN(Birthday) FROM student);
```

本例中，子查询获取 student 表中最小的出生日期（即年龄最大学生的出生日期），主查询再获得在该日期出生的学生信息。

【例4.32】查询所有未选修任何课程的学生。查询结果如图4.30所示。

```
SELECT StudentCode, StudentName
FROM student
WHERE NOT EXISTS
    (SELECT * FROM courseenroll
    WHERE student.StudentCode=courseenroll.StudentCode);
```

主查询用 EXISTS 判断子查询的结果集是否为空。如果为空，则返回 true，否则返回 false。

StudentCode	StudentName	Birthday
1015	刘文强	1963-12-04

图 4.29　年龄最大学生

StudentCode	StudentName	∧
▶ 1015	刘文强	
1024	刘真	
1021	刘萍	∨
第 1 条记录 (共 21 条)		

图 4.30　未选课的学生

4.1.5　数据更新

对表进行插入、修改和删除操作，都会使表中的数据发生变化，统称为更新操作。

1. 数据插入

INSERT INTO 语句实现向一个表中插入数据记录的操作。

（1）向表中插入一条数据记录

语法格式如下：

```
INSERT INTO  表[(字段 1,字段 2,…)]
VALUES(表达式 1,表达式 2,…)];
```

字段可以是某几个字段。"表达式 1,表达式 2,…"分别按顺序一一对应"字段 1,字段 2,…"，它们是所要添加的字段值。当插入一条完整的记录时，可省略字段列表，但字段值顺序要与表中字段的顺序完全一致。

【例 4.33】向 subject 表中插入一条记录，学科号为 S10、学科名为"哲学"。

```
INSERT INTO subject
VALUES ('S10', '哲学');
```

本例是完整记录插入，因此省略了字段列表。在查询编辑器中执行该语句，显示"受影响的行:1"，表示插入成功（见图 4.31）。查询 subject 表可看到新记录。

图 4.31　subject 表的新记录

【例 4.34】向 student 表中插入一条记录。

```
INSERT INTO student(StudentCode, Gender, StudentName, Birthday, Email)
VALUES (1099, '女', '张琳','1998-1-13', 'zl@163.com');
```

本例插入的记录只在 5 个字段有值，必须明确列出，顺序可以随意，但字段值的顺序要和所列字段顺序一一对应。插入记录时，未给值的字段自动取空值或默认值（见图 4.32）。

提示：对于非空字段，如果未设置默认值，则必须在插入语句中给值。

由于 student 表中 StudentCode 字段设置为整型且为"自动递增"，因此添加新记录时，可以不给该字段赋值，系统会根据当前已有的最大学号自动加 1 即为该学号，例如：

```
INSERT INTO student(Gender, StudentName, Birthday, Email)
VALUES ('男', '孟飞','2000-10-02', 'mf@163.com');
```

StudentCode	StudentName	Gender	Birthday	Photo	Email	Phone	Location	Introduction	RegisterTime	Password
1099	张琳	女	1998-01-13	(Null)	zl@163.com	(Null)	(Null)	(Null)	2017-10-07 09:37:06	666666

图 4.32　student 表的新记录

（2）可以将查询结果复制到一个新表中

【例 4.35】将 student 表中所有男生的数据复制到一个新表 malestudent 中。

```
CREATE TABLE malestudent
SELECT StudentCode, StudentName, Gender, Birthday
FROM student
WHERE Gender='男';
```

刷新 e_learning 数据库中的表，可看到新建的包含所有男生数据的 malestudent 表。

提示：CREATE TABLE malestudent 后不要加分号，因为两条语句需合并执行。

（3）从其他表中提取一组记录插到目标表中

语法格式如下：

```
INSERT INTO  表[(字段名 1，字段名 2，…)]
SELECT 语句;
```

表必须已经存在，且其各字段定义与 SELECT 语句返回的字段值类型一致。

【例 4.36】向 malestudent 表中插入记录，数据为 student 表中所有女生的信息。

```
INSERT INTO malestudent
SELECT StudentCode, StudentName, Gender, Birthday
FROM student WHERE Gender='女';
```

2. 数据修改

使用 UPDATE 语句实现对一条或多条符合条件的记录中某个或某些字段值的修改，语法格式如下：

```
UPDATE 表  SET 字段 1=表达式 1 [，字段 2=表达式 2，…]
[WHERE 更新条件]
```

【例 4.37】修改 student 表中学号为 1018 的联系电话为 18931000978。

```
UPDATE student
SET Phone='18931000978'
WHERE StudentCode=1018
```

在查询编辑器中执行该语句，显示"受影响的行:1"，表示修改成功。

下面例题对多行记录的多个字段值进行修改。

【例 4.38】修改 course 表，将学科名为"计算机"的学分增加 0.5，学时增加 10%。

```
UPDATE course
SET Credits=Credits+0.5, Hours=Hours*(1+0.1)
WHERE SubjectCode=(SELECT SubjectCode FROM subject        -- 子查询
WHERE SubjectName='计算机');
```

注意：使用 UPDATE 语句要小心，如果没有 WHERE 子句，将更新数据表中所有记录！

3. 数据删除

使用 DELETE 语句可删除数据表中满足条件的一条或多条记录，语法格式如下：

```
DELETE FROM  表
[WHERE 删除条件];
```

【例 4.39】删除 subject 表中的"哲学"记录。

```
DELETE FROM subject
WHERE SubjectName='哲学';
```

在查询编辑器中执行该语句后，显示"受影响的行:1"，表示删除成功。

下面例题以子查询的返回结果为条件删除多条记录。

【例 4.40】 从 subject 表中删除没有开过课的学科记录。

```
DELETE FROM subject
WHERE SubjectCode NOT IN
        (SELECT SubjectCode FROM course);        -- 子查询
```

注意：使用 DELETE 语句要小心，如果没有 WHERE 子句，将删除数据表中所有记录！

在进行表的插入、修改和删除操作时，可能会由于受到关系完整性的约束而不成功，这种约束用于保证数据库中数据的一致性。例如，如果将例 4.39 中删除的"哲学"替换为"文学"，执行时会报告出错："Cannot delete or update a parent row"，这是因为 course 表中存在"文学"类的课程，外表 course 约束了主表的删除操作。

4.2　可编程对象

为了更好地支持数据库应用的开发，SQL 引入了流程控制语句，可以建立由 SQL 语句构成的完成一定功能的语句块，这些语句块称为可编程对象。常用可编程对象有视图、存储过程和触发器。视图可以被其他 SQL 语句使用，存储过程可以被高级语言程序直接访问，触发器可以被触发自动执行。它们可大大简化应用的开发，并提高系统整体性能和安全性。

4.2.1　SQL 运算和常用函数

SQL 虽然和高级语言不同，但它也有对运算、流程控制等的支持，用来实现复杂的数据检索和更新操作，本节简介 SQL 支持的主要运算及常用函数。

1．标识符、常量和变量

（1）标识符是由用户定义的名称，用来标识各种对象，如服务器、数据库、表、字段、变量等。标识符是用字母开头的字母和数字串。注意，应避免使用 SQL 关键词。

（2）常量是指在程序运行过程中值不变的量。注意，字符串型常量、日期时间型常量要用单引号或双引号扩起，如'上海'或"上海"、'2017-10-23 10:40:30'。

（3）变量是指在程序运行过程中其值可以被改变的量。变量具有三个要素：变量名、变量类型和变量值。SQL 有三种变量：用户变量、局部变量和系统变量。

① 用户变量是用户定义的变量，由"@"前缀符号加一个标识符组成，不需要事先定义可直接使用。其默认值为 NULL，类型为字符串型，赋值后变量类型与值的类型一致。可以使用 SET 或 SELECT 语句为其赋值，例如，下面两条语句都可将变量@City 赋值为字符串'上海'。

```
SET @City='上海';        或        SELECT @City='上海';
```

② 局部变量一般用在 SQL 语句块中，在该语句块执行完毕后，局部变量就会消失。局部变量名称前没有"@"前缀符号，并且使用前需要先通过 DECLARE 声明。

DECLARE 局部变量名 数据类型 [DEFAULT 默认值];

例如：

DECLARE Score DEFAULT 60;

③ MySQL 有很多设有默认值的系统变量。全局变量名有"@@"前缀符号，可用 SHOW 查看当前值。状态变量直接用 SELECT 查询。下面语句的查询结果如图 4.33 和图 4.34 所示。

SELECT @@version;   -- MySQL 版本,如 5.7.17-log

SHOW status like 'Max_used_connections';   -- 最大连接数,如 12

@@version
▶ 5.7.17-log
SELECT @@version;

Variable_name	Value
▶ Max_used_connections	12
SHOW status like 'Max_used_connections';	

图 4.33   MySQL 版本   图 4.34   数据库最大连接数

2. 运算符和表达式

（1）运算符

SQL 的运算符很丰富，按其功能可分为：算术运算符、比较运算符、逻辑运算符和位操作运算符。表 4.4 列出了 SQL 中的运算符及其类别。

表 4.4   SQL 中的运算符及其类别

类 别	所包含的运算符
算术运算符	+（加）、-（减）、*（乘）、/（除）、%（取模）
比较运算符	>（大于）、<（小于）、=（等于）、<=>（安全等于）、>=（大于等于）、<=（小于等于）、!=（不等于）、IN、BETWEEN AND、IS NULL、GREATEST、LEAST、LIKE、REGEXP 等
逻辑运算符	NOT 或者!（逻辑非）、AND 或者&&（逻辑与）、OR 或者‖（逻辑或）、XOR（逻辑异或）
位操作运算符	&（位与）、|（位或）、~（位非）、^（位异或）、<<（左移）、>>（右移）

（2）表达式

表达式由运算对象、运算符及圆括号组成。当一个表达式中有多个运算符时，运算符的优先级决定运算的先后次序。用户可以在查询窗口中使用 SELECT 语句查看表达式的值。例如，SELECT 12+45，结果为 57。

3. 常用函数

MySQL 提供了很多内置函数，可在 SQL 语句中使用。用 SELECT 语句可查看函数的执行结果，例如，SELECT SQRT(4)，结果为 2。

（1）数学函数

数学函数可对数值型数据进行数学运算。常用的数学函数及功能见表 4.5。

表 4.5 常用的数学函数

函 数 名	函 数 功 能	函 数 名	函 数 功 能
ABS(x)	计算 x 的绝对值	SQRT(x)	计算 x 的平方根
MOD(x,y)	计算两个数字的余数	FLOOR(x)	返回小于指定数字的最大整数
SIN(x)	计算 x 的正弦值	CEILING(x)	返回大于指定数字的最小整数
COS(x)	计算 x 的余弦值	EXP(x)	计算 e 的 x 次方
TAN(x)	计算 x 的正切值	POW(x,y)	计算 x 的 y 次方
ATN(x)	计算 x 的反正切值	LOG(x,y)	计算以 y 为底的 x 的对数
LN(x)	计算 x 的自然对数	RAND([n])	产生[0,1)之间的随机浮点数，n 为正整数
SIGN(x)	返回 x 的特征符号	PI()	返回圆周率的值
LEAST(x)	返回集合中最小的值	TRUNCATE(x,y)	返回数字 x，截断到 y 位小数
GREATEST()	返回集合中最大的值	ROUND(x[,n])	将 x 四舍五入到最接近的整数值，n 指定进行四舍五入的小数位数（默认值是 0）

（2）日期时间函数

常用的日期时间函数见表 4.6。

表 4.6 常用的日期时间函数

函 数 名	函 数 功 能
NOW()	返回当前系统日期和时间
CURDATE()	返回当前系统日期
CURTIME()	返回当前系统时间
DAY(d)	返回日期所表示的日，例如，Day('2017-5-1')=1
MONTH(d)	返回日期的月份值，例如，Month('2017-5-1')=5
YEAR(d)	返回日期的年份值，例如，YEAR('2017-5-1')=2017
MONTHNAME(d)	返回日期的月份名称 例如，SELECT MONTHAME('2017-08-30')=August
DAYNAME(d)	返回日期是星期几 例如，SELECT DAYNAME('2017-08-30')=Wednesday
WEEK (d)	返回日期是本年的第几个星期 例如，SELECT WEEK('2017-08-30')=35
DAYOFMONTH(d)	返回日期是本月的第几天
DAYOFYEAR(d)	返回日期是本年的第几天
QUARTER(d)	返回日期是第几季度
DATE_FORMAT(d,f)	按照表达式 f 的要求显示日期 d
ADDDATE(d,n)	返回起始日期 d 加上 n 天的日期

续表

函 数 名	函 数 功 能
SUBDATE(d,n)	返回起始日期 d 减去 n 天的日期
ADDTIME(t,n)	返回将时间 t 加上 n 秒后的时间
SUBTIME(t,n)	返回将时间 t 减去 n 秒后的时间

例如：SELECT * FROM student WHERE Month(Birthday)=2; -- 查询 2 月出生的学生

（3）字符串函数

常用的字符串函数见表 4.7。

表 4.7　常用的字符串函数

函 数 名	函 数 功 能	函 数 名	函 数 功 能
CHAR_LENGTH(s)	返回字符串长度	BIT_LENGTH(s)	返回字符串比特长度
REVERSE(s)	返回颠倒的字符串	REPLACE(s1,s2,s3)	用 s3 替换 s1 中包含的 s2
SUBSTRING(s,m,n)	返回字符串 s 的起始位置为 m，长度为 n 的子串	CONCAT(s1,s2,…)	将提供的参数连成一个完整的字符串
REPEAT(s,count)	将字符串按指定次数重复生成	STRCMP(s1,s2)	比较两个指定的字符串
LEFT(s,n)	返回字符串 s 左边的 n 个字符	LOWER(s)	将字符串中的字母转换为小写字母
RIGHT(s,n)	返回字符串 s 右边的 n 个字符	UPPER(s)	将字符串中的字母转换为大写字母
LTRIM(s)	删除字符串 s 开始处的空格	SPACE(n)	返回 n 个空格
RTRIM(s)	删除字符串 s 结尾处的空格	ASCII(s)	返回字符串 s 的第一个字符的 ASCII 码

例如：

SELECT * FROM student WHERE CHAR_LENGTH(Introduction)>=10; /*查询个人简介长度大于 10 的学生*/

（4）聚合函数

聚合函数对一组值进行计算并返回一个结果，常用于对记录的分类汇总。聚合函数经常与 SELECT 语句的 GROUP BY 子句一同使用。常用的聚合函数见表 4.2。

（5）系统信息函数

部分系统信息函数见表 4.8。

表 4.8　部分系统信息函数

函 数 名	函 数 功 能
VERSION()	返回数据库的版本号
DATABASE()	返回当前数据库名
USER()	返回当前 MySQL 用户名和主机名
PASSWORD(s)	对字符串 s 进行加密，用来对用户的密码进行加密
MD5(s)	对字符串 s 进行加密，用来对用户的数据进行加密
FORMAT(x,n)	对数字 x 进行格式化，将 x 保留到小数点后 n 位，需要进行四舍五入

4.2.2　SQL 流程控制语句

SQL 提供了一些流程控制语句，这里简单介绍几条在可编程对象中常用的语句。

（1）BEGIN…END 语句

多条 SQL 语句用 BEGIN…END 组合起来形成一个 SQL 语句块。

（2）IF 语句

```
IF 条件表达式 THEN SQL 语句块 1
[ELSEIF 条件表达式 THEN SQL 语句块 2]…
[ELSE SQL 语句块 n]
END IF
```

如果条件表达式的值为 true，则执行 IF 后面的语句块；否则，如果有 ELSEIF，则计算 ELSEIF 后面条件表达式，依此类推；最后如果有 ELSE 语句，执行 ELSE 后面的语句。

（3）CASE 语句

CASE 语句是多分支的选择语句。该语句有两种形式。

① 简单 CASE 函数。将某个表达式与一组情况表达式进行比较以确定结果，语法格式如下：

```
CASE 输入表达式
WHEN 情况表达式 THEN 结果表达式
   …
   [ELSE 结果表达式]
END
```

当输入表达式的值与某个 WHEN 子句的情况表达式的值相等时，返回 THEN 后结果表达式的值；如果无相等的值，则返回 ELSE 后结果表达式的值，若无 ELSE 子句，则返回 NULL。

【例 4.41】查询教师的信息。查询结果如图 4.35 所示。

```
SELECT TeacherName,CASE AdminYN
      WHEN 0 THEN 	'教师'
      WHEN 1 THEN 	'管理员'
END AS '岗位'
FROM teacher;
```

图 4.35　教师信息

② CASE 搜索函数。计算一组条件表达式以确定结果，语法格式如下：

```
CASE
   WHEN 条件表达式 THEN 结果表达式
   …
   [ELSE 结果表达式]
END
```

按顺序计算 WHEN 子句的条件表达式，当表达式的值为 true 时，返回 THEN 后结果表达式的值，然后跳出 CASE 语句。

【例 4.42】统计每个学生平均成绩并划分等级。查询结果如图 4.36 所示。

```
SELECT StudentCode AS '学号', FORMAT(AVG(Score),2) AS '平均成绩',
   CASE
```

学号	平均成绩	等级
1001	80.00	B
1002	60.00	D
1003	80.00	B
1004	58.50	E
1005	90.00	A
1010	76.67	C

图 4.36　成绩等级

```
        WHEN AVG(Score)>=90 THEN 'A'
        WHEN AVG(Score)>=80 THEN 'B'
        WHEN AVG(Score)>=70 THEN 'C'
        WHEN AVG(Score)>=60 THEN 'D'
        WHEN AVG(Score)<60 THEN 'E'
      END AS '等级'
    FROM courseenroll GROUP BY StudentCode;
```

（4）WHILE 循环语句

循环语句实现一条 SQL 语句或 SQL 语句块重复执行，语法格式如下：

```
WHILE  条件表达式  DO
    SQL 语句块 1
      [BREAK]
    SQL 语句块 2
      [CONTINUE]
END WHILE
```

如果条件表达式的值为 true，则执行 WHILE 后的语句块。BREAK 语句用于从 WHILE 循环中退出。CONTINUE 语句用于结束本次循环，开始下一次循环的判断。

4.2.3　视图

视图是数据库的一种对象，是在数据表基础上使用查询语句定义的一个虚拟表。视图和基本表一样，也是二维表结构，但它只有结构而不实际存储数据。它的数据来自定义视图的 SELECT 语句所引用的基本表，并在使用视图时动态地从基本表中提取。

视图是数据库的外模式，利用视图可以合并或分割数据，从而为某个应用提供需要的特定数据结构，保持数据的逻辑独立性，有利于应用程序的开发和维护。同时，视图也是一种安全机制，因为视图隐藏了真实的表结构，可以只授权用户访问视图而不能直接访问基本表。

1．创建视图

创建视图有两种方法：一种是在 Navicat for MySQL 中使用视图创建工具，另一种是使用视图定义 SQL 语句 CREATE VIEW。创建视图时应遵循以下两个原则：第一，不能跨数据库创建视图；第二，视图名称不与数据库中的任何其他对象重名。

（1）使用 SQL 语句创建视图

创建视图的 SQL 语句格式如下：

```
CREATE VIEW  视图名称
AS
SELECT 查询语句;
```

以上语句可在 Navicat for MySQL 查询编辑器中直接运行。

【例 4.43】创建男生视图 view_studentmale，包括学生学号、姓名、性别和出生日期。

```
CREATE VIEW view_studentmale
AS
```

SELECT StudentCode 学号, StudentName 姓名,Gender 性别, Birthday 生日
FROM student WHERE Gender='男';

展开"e_learning→视图",右击 view_studentmale 项,从快捷菜单中选择"打开视图"命令,可看到视图数据(见图 4.37)。

图 4.37　打开 view_studentmale 视图

（2）使用视图创建工具创建视图

视图创建的关键是利用 SELECT 语句正确表达数据访问需求。Navicat for MySQL 提供了视图创建工具,支持可视化完成数据需求说明。

【例 4.44】创建视图 view_studentscore,显示姓名、课程名和成绩,按成绩降序排序。

演示视频

① 展开 e_learning,右击"视图",从快捷菜单中选择"新建视图"命令,打开视图定义窗口,单击"视图创建工具"选项卡(见图 4.38),出现三个区:数据库对象区、已选对象区、SQL 语句区。

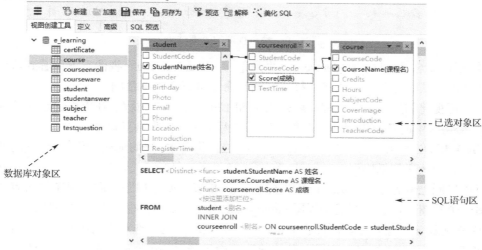

图 4.38　"视图创建工具"选项卡

② 从数据库对象区中拖动或双击表 student、courseenroll 和 course(注意顺序),将它们依次添加到已选对象区中,可以看到表之间已建立的关系也通过连线显示出来。可用鼠

标拖动调整表的位置便于观察表间关系。单击表标题栏中的关闭按钮可移除该表。

③ 在已选对象区的三个表中分别勾选 StudentName、CourseName 和 Score 三个字段，将它们添加到视图中，下方 SQL 语句区中将自动发生变化。如果勾选表标题栏中的复选框，将添加全部字段。

④ 在已选对象区中，右击 courseenroll 表的 Score 字段，从快捷菜单中选择"Order By→DESC"命令，设置排序方式；在 SQL 语句区中单击 FROM 子句各字段的"<别名>"，分别设置为：姓名、课程名和成绩。

⑤ 单击工具栏中的"预览"按钮，进入"定义"选项卡，可以预览视图的查询结果（见图 4.39）。上面显示 SELECT 语句，下面显示视图数据。

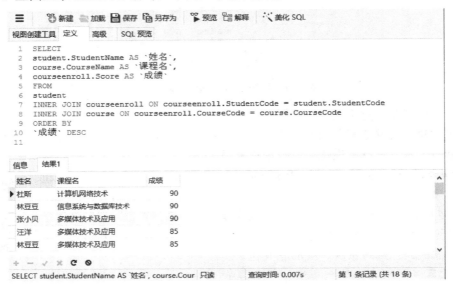

图 4.39　预览视图的查询结果

⑥ 视图命名为 view_studentscore 并保存。在"e_learning→视图"下可看到该视图。右击该视图，从快捷菜单中选择"打开视图"命令可查看视图数据。

以上可视化创建视图的过程，就是构造 SELECT 语句的过程，在上面已选对象区或下面 SQL 语句区中的任何设置和修改都会即时在两个区中同步得到反映。

【例 4.45】创建视图 view_studentexcellent，选拔优培生（平均成绩大于等于 90 的学生），并按平均成绩从高到低排列。

可以参照上例方法在 student 表和 courseenroll 表上创建视图。由于视图的内容也可以来自另一个视图，这里介绍基于视图 view_studentscore 创建新视图的主要步骤。

① 在视图定义窗口中，添加视图 view_studentscore 到已选对象区中，选择"姓名"和"成绩"字段。右击"姓名"字段，从快捷菜单中选择"Group By"命令添加分组。

② 在 SQL 语句区中，单击"view_studentscore.成绩"前的<func>，从下拉列表中选择 Avg，并为 Avg（view_studentscore.成绩）设置别名"平均成绩"；在 HAVING 子句处，单击"<按这里添加条件>"，设置条件"平均成绩>=90"；在 ORDER BY 子句处，单击"<按

这里添加 ORDER BY>"，设置排序"平均成绩"，排序方向设置为 DESC。具体如图 4.40（a）所示。

③ 单击"预览"按钮查看结果，如图 4.40（b）所示。保存视图为 view_studentexcellent。

（a）视图定义窗口　　　　　　　　　　　（b）视图浏览窗口

图 4.40　创建视图 view_studentexcellent

2. 使用视图

视图与表的用法相同，可以通过视图查询和更新数据库。由于视图并不实际存储数据，因此对视图的更新最终被系统转换为对基本表的更新。

（1）查询操作

【例 4.46】使用视图 view_studentscore 统计"多媒体技术及应用"课程的平均分，查询结果见图 4.41。

```
SELECT 课程名, AVG(成绩) AS 平均分
FROM view_studentscore
GROUP BY 课程名
HAVING 课程名='多媒体技术及应用';
```

课程名	平均分
▶ 多媒体技术及应用	82.5

图 4.41　查询视图

（2）更新操作

使用视图进行更新操作有以下限制，要慎重使用：

① 使用了运算或聚合函数，以及 DISTINCT、GROUP BY 等语句的视图不可进行更新操作；

② 无论插入、修改和删除操作，一次只能操作一个基本表中的数据；

③ 插入操作必须包含视图引用的基本表的所有不能为空的列；删除操作只能在基于单表定义的视图上进行。

【例 4.47】向视图 view_studentmale 中插入一条记录（1104, "赵谦", "男", "2000-12-12"）。
```
INSERT INTO view_studentmale VALUES(1104, "赵谦", "男", "2000-12-12");
```
向视图 view_studentmale 中添加记录的命令实际上是对 student 表添加记录。

3. 维护视图

在 Navicat for MySQL 左栏连接树中右击"视图",从快捷菜单中选择"设计视图"命令,在"设计"视图中进行修改,也可以直接修改视图定义语句;选择"删除视图"命令,在"确认删除"对话框中按"确定"按钮,即可删除该视图;选择"重命名"命令可以修改视图名。

提示:删除视图对基本表没有任何影响,因为视图只是一个虚拟表。

4.2.4 存储过程

存储过程是完成一定数据访问和处理功能的 SQL 语句块,是一种数据库对象。用户的应用程序通过调用存储过程可实现对数据库的访问。存储过程的作用和使用方式类似于高级语言程序中的过程,它由应用程序调用执行,将处理结果返回给调用它的程序。但要注意存储过程并不与应用程序存放在一起,而是在 MySQL 数据库中。

使用存储过程有以下优点:

① 可以在一个存储过程中执行多条 SQL 语句;

② 可以带有输入参数调用存储过程动态执行;

③ 存储过程在创建时就在服务器端进行了编译,节省 SQL 语句的运行时间;

④ 提供了一种安全机制,可以限制用户执行 SQL 语句,只允许其访问存储过程。

存储过程并非全是优点,因为每种 DBMS 所使用的存储过程语法略有不同,所以存储过程的最大缺点是移植性差,即很难把它从一种数据库移植到另一种数据库中。

1. 创建和调用存储过程

存储过程可用 SQL 语句 CREATE PROCEDURE 创建,也可在 Navicat for MySQL 可视化创建。

(1)使用 SQL 语句创建存储过程

CREATE PROCDURE 存储过程名([形式参数列表])
SQL 语句段;

"形式参数列表"中多个参数之间用逗号分隔,如果没有参数,则()中为空。每个参数由输入/输出类型、参数名和参数类型三部分组成,定义规则如下:

[IN | OUT | INOUT] 参数名 参数类型

在输入/输出类型中,IN 是输入参数,把数据传递给存储过程;OUT 是输出参数,从存储过程返回值;INOUT 表示输入/输出,能传入也能返回值。默认为 IN 类型(可省略)。参数名必须符合标识符规则,参数类型可以是 MySQL 支持的任意数据类型。

存储过程创建后,可以通过 CALL 语句调用存储过程。语法格式如下:

CALL 存储过程名(实参值|@变量);

其中,"实参值"是输入参数的值;"@变量"表示用来保存参数或者返回参数的变量,对应于输出参数。多个参数可依次按以上参数定义规则列出,用逗号分隔。

【例 4.48】 创建无参数存储过程 proc_student，查询所有学生信息。

① 打开查询编辑器，输入下面代码后运行，如图 4.42 所示。

```
CREATE PROCEDURE proc_student()
SELECT * FROM Student;
```

② 展开"e_learning→f()函数"，可以看到存储过程 proc_student。

③ 在查询编辑器中调用存储过程 proc_student，执行结果如图 4.43 所示。

```
CALL proc_student();
```

图 4.42　创建存储过程　　　　　　　　图 4.43　调用存储过程

（2）使用向导创建存储过程

【例 4.49】 创建带有输入参数的存储过程 proc_searchstudent，按姓名查询特定学生信息。

① 展开 e_learning，右击"函数"项，从快捷菜单中选择"新建函数"命令，出现创建"f()函数向导"，单击类型"过程"。

② 设置存储过程的参数。依次设置参数模式 IN、参数名 stname 和参数类型 varchar(16)，如图 4.44（a）所示。单击"完成"按钮，进入 SQL 语句输入窗口，如图 4.44（b）所示。在 BEGIN 和 END 之间输入以下 SQL 语句：

```
SELECT * FROM STUDENT WHERE StudentName=stname; -- 按 stname 查询学生信息
```

③ 单击工具栏中的"保存"或"另存为"按钮，在弹出的对话框中输入存储过程名称 proc_searchstudent，保存。展开"e_learning→f()函数"，可以看到该存储过程。

④ 调用存储过程 proc_searchstudent 查询学生"林豆豆"的信息。选中该存储过程，单击"ƒ运行函数"按钮，在打开的"参数"对话框中输入参数'林豆豆'（字符串需加单引号），然后单击"确定"按钮，执行结果如图 4.45 所示。

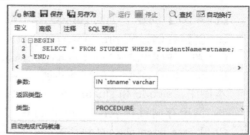

（a）设置存储过程的参数　　　　　　　　（b）输入 SQL 语句

图 4.44　使用向导创建存储过程

图 4.45　执行存储过程

也可以在查询编辑器中执行带有输入参数的 CALL 语句获取查询结果：

CALL proc_searchstudent('林豆豆');

或者：

SET @n='林豆豆';　-- 自定义变量@n，赋值后作为实际参数

CALL proc_searchstudent(@n);

该存储过程也可以通过直接运行下面 SQL 语句创建：

CREATE PROCEDURE proc_searchstudent(IN stname varchar(16)) -- stname 是 IN 类型参数

SELECT * FROM STUDENT WHERE StudentName=stname;　　-- 按参数 stname 查询

2. 存储过程的创建和应用实例

下面通过几个实例介绍用存储过程查询与更新数据库和实现复杂应用处理逻辑的方法。

【例 4.50】创建带有输入和输出类型参数的存储过程 proc_countstudent，根据课程号统计选课人数。

① 创建存储过程 proc_countstudent。

CREATE PROCEDURE proc_countstudent(IN cscode char(4),OUT stnumber int)

SELECT COUNT(StudentCode) into stnumber FROM courseenroll

WHERE Score IS NOT NULL AND CourseCode=cscode; -- 查询结果存 stnumber 参数

② 调用存储过程 proc_countstudent，查询选修 C001 课程的学生人数。查询结果参见图 4.46。

CALL proc_countstudent('C001',@st);　　　　　　　-- 调用存储过程

SELECT @st AS '选修 C001 课程的学生人数:';　　　　-- 显示选课人数

本例用 OUT 参数获得存储过程的返回值。调用存储过程时，为 IN 参数 cscode 传值 C001，查询结果学生人数放在 OUT 参数 stnumber 中，由调用时的用户变量@st 接收，然后利用 SELECT 语句显示出来。

图 4.46　查询结果

【例 4.51】创建一个向 subject 表中插入学科记录的存储过程 proc_insertsubject。

① 创建存储过程 proc_insertsubject。

CREATE PROCEDURE proc_insertsubject(sjcode char(3), sjname varchar(10))

INSERT INTO subject VALUES(sjcode, sjname);　　-- 插入数据记录到 subject 中

本例中，sjcode 和 sjname 分别表示学科号和学科名，是输入参数，可省略 IN。

② 调用存储过程 proc_subjectadd，完成记录添加。

CALL proc_insertsubject('S18', '医学') ;

【例 4.52】创建一个按学号和课程号修改成绩的存储过程 proc_updatescore。

① 创建存储过程 proc_updatescore。

```
CREATE PROCEDURE proc_updatescore(stcode int, cscode char(4), sc float)
UPDATE courseenroll
SET Score=sc              -- 以 sc 值修改成绩
WHERE StudentCode=stcode AND CourseCode=cscode;
```

② 调用存储过程 proc_updatescore，将 1001 号学生的 C001 课程成绩改为 80 分。

```
CALL proc_updatescore(1001,'C001',80);
```

3. 维护存储过程

在 Navicat for MySQL 左栏连接树中右击一个存储过程，从快捷菜单中选择"设计函数"命令，可以查看存储过程源代码并进行修改；选择"删除函数"命令即可删除该存储过程。

【例 4.53】修改例 4.49 所建立的存储过程 proc_searchstudent，按输入的学生姓名模糊查询一些学生的信息。

① 右击存储过程 proc_searchstudent，从快捷菜单中选择"设计函数"命令，在查询编辑器中会显示原来存储过程的 SQL 代码，按以下 SQL 代码进行修改并保存。

```
SELECT * FROM student WHERE StudentName LIKE sname;
```

② 修改后的存储过程 proc_searchstudent 可按以下多种组合调用。

```
CALL proc_searchstudent('%');          -- 查询所有学生的信息
CALL proc_searchstudent( '张%');        -- 查询姓张的学生的信息
CALL proc_searchstudent( '张小宝');      -- 查询学生张小宝的信息
```

4.2.5　触发器

触发器是一种建在表上的特殊存储过程。其特殊之处在于，既不能被程序调用，也不能接收参数，只能由数据库的特定事件来触发。触发器一般用来监视数据库，以便及时进行一些数据维护工作，例如：① 实现比数据完整性约束更为复杂的其他限制；② 级联修改数据库中相关的表数据；③ 及时取消不合适的更新操作，防止恶意或错误地使用数据库。

1. 创建触发器

创建触发器的 SQL 语句的语法格式如下：

```
CREATE TRIGGER  触发器名
{BEFORE|AFTER} {INSERT|UPDATE|DELETE}
ON 表名  FOR EACH ROW
SQL 语句块;
```

BEFORE|AFTER：说明触发时间。指定在触发事件完成之前还是之后执行触发器。

INSERT|UPDATE|DELETE：说明触发事件，即激活触发器操作类型。

FOR EACH ROW：说明触发范围为行级触发，即任意一条记录上的相关操作都能触发。

SQL 语句块：说明触发后执行的语句。

SQL 语句块中经常需要用到表更新前或更新后的数据，触发器用两个特殊的对象 new 和 old（两个临时表）来存放记录数据，某列的值用"new.列名"和"old.列名"表示。对于不同操作，触发事件后，两表存放的内容说明如下。

① INSERT 触发：new 存放新插入的记录，old 不可用。

② DELETE 触发：old 存放被删除的记录，new 不可用。

③ UPDATE 触发：old 存放更新前的记录，new 存放更新后的记录。

演示视频

提示：触发器只能建立在表上，视图和临时表都不支持触发器。每个触发器只能和一个触发事件相关，每个事件只支持一个触发器。

（1）使用 SQL 语句创建触发器

【例 4.54】在 courseenroll 表上建立触发器，当添加新的选课记录时，自动修改 course 表中的选课人数。

① 在查询编辑器中输入下面代码后执行。

```
CREATE TRIGGER tri_courseenroll
AFTER INSERT ON courseenroll
FOR EACH ROW
UPDATE course SET StudentNum = StudentNum +1 WHERE CourseCode=new.CourseCode;
```

② 打开 courseenroll 表的表设计窗口，选择"触发器"选项卡，可看到该触发器。

③ 在 courseenroll 表中添加一条记录，观察添加前、后 course 表中相关课程的选课人数。

（2）使用图形工具创建触发器

【例 4.55】在 student 表上创建一个触发器 tri_deletestudent，当删除一条学生记录时，将该学生在 courseenroll 表中的选课记录全部删除。

① 右击 student 表，从快捷菜单中选择"设计表"命令。

② 在表设计窗口（见图 4.47）中，选择"触发器"选项卡。在"名"处输入 tri_deletestudent，在"触发"处的下拉列表中选 Before，勾选"删除"处的复选框。在"定义"区中输入 SQL 语句：

```
DELETE FROM courseenroll
WHERE courseenroll.StudentCode=old.StudentCode;
```

单击工具栏中的"保存"按钮，即完成触发器的创建。

③ 从 student 表中删除一条记录，可以看到 courseenroll 表中的相关记录也被删除了。

因为 student 表和 courseenroll 表有参照完整性约束关系，本例用 BEFORE 触发器在 student 表的删除操作执行之前先删除了 courseenroll 表中的相关记录。用 AFTER 触发器无法实现本例功能。

图 4.47　选课人数

2. 维护触发器

在 Navicat for MySQL 左栏的连接树中右击某个表，从快捷菜单中选择"设计表"命令，打开表设计窗口，选择"触发器"选项卡，在触发器列表框中选中要维护的触发器，可修改其名称、触发时间和触发事件，并修改 SQL 代码，修改完毕，单击工具栏中的"保存"按钮即可。选中某个触发器，在工具栏中单击" 🔧 删除触发器 "按钮，确定后即可删除它。

实验与思考

实验目的：了解使用 SQL 中 DDL 语句创建数据库和表的方法；熟练掌握使用 SQL 中 DML 语句对数据库进行查询、插入、修改和删除等操作的方法；掌握可编程对象视图和存储过程的创建与使用方法，了解触发器的创建方法。

实验环境及素材：MySQL 和 Navicat for MySQL 及 bookstore.sql。

首先创建一个 bookstore 数据库，执行 bookstore.sql 脚本文件实现表的创建及数据记录的添加。然后在 bookstore 数据库中完成以下题目（bookstore 数据库设计说明参见 10.1 节）。

1. 使用 SELECT 语句实现简单的数据查询。

（1）查询 customer 表中所有客户的信息，部分结果如图 4.48 所示。

CustomerCode	Name	Sex	Hometown	Email	Telephone	LoginDate	PassWord
1001	黎念青	男	北京市	lnq@sina.com	23478923	2017-03-09 00:00:00	lnq676789
1101	杨靖康	男	上海市	yangkang@126.com	63546546	2015-08-20 00:00:00	yjk345678
1201	陈志明	男	天津市	cheng@163.com	63243923	2016-12-23 00:00:00	czm123456
1202	黄蓉	女	天津市	huangrang@dhu.edu.cn	63478445	2014-01-01 00:00:00	wr121212

图 4.48　所有客户的信息（部分结果）

（2）查询 customer 表中所有客户的信息，要求显示 CustomerCode、Name、Hometown 和 Telephone 字段信息，部分结果如图 4.49 所示。

（3）查询 VIPClass（客户等级）为 A 的 CustomerCode 和 EvaluateDate，要求显示标题分别为"客户编号"和"评价时间"，结果如图 4.50 所示。

CustomerCode	Name	Hometown	Telephone
1001	黎念青	北京市	23478923
1101	杨靖康	上海市	63546546
1201	陈志明	天津市	63243923
1202	黄蓉	天津市	63478445

图 4.49　所有客户的信息（部分结果）

客户编号	评价时间
1301	2017-10-15 00:00:00
4001	2018-03-04 00:00:00

图 4.50　客户等级为 A 的信息

（4）查询 2009 年出版的少儿类图书，显示 BookName（图书名称）、Author（作者）、PublishDate（出版时间）、Price（价格）和 Discount（折扣），字段标题用中文显示，部分结果如图 4.51 所示。

图书名称	作者	出版时间	价格	折扣
迪士尼公主故事精选集	美国迪士尼	2009-11-01	30	0.76
小兔汤姆系列（第一辑）	玛莉-阿丽娜-巴文	2009-01-01	30	0.9

图 4.51　2009 年以后出版的少儿类图书（部分结果）

（5）查询 book 表中图书的类别（BookSort），要求每个类别只显示一次，部分结果如图 4.52 所示。

（6）查询订单（orders）表中前三条订单信息，要求显示 OrderCode、OrderTime 和 OrderStatus，结果如图 4.53 所示。

OrderCode	OrderTime	OrderStatus
▶ 08110801	2018-04-24 14:40:00	已发货
09122101	2018-04-26 14:46:08	已发货
10021201	2018-02-12 11:12:00	已发货

图 4.52　图书的类别（部分结果）

图 4.53　订单表中前三条订单信息

（7）查询 TotalPrice 在 100～200 元之间的订单信息，部分结果如图 4.54 所示。

OrderCode	TotalPrice	OrderTime	OrderStatus
▶ 10101401	119.7	2018-08-14 23:03:00	已发货
10120701	151.09	2018-09-23 23:05:00	待处理

图 4.54　TotalPrice 在 100～200 元之间的订单信息（部分结果）

（8）查询 PublisherCode 为 03、21、31 的图书信息，部分结果如图 4.55 所示。

BookCode	BookName	Author	PublisherCode
▶ 0402	生活简单就是享受	（美）詹姆斯	03
0802	C语言程序设计	红利理	03
0101	大学英语	周梅森	21
0102	大学日语	罗中	21
0203	线性代数	曹鸣	31

图 4.55　PublisherCode 为 03、21、31 的图书信息（部分结果）

（9）查询 BookName（图书名称）包含"程序"的图书信息，结果如图 4.56 所示。

BookCode	BookName	Author	Price	Discount
▶ 0801	VB程序设计	海岩	29	0.5
0802	C语言程序设计	红利理	28	0.9

图 4.56　BookName 包含"程序"的图书信息

2．使用 SELECT 语句实现含有汇总计算或流程控制的数据查询。

（1）显示图书名称、原价、折扣及折后价格，并加上说明"未享用户等级优惠"，部分记录如图 4.57 所示。

（2）进行图书的价格汇总分析，分别显示图书的最高价、最低价、平均价、最高价与最低价的差值，结果如图 4.58 所示。

	图书名称	原价	折扣	折后价格	说明
1	大学英语	23.00	0.90	20.7000	未享用户等级优惠
2	大学日语	32.30	0.80	25.8400	未享用户等级优惠
3	英文写作	34.00	1.00	34.0000	未享用户等级优惠

	最高价	最低价	平均价	最高价与最低价的差值
1	87.00	14.00	33.97	73.00

图 4.57　图书名称、原价、折扣及折后价格的部分记录

图 4.58　图书的价格汇总分析

（3）查询销售总量，并按总销量降序排序，结果如图 4.59 所示。

（4）查询作者名字长度大于等于 8 的图书信息，显示 BookName 和 Author，部分结果如图 4.60 所示。

书号	总销量
▶ 0401	10
0202	10
0504	8
0305	7

	BookName	Author
1	飘	玛格丽特·米切尔
2	斯凯瑞金色童书 第一辑	（美）斯凯瑞 著
3	小兔汤姆系列（第一辑）	玛莉·阿丽娜·巴文
4	社会心理学（第8版）中文版	（美）戴维·迈尔斯

图 4.59　按总销量降序排序　　　　　图 4.60　作者名字长度大于 8 的图书信息（部分结果）

3．使用 SELECT 语句实现多表连接数据查询。

（1）查询所有客户的等级信息，要求显示 CustomerCode、Name、VIPClass 和 EvaluateDate，部分结果如图 4.61 所示。

（2）查询图书"神曲"的销售总量及销售总额，结果如图 4.62 所示。

CustomerCode	Name	VIPClass	EvaluateDate
2801	任炎慈	B	2018-05-03 00:00:00
2001	刘一君	C	2018-05-29 00:00:00
2501	刘振伟	D	2017-10-10 00:00:00

图书名称	销售总量	销售总额
▶ 神曲	2	151.09

图 4.61　客户等级信息（部分结果）　　　图 4.62　图书"神曲"的销售总量及销售总额

（3）查询客户"刘炎林"的所有订单信息，显示 OrderCode（订单号）、BookName（图书名称）、Amount（册数）、Price（单价）和总价及订购时间，按总价升序排序，结果如图 4.63 所示。

客户姓名	订单号	图书名称	册数	单价	总价	订购时间
▶ 刘炎林	10060801	机械原理	2	20	40.00	2018-06-08 11:12:00
刘炎林	10060802	机械原理	3	20	60.00	2018-09-20 00:00:00

图 4.63　客户"刘炎林"的所有订单信息

（4）查询所有客户的购书情况，显示 CustomerCode、Name、OrderCode、OrderTime，部分结果如图 4.64 所示。

提示：用 LEFT OUTER JOIN 语句。

（5）查询所有图书的销售情况，显示 BookCode、BookName 及其销售总量，部分结果如图 4.65 所示。

提示：可用 RIGHT OUTER JOIN 或者 LEFT OUTER JOIN 语句完成查询。

CustomerCode	Name	OrderCode	OrderTime
▶ 2801	任炎慈	09122101	2018-04-26 14:46:08
2001	刘一君	(Null)	(Null)
2501	刘振伟	(Null)	(Null)
2401	刘炎林	10060801	2018-06-08 11:12:00
2401	刘炎林	10060802	2018-09-20 00:00:00

BookCode	BookName	销售总量
▶ 0101	大学英语	(Null)
0102	大学日语	1
0103	英文写作	(Null)

图 4.64　所有客户的购书情况（部分结果）　　　图 4.65　图书的销售情况（部分结果）

4．使用 INSERT 语句向表中插入记录。

（1）向 publisher 表中添加一条记录：66，群众出版社，0321-76584391。

（2）向 orderdetail 表中添加一条记录：08110801，0701，3。

（3）向 customer 表中添加一条记录，只填写必填字段 CustomerCode、Name、Sex、Telephone，各字段值为：6001，王岚，女，87654390。

（4）将 Name、BookName 及 Amount 复制到新表 customerbuybook 中。

（5）将女客户的有关信息复制到新表 customerfemale 中，包括 CustomerCode、Name、Hometown、VIPClass 字段。

（6）将 customer 表中姓杨的客户有关信息添加到第（5）小题所创建的 customerfemale 表中，包括 CustomerCode、Name、VIPClass 字段。

5．使用 UPDATE 语句修改表中的字段值。

（1）将 publisher 表中 PublisherCode 为 01 的 Telephone 修改为 010-79797979。

（2）将 book 表中的所有外语类图书的价格降低 10%，并将折扣均设为 8 折。

（3）修改 customerevaluation 表，找到 2016 年以前（不包括 2016 年）注册的且 VIPClass 为 D 的客户，并将其 VIPClass 修改为 C，EvaluateDate 取当前时间。

提示：当前时间可用 Now()或 SYSDATE()函数获得。

（4）根据 orderdetail 表中的购书数量和 book 表中的价格与折扣信息汇总计算的总价，修改 orders 表中订单号为 08110801 的 TotalPrice。

（5）修改 customerevaluation 表，将 TotalPrice 在 100～200 元之间的客户的 VIPClass 修改为 B。

6．使用 DELECT 语句删除表中的记录。

（1）从 publisher 表中删除"群众出版社"。

（2）删除 customerbuybook 表中 Amount 小于 7 的记录。

（3）删除 customerfemale 表中姓刘和姓杨的记录。

（4）删除 customerevaluation 表中没有购买过书的客户评价记录。

7．在 SELECT 语句中使用流程控制语句实现以下查询。

（1）统计 orders 表中每个客户的订单总额并对购买力给出评价。评价规则：订单总额大于等于 200 为 "强"；订单总额大于等于 100 且小于 200 为"较强"； 订单总额大于等于 50 且小于 100 为"一般"；订单总额小于 50 为"较弱"。结果如图 4.66 所示。

（2）查询 CustomerCode 为 1201 的客户是否订购过图书。若已订购，则显示订购总金额；否则显示："没有订购图书"。部分结果如图 4.67 所示。

客户编号	订单总额	购买力
1201	151.09	较强
1202	70.56	一般
1301	305.00	强

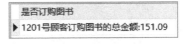

是否订购图书

1201号顾客订购图书的总金额:151.09

图 4.66　客户购买力评价　　　　图 4.67　1201 号客户订购图书情况（部分结果）

8．创建和使用视图。

（1）创建图书销量情况视图 view_booksell，包含 OrderCode、BookName、Author、Publisher 和 Amount。

（2）查询视图 view_booksell，显示订单号、图书名称及销售数量。

（3）创建订单情况视图 view_customerbookorderdetail，包含 OrderCode、Name、VIPClass、BookName、Price、Amount、Discount，并计算总价（orders.TotalPrice=book.Price*orderdetail.Amount*book.Discount）。

（4）查询视图 view_customerbookorderdetail，汇总每个订单的总金额，显示订单号、客户名及消费总金额。

9．创建和使用存储过程。

（1）创建存储过程 proc_SearchBook，查询指定图书名称的图书信息，并调用查看结果。

（2）创建存储过程 proc_FuzzySearchBook，按不完整图书名称模糊查询图书信息，调用查看结果。

（3）创建存储过程 proc_SearchCustomerMoney，查询指定客户在某年之前的购书总金额（已知客户号和年份，输出总金额），并调用查看结果。

（4）创建存储过程 proc_UpdateVIPClass，修改指定客户（CustomerCode）的 VIPClass 和 EvaluateDate，EvaluateDate 取当前时间，调用查看结果。

（5）创建存储过程 proc_InsertOrderDetail，向 orderdetail 表中添加一条记录，调用查看结果。

10．创建触发器和检验触发器执行效果。

（1）创建触发器 tri_OrderDetailInsertUpdate，当在 orderdetail 表中插入或修改订单时，计算 orders 表中相关订单的 TotalPrice。

（2）创建触发器 tri_CustomerEvaluationUpdate，当 customerevaluation 表发生更新操作时，以当前时间修改被更新记录的 EvaluateDate。

（3）创建触发器 tri_BookOrderDel，当从 orders 表中删除记录时，检查订单状态：如果不是"待处理"状态，则订单不能被删除，否则先删除 orderdetail 表中的相关数据。

第 5 章

数据库管理与保护

数据库管理系统提供了对数据库的管理和保护功能，以保证其正常工作，主要包括：支持多用户访问的并发控制，防止数据意外丢失的数据库备份和恢复，避免数据不一致的完整性控制，限制数据非法访问的安全性控制。所有这些功能都以事务为基础。本章在简要介绍事务的基础上，讲述几种数据库管理机制和管理方法。

5.1 数据库事务

5.1.1 事务简介

从用户的观点来看，对数据库的某些操作应该是一个整体，不能分割。先看两个实例。

【例 5.1】 修改 e_learning 数据库的 course 表，将所有 32 学时的课程学分数设置为 2。

```
UPDATE course SET Credits=2 WHERE Hours=32;
```

这条语句可能影响表中多行数据，为了保证数据库中的信息处于一致状态，对于表中符合 WHERE 条件的所有记录，要么都修改，要么都不修改。

【例 5.2】 一个学生选课的数据库操作包括两步：将选课记录添加到 courseenroll 表中，然后将 course 表中的选课总人数 StudentNum 加 1。

以 1001 号学生选修 C008 课程为例，选课操作需要两条 SQL 语句完成：

```
INSERT INTO courseenroll (StudentCode,CourseCode) VALUES(1001, 'C008');
UPDATE course SET StudentNum=StudentNum+1 WHERE CourseCode='C008';
```

这两条 SQL 语句，如果其中有一条没有正确执行，数据库中的信息就会不一致。所以必须保证这两条 SQL 语句的整体性。为解决类似问题，数据库管理系统引入了事务机制。

1. 事务的概念

事务（Transaction）是一个包含了一组数据库操作命令的序列，所有的命令作为一个整体，一起向系统提交或撤销，命令要么全部执行，要么全部不执行。因此，事务是一个不可分割的逻辑工作单元，是数据库运行的最小逻辑工作单元。

在关系数据库中，一个事务可以是一条或一组 SQL 语句。例 5.1 和例 5.2 可分别定义为一个事务。事务和程序是两个不同的概念，一般来讲，事务使用专门的命令来定义，它蕴含在程序当中，一个程序中可包含多个事务。

2. 事务的特性

事务具有原子性（Atomic）、一致性（Consistency）、隔离性（Isolation）和持久性（Durability）4 个特性，简称 ACID 特性。

（1）事务的原子性。组成一个事务的多个数据库操作是一个不可分割的单元，只有所有的操作执行成功，整个事务才被提交。如果事务中任何一个操作失败，那么，已经执行的所有操作都必须撤销，让数据库返回到该事务执行前的初始状态。

（2）事务的一致性。当事务完成后，必须使本次操作的相关数据都保持一致状态，仍然满足相关约束规则，以保持所有数据的完整性。

（3）事务的隔离性。当多个事务并发执行时，彼此互不干扰，与它们先后单独执行时的结果一样。

（4）事务的持久性。一个事务完成之后，它对于数据库的所有修改永久有效，即使出现系统故障造成数据错误或丢失也能恢复。

3. 事务的划分

数据库管理系统可以按照系统默认的规定自动划分事务并强制进行管理，一般一条语句就是一个事务。例 5.1 中的 UPDATE 语句，系统自动通过事务保证该语句正确完成对所有相关课程的修改，如果中间出错，则会撤销已经完成的修改。

用户可根据数据处理需要自己定义事务，例 5.2 的操作可定义为一个事务，通过数据库管理系统强制该事务执行后，就可以保持数据的一致性。

5.1.2 MySQL 的事务管理机制

1. MySQL 事务管理机制

事务是数据库管理系统实施其他管理功能的基础。MySQL 通过强制事务管理和事务处理，保证每个事务符合 ACID 特性。事务管理机制主要包括以下三个方面。

（1）锁定机制。加锁使事务相互隔离，保持事务的隔离性，支持多个事务并发执行。

（2）记录机制。将事务的执行情况记录在事务日志文件中，保证事务的持久性。即使服务器硬件、操作系统或 MySQL 自身出现故障，MySQL 也可以在重新启动时使用事务日志，将所有未完成的事务自动回滚到系统出现故障的位置。

（3）强制管理。强制保持事务的原子性和一致性。事务启动之后，就必须成功完成，否则 MySQL 将撤销该事务启动之后对数据所做的所有修改。

2. 使用 SQL 语句定义事务

在 SQL 中，事务的定义用以下命令完成：

```
START TRANSACTION;      -- 开始事务
ROLLBACK;               -- 回滚并结束事务
COMMIT;                 -- 提交并结束事务
```

在 START TRANSACTION 和 COMMIT 之间可以包含多条 SQL 语句，需要捕获各语句的执行情况。若有任何一条语句失败，则通过 ROLLBACK 回滚事务来撤销已经执行的 SQL 操作，并且结束事务，使数据库恢复到事务开始之前的状态；只有当所有 SQL 语句都成功执行时，才通过 COMMIT 提交事务，确认所有数据库更新并结束当前事务。

提示：在定义事务时要注意所定义的数据操作顺序应与业务处理流程一致。

【例 5.3】编写存储过程，利用事务机制完成例 5.2 的选课操作。

演示视频

```
CREATE PROCEDURE proc_courseenroll(stcode int, cscode char(4))
BEGIN
    DECLARE err_code int;              -- 定义整数变量捕获异常值
    DECLARE CONTINUE HANDLER FOR SQLEXCEPTION SET err_code=1;
    -- 在执行过程中出任何异常设置 err_code 为 1
    START TRANSACTION;                 -- 开始一个事务
    SET err_code=0;
    -- 插入选课信息到 courseenroll 表中
    INSERT INTO courseenroll (StudentCode,CourseCode) VALUES(stcode,cscode);
    -- 更新 course 表中的选课人数
    UPDATE course SET StudentNum=StudentNum+1 WHERE CourseCode=cscode;
    IF err_code=1 THEN
        ROLLBACK;                      -- 回滚事务
    ELSE
        COMMIT;                        -- 提交事务
    END IF;
END
```

调用存储过程，验证事务的执行情况：

① CALL proc_courseenroll(1027, 'C002')，检查两个表，可观察到两个操作都顺利完成。

② 重复 CALL proc_courseenroll(1027, 'C002')，发现 courseenroll 表中的记录不能重复插入，course 表中的选课人数修改也不能进行。

③ 在 course 表上建立触发器，以限定选课人数 StudentNum 的最大值（例如 6）。运行事务 CALL proc_courseenroll(1026, 'C002')，由于无法完成 course 表中选课人数的修改，因此修改操作失败，对 courseenroll 表的插入操作也被回滚，两个表都不发生变化。

5.2 数据库并发访问控制

5.2.1 并发访问控制

1. 并发访问问题

在一个多用户的数据库应用系统中，可并行运行多个事务并同时访问数据库，而且可能同时操作同一个表，甚至同一条记录、同一个数据项。一种简单的方法是让这些事务排队依次执行，这会使系统效率非常低。如果允许数据库中的相同数据同时被多个事务访问，但不采取必要的隔离措施，就会导致各种并发访问问题，破坏数据的一致性和完整性，在某些场合对数据的影响甚至是致命的。这些并发访问问题包括：

（1）脏读（Dirty Read）。如果一个事务恰好读取了另一个事务未最终提交的数据（如回滚之前修改的数据），这个数据与数据库中的实际数据不符合，则被称为"脏数据"。例如，一个网上订票的事务修改了余票数，但由于某种原因该事务被回滚取消，而恰在回滚前读取到余票数的另一个事务就获取了"脏数据"。

（2）不可重读（Non-repeatable Read）。事务 A 在查询过程中，数据被另一个事务 B 更新，导致当事务 A 再次读取该数据进行校验时发现数据不一致。不可重读与脏读的差别是：脏读读取的是另一个事务未提交的脏数据，而不可重读是在正常事务内两次读取了别的事务已提交的数据。

（3）幻读（Phantom Read）。在一个事务内两次查询的数据条数不一致，称为幻读。幻读与不可重读的差别是：不可重读在事务内两次读取了别的事务已提交的数据，而幻读由于其他事务的插入或删除记录操作，导致记录数的变化。

2. 事务隔离机制

为解决数据库的并发访问问题，通常采用事务隔离机制。

（1）锁定机制实现事务隔离。数据库管理系统通过锁定机制实现事务隔离。锁用于表明事务与资源有某种相关性，由数据库管理系统在内部管理，并基于事务所执行的操作进行分配和释放。

锁定管理包括加锁、锁定和解锁过程。事务在访问某数据对象之前，向系统申请加锁，加锁的数据对象在被其他事务访问时受到限制，待事务完成后，锁被释放。这样就可以防止事务读取正在由其他事务更改的数据，或防止多个事务同时更改同一个数据等。

（2）事务隔离级别。数据库事务的隔离有 4 个级别，由低到高依次为：未提交可读（Read Uncommitted）、提交可读（Read Committed）、可重读（Repeatable Read）、事务序列化（Serializable）。各隔离级别对应并发访问问题的可能性见表 5.1。

表 5.1　各隔离级别对应并发访问问题的可能性

	脏　　读	不 可 重 读	幻　　读
未提交可读	可能发生	可能发生	可能发生
提交可读	不会发生	可能发生	可能发生
可重读	不会发生	不会发生	可能发生
事务序列化	不会发生	不会发生	不会发生

事务隔离的较低级别将导致并发访问问题发生的概率较高。隔离级别越高，数据一致性越好，但并发性越弱。MySQL 与大多数数据库的默认事务隔离级别都是可重读级别。

隔离级别最高的事务序列化是指将所有事务进程序列化、串行化，当某个事务未提交时，其他事务线程只能等待，因此会导致大量的超时现象。数据库系统很少使用这个隔离级别。

5.2.2 MySQL 的并发访问控制

MySQL 用锁实现事务之间的隔离。为优化系统的并发性，可以灵活选择锁定的资源粒度和锁定模式。

1. MySQL 可以锁定的资源粒度

根据事务的大小和活动程度，可选不同的粒度来锁定不同范围的数据资源（见表 5.2）。

表 5.2　MySQL 可以锁定的资源粒度

资 源 粒 度	锁 定 描 述
行	锁定表中的一条或几条记录
页	对一个数据页或索引页锁定，粒度介于行与表之间
表	对包括所有数据和索引在内的整个表锁定

选择较小的资源粒度（例如，行）时，事务的等待时间减少，系统并发访问能力增强，但因为锁定多行需要控制更多的锁，所以需要较大的系统开销，容易发生死锁（即两个事务互相阻塞）；选择较大的资源粒度（例如，表）时，限制其他事务对内部对象的访问，实现逻辑简单，需要维护的锁较少，获取锁和释放锁的速度快，系统开销小，但并发访问能力降低。

2. MySQL 的锁定模式

锁定模式用于确定并发事务访问资源的方式，不同的锁定模式，其强度和适用场合不同。MySQL 的 InnoDB 存储引擎使用的锁定模式见表 5.3。

表 5.3　MySQL 的 InnoDB 存储引擎使用的锁定模式

锁 定 模 式	描　　述
共享锁 （Shared Lock，简称 S）	行级锁定模式，用于不更改或不更新数据的操作（只读操作），例如，SELECT 语句。当有共享锁存在时，任何其他事务都不能修改数据，一旦读数据结束，就会释放共享锁
排他锁 （Exclusive Lock，简称 X）	行级锁定模式，用于数据修改操作，如 INSERT、UPDATE 或 DELETE 语句，用于确保不会同时对同一个资源进行多重更新
意向共享锁 （Intent Shared Lock，简称 IS）	表级锁定模式，防止其他事务对某个数据单元加排他锁。事务在给数据行加共享锁前，必须先取得该表的意向共享锁。意向共享锁可以同时并存多个
意向排他锁 （Intent Exclusive Lock，简称 IX）	表级锁定模式，事务在给数据行加排他锁前，必须先取得该表的意向排他锁。意向排他锁只能同时存在一个

MySQL 控制着锁定模式的兼容性。例如，若一个事务对行级数据具有共享锁，则另一个事务不能加排他锁，但可以加共享锁；若一个事务对某行级数据具有排他锁，则可以在表级加意向共享锁或意向排他锁，让行级锁和表级锁共存；如果检测到死锁，将产生死锁

的两个事务中较小的事务回滚，从而让另一个较大的事务完成。

　　MySQL 自动对事务处理所需的数据资源执行锁定，无须用户干预。但用户可在应用程序中通过 SQL 语句或数据库访问 API 来定义锁定模式、资源粒度等，从而实现更符合需要的并发控制。

5.3　数据库备份和转移

5.3.1　数据库备份和恢复

1．数据库备份及类型

　　磁盘的物理损坏、系统瘫痪、恶意破坏、数据操作失误等都有可能造成数据库损毁、数据不正确或数据丢失等恶果。数据库管理系统通过事务的原子性和持久性来保证数据的可恢复，采用备份和恢复技术可以把数据库恢复到发生故障前某一时刻的正确状态。

　　用来还原数据库的资料副本称为备份。备份的本质是"冗余"，即数据的重复存储。数据库备份内容包括数据库的所有对象：系统数据库存放着系统运行的重要信息，在数据库架构和管理设置发生变化后应该备份；用户数据库存放着用户建立的数据库对象及数据，应该经常备份。备份设备可以是磁盘位置或磁带机，备份结果是备份文件。

　　根据数据库的容量和数据的重要性可选择不同的备份类型，制定备份策略。

　　（1）完整备份：对数据库中所有的表、视图、函数、事件等对象进行备份。使用完整备份可重建或还原数据库到备份时刻的数据库状态。完整备份是 MySQL 的默认备份类型。

　　（2）差异备份：仅备份自上次完整备份后更改过的数据。与完整备份相比，差异备份文件较小且备份速度快，便于进行较频繁的备份。完整备份是差异备份的"基准"，还原差异备份必须先还原作为基准的完整备份，而且需要借助专门备份工具来实现。

2．备份和恢复操作

　　下面以完整备份和还原为例介绍在 Navicat for MySQL 中的可视化操作方法。

　　【例 5.4】将 e_learning 数据库完整备份到磁盘文件 C:\Bak\e_learning.psc 中。

　　① 单击展开 e_learning 数据库的对象列表，右击"备份"项，从快捷菜单中选择"新建备份"命令，或单击工具栏中的"备份"按钮，打开"新建备份"对话框（见图 5.1）。

演示视频

　　② 在"对象选择"选项卡中单击"全选"按钮选中全部对象，单击"开始"按钮，开始备份，将实时显示备份进程直到完成（见图 5.2）。

　　③ 在"[我的文档]\Navicat\MySQL\servers\[当前连接名]\e_learning"文件夹中，可以看到以当前日期时间命名、以 psc 为扩展名的备份文件，例如，图 5.3 中的 170904153222.psc。将其复制到 C:\Bak 文件夹中，并改名为 e_learning.psc，完成备份。

图 5.1　开始备份

图 5.2　备份完成

图 5.3　备份文件

可以使用备份文件将数据库还原到原数据库中，或者还原为一个新的数据库；可以还原到本服务器中，或者还原到其他服务器中。

【例 5.5】使用 e_learning 数据库的完整备份还原数据库为一个新的数据库 test。

① 在 Navicat for MySQL 的当前连接中，新建数据库 test。

演示视频

② 双击展开 test 数据库，右击"备份"，从快捷菜单中选择"还原备份"命令，在打开的对话框中选择备份数据源为"C:\Bak\e_learning.psc"，单击"开始"按钮，提示全部现有数据都将被备份替换，确认后即开始还原（见图 5.4），直至还原成功（见图 5.5）。

图 5.4　还原数据库

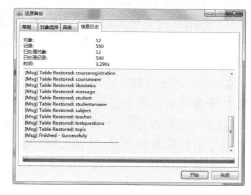

图 5.5　还原成功

5.3.2　数据的导入和导出

数据的导入和导出操作可以实现在 MySQL 数据库和其他数据源（例如，另一个 MySQL 数据库、SQL Server 数据库、Oracle 数据库或 Excel 文件等）之间转移数据。"导出"是指将数据从当前 MySQL 数据库复制到其他数据源中。"导入"是指将其他数据源的数据加载到当前 MySQL 数据库中。

【例 5.6】将 course 表和 courseware 表中的数据导出到 Excel 文件 C:\Bak\course.xlsx 中。

① 右击 e_learning 下的任意表，从快捷菜单中选择"导出向导"命令，在打开的对话框中选择"Excel 文件(2007 或以上版本)(*.xlsx)"格式，如图 5.6（a）所示，单击"下一步"按钮，跟随向导完成数据导出。

演示视频

② 选择需要导出的表（可多选），在"导出到"处选择填写目标文件 C:\Bak\course.xlsx，如图 5.6（b）所示。多个表可以导出到同一个 Excel 文件中。

③ 选择需要导出的列（可多选），并定义附加选项（建议勾选"包含列的标题"复选框），然后开始导出直至导出完成，如图 5.6（c）～（f）所示。打开 C:\Bak\course.xlsx 文件，可以看到，它包括两个工作表，即 course 和 courseware。

（a）选择导出格式

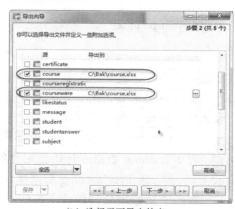

（b）选择需要导出的表

（c）选择需要导出的列

（d）定义附加选项

图 5.6　数据导出

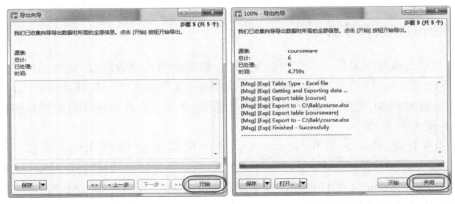

（e）开始导出   （f）导出成功

图 5.6　数据导出（续）

　　数据导入过程和导出过程使用同一个向导，操作过程相似。数据导入/导出对象可以是表或视图，一次可导入或导出多个对象。

　　提示：注意数据源和目标的格式要兼容，例如，在导出到 Excel 文件中时，不能包含 Excel 无法接收的字段类型。

5.3.3　数据库维护计划

　　数据库维护是一项烦琐的工作，可以建立数据库维护计划，让系统定时自动维护数据库，包括数据库备份、重新组织索引、执行特定 SQL 语句等。

　　由于数据库备份需要占用一定的系统资源，尤其是数据量大的数据库备份时间较长，因此一般选择在深夜数据库访问量较小时进行备份，这样备份工作对系统性能影响比较小。

　　【例 5.7】建立一个数据库维护计划"每日备份 e_learning"，在每天 23:59 对 e_learning 数据库开始做完整备份。

　　① 选中 e_learning 数据库，在工具栏中单击"计划"按钮，在对象窗口中单击"新建批处理作业"按钮，可以看到默认的对当前数据库进行备份的任务 Backup_e_learning。双击将其加到下方的计划队列窗格中（见图 5.7）。

演示视频

　　② 选择任务，单击工具栏中的"另存为"按钮，在"设置文件名"对话框中输入计划名称"每日备份 e_learning"（见图 5.7）。保存后，工具栏中的"设置计划任务"按钮变成可用状态。

　　③ 单击"设置计划任务"按钮，弹出设置对话框。在"任务"选项卡中设置计算机管理员（默认管理员是 Administrator）的密码（见图 5.8）；在"计划"选项卡中单击"新建"按钮，设置具体的备份频次和开始备份时间（见图 5.9）。

　　设置完成并等待自动执行备份计划任务后，可在默认的备份文件夹"[我的文档]\Navicat\MySQL\servers\[当前连接名]\e_learning"中看到每日备份的结果。数据库维护计划每次执行时，都会根据当时日期时间生成一个新的自动命名的备份文件。

图 5.7　添加计划队列

图 5.8　"任务"选项卡

图 5.9　"计划"选项卡

5.4　数据库安全性控制

5.4.1　用户访问控制机制

安全性控制的目的是保护数据库，防止因用户非法使用数据库而造成数据被泄露、更改或破坏。像其他数据库管理系统一样，MySQL 提供了用户访问控制机制，对用户访问数据库及其包含的数据对象的权限进行限制，在服务器、数据库和数据对象三个层次上进行安全管理（见图 5.10）。

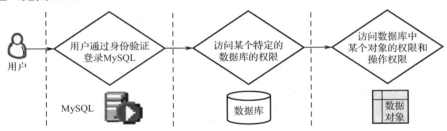

图 5.10　数据库安全管理的三个层次

① 用户身份验证。首先，用户必须通过身份验证来登录 MySQL 服务器。

用户身份是系统管理员为用户定义的用户名，也称为用户标识、用户账号，它是用户在数据库管理系统中的唯一标识。用户身份验证是数据库管理系统提供的最外层保护措施。用户每次登录数据库服务，数据库管理系统进行核对后，合法的用户获准进入系统，与 MySQL 服务建立一次连接。

② 数据库的访问权限控制。用户对特定的 MySQL 数据库必须有权限才能访问。

能够登录 MySQL 并不代表用户具有访问其中数据库的权限。每个特定数据库都可以有自己的数据库用户权限设置，只能由授权用户访问。数据库管理系统通过将登录账号映射为特定数据库的用户，并通过管理该用户及其所属操作权限来保证数据库不被非法用户访问。

③ 数据库中对象的访问权限控制。用户对数据库中的特定对象必须具有权限才能访问。需要被授权访问的数据库对象包括表、视图、函数等。用户是否可以访问某个对象，以及对该对象有哪些操作权限（查询、插入、修改、删除、执行等）要根据其被授予的权限来决定。

访问对象及访问权限控制保证合法用户即使进入了数据库也不能有超越权限的数据存取操作，即合法用户必须在自己的权限范围内进行数据操作。

5.4.2　MySQL 用户及权限管理

1. MySQL 的身份验证

作为用户访问控制的第一层，MySQL 通过建立与数据库服务的连接进行身份验证。它要求用户必须输入一个 MySQL 用户名及口令。这个在 MySQL 中建立的用户名独立于操作系统，从而可以在一定程度上避免操作系统层面对数据库的非法访问。

MySQL 的用户分为超级管理员和普通用户。默认的超级管理员 root 在安装服务器时已设置了登录方式和密码。root 具有创建、删除和管理用户的权限，而普通用户只具有针对特定服务器、数据库或数据对象被授予的权限。在 mysql.user 表中存放了所有已授权用户及操作权限（见图 5.11）。

图 5.11　用户及权限表

2. 数据库和对象的权限管理

在以超级管理员建立的连接中，可创建新的普通用户，并可授予、更改和删除该用户对于特定数据库和特定表、视图、函数等对象的操作权限。

【**例 5.8**】创建一个名称为 test 的 MySQL 用户账号，其密码为 123，添加对 e_learning 数据库的查询权限和对 e_learning.student 表的查询、添加、修改权限。

演示视频

① 单击以 root 用户建立的当前连接，在工具栏中单击"用户"按钮，选择"新建用户"项，在打开的窗口中，选择"常规"选项卡，填写用户名、密码等信息，如图 5.12（a）所示。

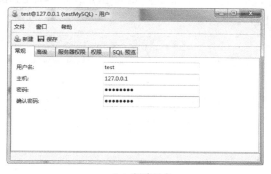

（a）新建用户

（b）添加对数据库的权限

（c）添加对 student 表的权限

（d）权限列表

图 5.12　创建用户及访问权限

② 在"权限"选项卡中单击"添加权限"按钮，在打开的对话框中添加相应的数据库和表并勾选权限，确定后保存，如图 5.12（b）～（e）所示。选择当前连接，单击"用户"按钮，可查看新增的用户，如图 5.13 所示。

图 5.13　本连接的用户列表

③ 检查用户权限。右击当前连接，从快捷菜单中选择"关闭连接"命令，关闭当前连接。单击工具栏中的"连接"按钮新建连接，以用户名 test 和密码 123 建立一个本地连接。对 e_learning 数据库的 student 表进行查询、添加、修改操作，均可完成。而若进行删除操作，则会弹出警告并拒绝执行操作（见图 5.14）。

另外，test 用户只对 e_learning 数据库有查询权限，如果试图查看 mysql 数据库的 user 表，则会弹出警告并拒绝执行操作（见图 5.15）。

图 5.14　拒绝删除操作的警告

图 5.15　拒绝查询操作的警告

3. 服务器的权限管理

超级管理员可以授予、更改和删除普通用户对本数据库服务器的操作权限，包括重启、关闭、用户授权、删除数据库等。

【例 5.9】为 test 用户添加对数据库服务器的重启、关闭、用户授权和删除数据库的操作权限。

① 单击以 root 用户建立的当前连接，在工具栏中单击"用户"按钮，显示用户列表，右击 test@127.0.0.1 用户，从快捷菜单中选择"编辑用户"命令。

演示视频

② 在"服务器权限"选项卡中，勾选重启（Reload）、关闭（Shutdown）、用户授权（Grant Option）、删除数据库（Drop）等相应的服务器权限，确定后保存（见图 5.16）。

或者单击用户列表上方的"权限管理员"按钮，选择"添加权限"项，打开"添加权限"对话框，勾选服务器权限，确定后保存（见图 5.17）。

为安全起见，最好建立多个不同用途的普通用户，分别授予不同的服务器、特定数据库和表的访问权限。

图 5.16　为用户设置服务器权限

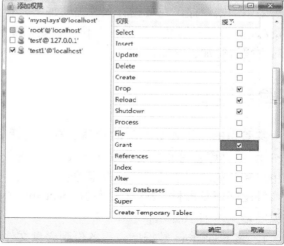

图 5.17　修改或设置用户的服务器权限

5.4.3　其他数据库安全性机制

1. 视图机制

由于视图是一个 SQL 语句定义的虚表，用户仅能访问视图所能看到的数据集，基本表本身对其不可见。在数据库管理系统中，可以为不同的用户定义不同的视图，通过视图机制把要保密的数据对无权限的用户隐藏起来，从而自动地对数据提供一定程度的安全保护。对视图也可以进行授权，使不同的用户看到不同的视图。

2. 审计功能

审计功能就是把用户对数据库的所有操作自动记录下来并放入审计日志文件中，一旦发生数据被非法存取，数据库管理员就可以利用审计跟踪信息，重现导致数据库现在状况的一系列事件，找出非法存取数据的人、时间和内容等。

审计可以跟踪用户的全部操作，审计日志对于事后检查十分有效，因此审计功能在维护数据安全、打击犯罪方面可以发挥重要作用，但粒度过细的审计通常很费时间和空间，因此数据库管理员应根据应用对安全性的要求，灵活打开或关闭审计功能。MySQL 社区版不带审计功能，可以安装第三方插件实现。

3. 数据加密

对高度敏感数据（例如，用户密码、财务、军事、国家机密等），除了以上安全性措施，还应该采用数据加密技术。数据加密是防止数据在存储和传输中失密的有效手段。加密的基本思想是，根据一定的算法将原始数据（称为明文）变换为不可直接识别的数据格式（称为密文），从而使得不知道解密算法的人即使获得数据也无法识别数据的内容。

采用加密存储，在数据存入时需要加密，在查询时需要解密，这个过程会占用大量系统资源，降低系统性能，因此只对保密性要求高的数据加密。MySQL 提供 MD5 加密函数，可对密码进行加密存储。

实验与思考

实验目的：了解数据库的管理机制，包括事务管理、备份管理和安全性控制。掌握 MySQL 数据库备份和恢复、数据导入和导出的方法；了解创建数据库维护计划的方法；了解用户和角色的创建及其访问权限的管理方法。

实验环境及素材：MySQL 和 Navicat for MySQL 和 bookstore.sql。bookstore 数据库设计说明参见本书 10.1 节。

1. 将 bookstore 数据库完整备份到磁盘文件 D:\ bookstore.psc 中。

2. 用上题生成的备份文件 bookstore.psc 恢复数据库，恢复的数据库名为 newdb。

3. 将 bookstore 数据库 customer 表中的数据导出到 Excel 文件 D:\customer.xlsx 中。

4. 建立数据库维护计划"每周备份 bookstore"，每周日 23:00 做完全备份。

5. 创建一个用户名为 Judy 的用户，密码为 123，授予该用户对 bookstore 数据库 book 表有查询和删除权限，对其他对象无操作权限。以该用户名和密码新建连接，对 book 表和其他表进行查询、插入、删除和修改操作来验证用户权限。

6. 编写存储过程，利用事务完成生成和提交订单的操作，即：先在 orders 表中添加订单信息，再在 orderdetail 表中添加两条订单购书的细节信息。例如，订单号 12010101，客户号 1301，地址"上海市新渔路 100 号"，购 0101 号书 1 本、0401 号书 2 本。

第6章

Web数据库应用程序

Web 数据库应用程序是指以浏览器支持用户交互、实现数据库访问并完成各种信息处理功能的一类应用程序，是浏览器/服务器模式的应用程序。

本书选用 Visual Studio 2015 作为开发环境。本章主要介绍基于 ASP.NET 和 C#语言进行 Web 数据库应用程序开发的基本方法。

6.1 Web 数据库应用程序开发基础

6.1.1 ASP.NET 开发环境及实例

1. Web 应用系统的结构

在浏览器/服务器结构（Browser/Server，即 B/S 结构）的信息系统中，应用程序以网站形式运行，用户通过浏览器采用 HTTP/HTTPS 协议直接访问 Web 服务器获取服务。Web 应用系统的结构一般包括三层（见图 6.1）。

（1）数据层：使用数据库服务器集中存储、管理和操纵数据。

（2）应用层：是部署在 Web 服务器上的应用程序，即 Web 数据库应用程序。其向上响应表示层的交互请求，向下实现数据库访问，并根据业务需求进行数据处理。

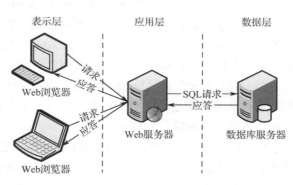

图 6.1　Web 应用系统的结构

（3）表示层：以 Web 浏览器方式展现数据，支持用户交互。

Web 数据库应用程序的页面是动态的，它不仅包含静态 HTML 标签，还包括可执行的程序代码。当用户在浏览器提出请求要访问动态页面时，Web 服务器首先找到相关的页面程序来执行（如数据库访问、运算处理等），并集成程序结果生成一个 HTML 静态文件返回给浏览器。

2．.NET 开发环境

Web 数据库应用程序的可选开发语言有多种，例如，ASP.NET、PHP、JSP 等，它们都需要相关开发框架和一系列工具的支持。本书介绍在.NET 框架下基于 ASP.NET 进行开发。

（1）.NET 框架和 Visual Studio

Microsoft .NET Framework（简称.NET 框架）是微软公司推出的用于创建、部署和运行基于 Internet 的应用程序的统一环境，它包含公共语言运行库和.NET 框架类库两部分（见图 6.2）。

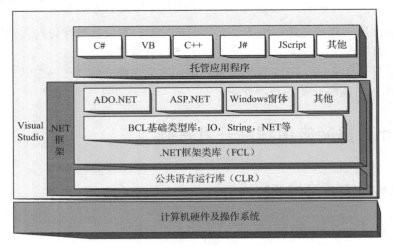

图 6.2　.NET 框架和 Visual Studio

① 公共语言运行库（Common Language Specification，CLR）是.NET 框架的基础和核心。它负责监控程序的运行和管理系统资源，提供内存管理、线程管理和远程处理等核心服务。用户采用各种语言编写的程序被编译为 CLR 能执行的中间语言。这种托管程序可以保证应用程序与底层操作系统之间必要的分离。

② .NET 框架类库（Framework Class Library，FCL）是一个与 CLR 紧密集成、综合性的面向对象的可重用类的集合，为应用程序开发提供各种组件和服务，减少编程工作量，支持高效开发各种应用程序。

Visual Studio 是一套完整的集成开发环境，它支持以 C#、VB、C++等语言使用.NET 框架的类库，高效开发 Web 数据库应用程序、Web Services、Windows 桌面应用程序和移动应用程序，并且由于其共享类库和代码托管，因此可以支持创建混合语言解决方案。

（2）本书使用的开发部件

本书选用 Visual Studio 这一集成开发环境，在开发时用到的部件介绍如下。

① ASP.NET：名字沿袭 ASP（Active Server Page），是基于.NET 的一种 Web 数据库应用程序模型，由一个 Web 应用基本结构和一组 Web 服务器控件构成，提供了生成 Web 数据库应用程序所必需的各种服务。Visual Studio 支持可视化 Web 页面设计，以及源代码编辑、编译和调试。

② ADO.NET：名字沿袭 ADO（Active Data Objects），提供一组用来基于.NET 实现数据库访问的类库，用来连接数据库、运行数据库操作命令和返回记录集。

③ C#语言：是.NET 框架支持的一种简洁的面向对象编程语言，源于 C 语言。

它们三者协作实现数据库应用程序：ASP.NET 提供网站开发的框架和页面，C#语言实现各种数据运算处理功能，需要访问数据库时使用 ADO.NET。

3. 一个 ASP.NET Web 应用程序实例

Visual Studio 不仅支持可视化开发 ASP.NET Web 应用程序，它还内置了一个 Web 服务器 ASP.NET Development Server。应用程序不需要部署发布就可以运行查看效果，方便开发和调试。本书后续例题主要采用这种开发运行模式。

【例 6.1】创建一个本地 ASP.NET 网站 D:\W61_Hello，页面效果如图 6.3 所示，输入姓名后按"确定"按钮，显示欢迎信息"***，欢迎使用 ASP.NET！"。页面 Hello.aspx 中包含 2 个 Label 控件、1 个 TextBox 控件、1 个 Button 控件，设计布局如图 6.4 所示。

演示视频

图 6.3　页面效果

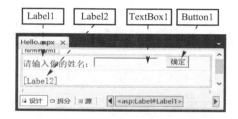

图 6.4　页面的设计布局

① 启动 Visual Studio。

② 新建 ASP.NET 网站。选择菜单命令"文件→新建网站"，打开"新建网站"对话框（见图 6.5），模板选择"Visual C#""ASP.NET 空网站"，Web 位置选择"文件系统"。单击"浏览"按钮打开"选择位置"对话框（见图 6.6），选择 D 盘，最后，单击图 6.5 中的"确定"按钮完成创建。在解决方案资源管理器中可看到项目文件的结构。

图 6.5　新建 ASP.NET 网站

③ 新建窗体页面 Hello.aspx。在解决方案资源管理器中，右击网站 W61_Hello，从快捷菜单中选择"添加新项"命令，打开"添加新项"对话框。模板选择"Visual C#""Web

窗体"（见图 6.7），名称修改为 Hello.aspx，勾选"将代码放在单独的文件中"复选框。单击"添加"按钮，完成窗体页面 Hello.aspx 的添加。

图 6.6　选择网站位置

图 6.7　"添加新项"对话框

④ 设计 Hello.aspx 页面。在"设计"视图（见图 6.8）中，根据页面设计布局，从工具箱中拖动控件放置到设计窗口中，并在属性窗口中对各控件的属性进行设置：Label1.Text 为"请输入你的姓名："，Label2.Text 为空，TextBox1.Text 为空，Button1.Text 为"确定"。

⑤ 生成 Button1_Click 事件过程框架，并编写处理程序。在"设计"视图中，双击 Button1 控件，切换到"逻辑代码"视图，对应文件名为 Hello.aspx.cs，在该文件中自动生成 Button1 控件单击事件 Button1_Click 的过程框架。在{ }之间输入给 Label2.Text 赋值的语句，以便在 Label2 控件中显示欢迎信息。

```
protected void Button1_Click(object sender, EventArgs e)
{
    Label2.Text=TextBox1.Text+"，欢迎使用 ASP.NET！";  //给 Label2 赋值显示字符串

}
```

⑥ 保存页面并运行程序。单击"保存"或"全部保存"按钮保存页面。在解决方案资源管理器中选择 Hello.aspx 页面，选择菜单命令"调试→开始调试"（或按 F5 键），运行程序。第一次使用内置 Web 服务器时，会出现"未启用调试"对话框，采用默认设置（见图6.9），单击"确定"按钮后，程序会自动打开浏览器（见图 6.3）。

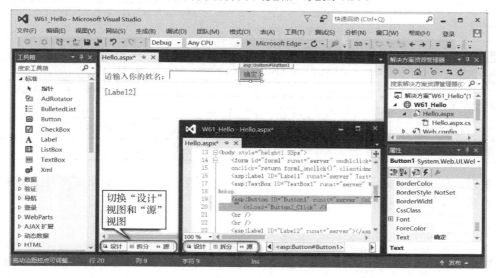

图 6.8　"设计"视图

⑦ 选择菜单命令"调试→停止调试"结束网站运行，返回 Visual Studio。

提示：运行 Visual Studio 内置 Web 服务器时，系统会自动分配一个空闲的端口号，因此程序每次使用的端口号可能不一样，在浏览器 URL 栏中的地址会有所不同。

4．ASP.NET Web 应用程序文件结构

ASP.NET Web 应用程序是基于 ASP.NET 创建的网站，它由一组存放在一个文件夹下的 Web 页面及相关文件组成。在解决方案资源管理器中可看到例 6.1 创建的 Web 站点由 W61_Hello 文件夹及其下的三个文件构成（见图 6.10）。它们保存在 D 盘根目录下。

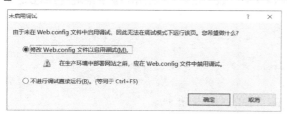

图 6.9　"未启用调试"对话框　　　　　　图 6.10　Web 应用程序文件结构

项目文件夹也称为 Web 根目录，它包含页面文件、控件文件、代码模块和服务，以及配置文件和各种资源。在其下可建立各类子文件夹，用于存放特定类别的文件，但一些重要系统文件必须存放在根目录下。常用文件及子文件夹含义说明如表 6.1 所示。

表 6.1 ASP.NET Web 应用程序根目录下的常用文件和子文件夹

文件名或子文件夹名	存放文件说明
Global.asax 文件	这是一个文本文件，提供全局可用代码。这些代码包括应用程序的事件过程，以及会话事件、方法和静态变量。它存放在根目录下
web.config 文件	这是一个 XML 文本文件，存储 Web 应用程序的配置信息，可以出现在应用程序的每个目录中。默认会在根目录下创建一个
*.aspx 文件	ASP.NET 页面文件
*.aspx.cs 文件	对应于 ASP.NET 页面文件，使用 C#语言编写的服务器端程序
App_Data 子文件夹	包含应用程序数据文件，如 MDF 文件、XML 文件和其他数据存储文件，也存储用于维护成员和角色信息的应用程序的本地数据库
App_Themes 子文件夹	包含用于定义网页和控件外观的文件集合（.skin、.css 及图片文件等）
Bin 子文件夹	包含要在应用程序中引用的控件、组件或其他代码的已编译程序集（.dll 文件）

提示：Visual Studio 开发的一个应用程序是整个项目文件夹下的所有文件，如果需要转移它们，需要复制整个文件夹，否则下次无法打开。

5. Web 窗体

Web 窗体（Web Form）是基于 ASP.NET 的可扩展编程模型，支持快速生成 Web 应用程序。例 6.1 的 Hello.aspx 就是一个 Web 窗体，它用.NET 控件构建用户界面，用 C#语言编写代码实现交互和事务处理功能，并且支持页面设计与代码实现的完全分离。

（1）Web 窗体的开发视图

Visual Studio 为 Web 应用程序中的每个 Web 窗体提供了三种不同的视图。

① "设计"视图支持可视化设计用户界面，对应于.aspx 页面文件。它采用所见即所得的方式，可以使用鼠标和键盘直接设置控件或其他可视效果。

② "源"视图支持以 HTML 代码方式设计用户界面，对应于.aspx 页面文件，在其中可以查看、修改 Web 窗体的 HTML 代码。例 6.1 在"源"视图中显示的 HTML 代码如下：

```
<%@ Page Language="C#" AutoEventWireup="true" CodeFile="Hello.aspx.cs" Inherits="Hello" %>

<!DOCTYPE html>

<html xmlns="http://www.w3.org/1999/xhtml">
<head runat="server">
<meta http-equiv="Content-Type" content="text/html; charset=utf-8"/>
    <title></title>
</head>
<body>
    <form id="form1" runat="server">
        <div>
            <asp:Label ID="Label1" runat="server" Text="请输入你的姓名："></asp:Label>
            <asp:TextBox ID="TextBox1" runat="server" Width="136px"></asp: TextBox>
```

```
         
        <asp:Button ID="Button1" runat="server" OnClick="Button1_Click" Text="确定" />
            <br />
            <br />
            <asp:Label ID="Label2" runat="server" Text="Label2"></asp: Label>
        </div>
    </form>
</body>
</html>
```

在本段 HTML 代码中：

➢ 第一行 CodeFile="Hello.aspx.cs"语句用于说明文档编译时需要连接的逻辑代码文件。

➢ 用<asp:Button ID="Button1" runat="server" OnClick="Button1_Click" Text="确定"/>
语句将 Button1 的 Button1_Click 和 OnClick 事件过程进行了绑定。

"源"视图和"设计"视图是同一个页面的两种展现方式，在其中一个视图下所做的修改在另一个视图下会立刻同步反映出来，使用图 6.8 窗口下端的按钮可以随时切换。例如，修改<title> </title>为<title>Hello</title>，将 Button1 的"Text="确定""替换为"Text="完成""，切换到"设计"视图，可以看到窗体标题变为 Hello，按钮的标题变为"完成"。

③ "逻辑代码"视图支持实现应用程序业务逻辑的代码设计。在新建页面时，勾选"将代码放在单独的文件中"复选框表示选择后台编码方式，即：为 Web 窗体单独建立一个对应的逻辑代码文件。C#语言代码文件扩展名为.cs，例 6.1 中 Hello.aspx 的逻辑代码文件为 Hello.aspx.cs，其中保存了 Button1_Click 的事件过程代码。后台编码方式将用户界面与实现逻辑代码分离，使界面设计和程序逻辑可以交给不同的人员去完成。在 ASP.NET 页面执行时，两个文件又会被编译到一起生成一个可执行的页面对象。

（2）事件驱动编程

Web 窗体基于事件驱动编程，事件的发生可以触发相关程序的执行，例如，单击按钮、按下键盘、移动鼠标、窗体加载等都会产生事件。事件过程的逻辑代码会被事件触发执行，也称为事件处理程序。例 6.1 程序运行时，单击"确定"按钮会触发事件，执行事件过程代码，更改标签 label2 的显示内容。

窗体上的控件对象都可以响应相关的事件，但各控件能响应的事件略有不同。在例 6.1 的"设计"视图中，双击 Button1 建立该控件的事件过程 Button1_Click()。事件过程也可以通过以下方法创建：

① 控件的事件过程：在"设计"视图中选中控件，在属性窗口中单击"事件"（⚡）按钮，打开该控件的可用事件列表。双击需要的事件，该控件的事件过程就会建立在逻辑代码中（见图 6.11）。

② 页面和组件的事件过程：在解决方案资源管理器中右击*.aspx.cs 文件，从快捷菜单中选择"查看组件设计器"命令，当"*.aspx.cs[设计]"窗口出现时，在属性窗口中单击"事件"按钮，会打开该页面的可用事件列表。再看属性窗口，可看到 Page 类及其他不可见组件的事件列表，双击某事件可生成该事件过程（见图 6.12）。

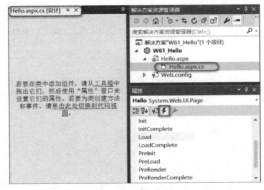

图 6.11　控件的事件过程　　　　　图 6.12　建立页面和组件的事件过程

下面介绍两个 Web 窗体处理过程中常用的页面事件。这些事件以 Page 类开头，因为当浏览器第一次请求一个页面时，相应的 Web 窗体被编译为一个 Page 类并实例化。

① Page_Load 事件：所有窗体都包含 Page_Load 事件，该事件在内存加载页面时自动发生，可利用事件过程来初始化控件属性、建立数据绑定或者创建数据库的连接对象等。

② Page_UnLoad 事件：和 Page_Load 事件相对应，在从内存中卸载页面时发生。在该事件过程中通常编写清除内存变量、数组、对象及关闭数据库连接等代码。

在设计例 6.1 窗体时，Label2 的初始值为空。下面 Page_Load 事件过程可以使 Label2 在初始时显示"Hello, ASP.NET!"。

```
protected void Page_Load(object sender, EventArgs e)
{
    Label2.Text="Hello, ASP.NET!";    //给 Label2 赋初始值
}
```

提示：在设计窗体时，在 Label2 的属性窗口中设置其 Text 属性值为"Hello, ASP.NET! "，也能达到同样效果，请读者通过本例体会 Page_Load 事件的使用。

6.1.2　Web 服务器控件

1. 控件简介

控件是 Web 窗体上的对象，每类对象都具有属性、方法和事件三个要素。

（1）属性：是用来描述对象特征的参数。例如，一个按钮的标题、颜色、大小等。通过给对象的属性赋值，可以设置对象的特征。对象的属性可以通过以下两种方法来赋值：

● 在"设计"视图的属性窗口中直接设置对象的属性值。

● 在程序中通过赋值语句实现，语句格式为：对象名.属性名=属性值。

例如，Label1.Text="Hello, ASP.NET!"在程序运行时改变 Label1 显示的内容。

（2）方法：可看成对象所能进行的操作。方法对应一个过程或函数，可在程序中直接使用以实现某种功能，使用格式为：对象名.方法（[参数表]）。

例如，语句 TextBox1.Focus()可使文本框控件 TextBox1 获得焦点。

（3）事件：是发生在对象上的一件事情。某个事件发生后，可由程序中的一段代码来处理这个事件，这段代码称为事件过程。

系统为每个对象都预先定义了一系列事件，如页面的加载事件（Page_Load），按钮的单击事件（Button_Click）等。对于每个事件，系统可生成相应事件过程的框架。当该对象的相应事件发生时，事件过程中用户编写的代码被触发执行。事件过程框架格式如下：

```
protected void  对象名_事件(触发事件的对象, 事件相关参数)
{
    //事件过程代码
}
```

2. 控件的使用方法

使用 ASP.NET 开发 Web 应用程序非常便捷，这归功于它有一组强大的控件。如图 6.13 所示的工具箱中不仅包括按钮、文本框等标准控件，还包括数据、验证、导航、登录、报表等常用的窗体控件类。

除了 HTML 控件类，其他都是 Web 服务器控件。HTML 控件的事件过程代码存放在客户端的页面中，而 Web 服务器控件的则在事件过程代码存放服务器中，更方便业务处理编程。本章实例使用 Web 服务器控件。

在 ASP.NET 页面中使用 Web 服务器控件有两种方式：

① 在"设计"视图中将工具箱中的控件拖放到页面上，会自动在源代码中生成相应的 HTML 语句，一般格式如下：

图 6.13　常用控件类

格式 1：
```
<asp:控件类型  ID="控件名称" runat="server"  控件其他属性></asp:控件类型>
```
格式 2：
```
<asp:控件类型  ID="控件名称" runat="server"  控件其他属性/>
```

其中，asp 代表命名空间，所有 Web 服务器控件的命名空间都是 asp；ID 是控件的唯一标识，系统按序号自动为窗体上的同类控件编号，如 Button1、Button2 等，用户也可重新命名；runat="server"表明是服务器控件。

将控件放到窗体上后，可以通过鼠标拖动调整控件的位置、大小，并设置外观。更多的属性要通过属性窗口进行设置，单击██按钮将分类显示属性，单击██按钮将以字母顺序显示（见图 6.14）。

② 在"源"视图中直接编辑代码来设置和使用 Web 服务器控件。

3. 常用 Web 服务器控件

Web 服务器控件的基本用法相同，关键是对属性、方法和事件三要素的使用。它们都是 System.Web.UI.WebControls 的派生类，具有一些共有的属性、方法和事件。下面简介几个常用标准控件，后续会随着实例介绍更多的相关控件。

（1）Label 控件 **A** Label

Label（标签）控件用于在页面上显示文本。因为一般不用它产生功能行为或响应事件过程，所以这里只介绍它的常用属性（见表 6.2），忽略它的方法和事件。

图 6.14　属性显示方式

表 6.2　Label 控件的常用属性

属 性 名 称	说　　明
ID	标签控件的名称
Text	标签显示的文本值
Font	标签显示的字体
Visible	显示或隐藏控件，取值为 true 显示，为 false 不可见
ForeColor, BackColor	标签的前景色（通常是文本颜色）和背景色
Height, Width	标签的高度和宽度（单位是像素）
BorderColor, BorderStyle, BorderWidth	标签边框的颜色、样式、宽度

任何一个控件都有 **ID** 属性，它唯一标识窗体上的一个控件，且不可与其他控件重名。Label 控件的以上属性为很多控件共有且用法相同，以后不再重复介绍。Label 控件的最重要属性是 Text，它可以通过属性窗口赋值，也可以在程序语句中使用，例如：

```
Label1.Text="Hello, ASP.NET!";
```

（2）TextBox 控件 abl TextBox

TextBox（文本框）控件常用于显示数据或接收用户输入数据。

① TextBox 控件的常用属性

TextBox 控件的常用属性见表 6.3。

表 6.3　TextBox 控件的常用属性

属 性 名 称	说　　明
ID	文本控件的名称
Text	用于读取或者设置文本框的文本值
TextMode	取值有三种：SingleLine（默认）、Password 和 MultiLine，分别表示单行文本框、密码框和多行文本框。密码文本框将用户输入的文本以实心点（•）表示
Maxlength	允许输入的最多字符数
ReadOnly	取值为 true 表示只读，不接收输入；为 false（默认）表示可读可写
Wrap	取值为 true 表示多行文本自动换行；为 false（默认）表示不自动换行
AutoPostBack	当用户按回车键或者 Tab 键离开文本框时，是否自动触发 OnTextChanged 事件，true 表示触发事件，false（默认）表示不触发

② TextBox 控件的常用方法

Focus()方法：可以将客户端窗口的焦点置于该 TextBox 控件上。例如，在页面加载时将光标置于 TextBox1 控件上，可用如下代码实现：

```
protected void Page_Load(object sender, EventArgs e)
{
        TextBox1.Focus();
}
```

③ TextBox 控件的常用事件

TextChanged 事件：当客户端窗口的焦点离开文本框后，TextBox 控件的内容传到服务器中，服务器经过比对发现输入的内容和上次不同之后，该事件发生。

提示：设置 AutoPostBack 属性为 true，并在 TextChanged 事件过程中编写代码，可以在文本框内容改变时立即触发事件，执行有关代码。

（3）Button 控件 [ab] Button 、LinkButton 控件 [ab] LinkButton 和 ImageButton 控件 [图] ImageButton

Button（按钮）控件是最常用的 Web 控件，一般用来提交表单。

① 常用属性 Text，按钮显示的标题。

② 常用事件 Button_Click，用户单击按钮发生的事件。

LinkButton（超链接按钮）控件和 ImageButton（图片按钮）控件是 Button 控件的变体，基本上与 Button 控件相同，只是前者外观采用超链接的形式，后者外观采用图片的形式。

【例 6.2】使用 TextBox、Label、Button 控件实现密码验证程序。运行初始窗口如图 6.15（a）所示，焦点在"姓名"文本框中；输入姓名"王红"、密码 8888 后，按"确定"按钮，将在窗体上显示"欢迎王红使用教务系统!"，如图 6.15（b）所示；按"清空"超链接按钮，将清空姓名和密码；按"帮助"图片按钮 ，将在窗体下部显示（或隐藏）多行只读文本框来查看或隐藏帮助信息。

演示视频

（1）新建网站 W62_Login，新建页面 Login.aspx，窗体上的控件及布局如图 6.15（c）所示，表 6.4 为各控件及其属性初始值，为增强程序可读性，本例对各控件 ID 重新命名。

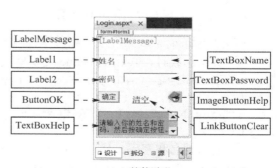

（a）运行初始窗口　　　（b）输入姓名和密码　　　（c）控件说明

图 6.15　密码验证程序的运行效果和页面设计

ImageButton 控件的 ImageUrl 属性指明图片文件的路径和文件名，图片格式可以为 JPEG、BMP、GIF 等。设置该属性的方法如下：在解决方案资源管理器中右击网站名，从快捷菜单中选择"添加→现有项"命令，浏览并找到图片文件，将其添加到应用程序中（见图 6.16）。随后，在属性窗口中设置 ImageUrl 属性为该图片文件，图 6.17 中为"~/Help.jpg"（其中"~"表示当前文件夹）。

表 6.4　各控件及其属性初始值

类　　　型	ID	属性及取值	说　　明
Label	Label1	Text="姓名"	姓名文本框前的提示
	Label2	Text="密码"	密码文本框前的提示
	LabelMessage	Text="", ForeColor 选红色	密码验证结果信息
TextBox	TextBoxName	Text=""	姓名文本框
	TextBoxPassword	Text="", TextMode=Password, MaxLength=6	密码文本框
	TextBoxHelp	Visible=false, TextMode=MultiLine, ReadOnly=true	帮助文本框
Button	ButtonOK	Text="确定"	"确定"按钮
LinkButton	LinkButtonClear	Text="清空"	"清空"超链接按钮
ImageButton	ImageButtonHelp	ImageUrl=" ~/Help.jpg"	"帮助"图片按钮

图 6.16　添加图片文件　　　　　　　　图 6.17　在属性窗口中设置 ImageUrl 属性

（2）Login.aspx.cs 文件中的相关事件过程代码如下。

① 页面加载时，TextBoxName 文本框获得输入焦点。

```
protected void Page_Load(object sender, EventArgs e)
{
    TextBoxName.Focus();    // TextBoxName 文本框获得输入焦点
}
```

② 输入姓名和密码，按下 ButtonOK 按钮进行密码验证，并报告结果。

```
protected void ButtonOK_Click(object sender, EventArgs e)
{
    if (TextBoxName.Text=="王红" && TextBoxPassword.Text=="8888")    //判断用户和密码
```

```
        {
            LabelMessage.Text="欢迎"+TextBoxName.Text+"使用教务系统!";  //密码正确，显示欢迎信息
        }
        else
        {
            LabelMessage.Text="用户名或密码错误!";  //密码错误，显示出错信息
        }
    }
```

③ 按下 LinkButtonClear 按钮清空 TextBoxName 文本框和 TextBoxPassword 文本框。

```
protected void LinkButtonClear_Click(object sender, EventArgs e)
{
    TextBoxName.Text="";          //清空 TextBoxName
    TextBoxPassword.Text="";      //清空 TextBoxPassword
}
```

④ 按下 ImageButtonHelp 按钮显示或隐藏 TextBoxHelp 文本框。

```
protected void ImageButtonHelp_Click(object sender, ImageClickEventArgs e)
{
    TextBoxHelp.Visible=!TextBoxHelp.Visible; //用非运算来设置 Visible 属性为 true 或 false
}
```

6.1.3　HTML 简介

1. 网页与 HTML

　　HTML（Hypertext Markup Language，超文本置标语言或超文本标记语言）是一种用于描述网页文档的标记语言。在 WWW 上的一个超媒体文档称为一个页面或网页，对应于一个 HTML 文档，以.htm 或.html 为扩展名。网页文档本身是一种纯文本文件，通过添加标签告诉浏览器如何显示其中的内容（如文字如何处理、画面如何安排、图片如何显示等）。

　　网页的本质就是 HTML 文档。虽然可以通过结合其他 Web 技术（如 ASP.NET、JSP、脚本语言、CGI、组件等）创造出功能强大的动态网页，例如，ASP.NET 的 Web 文件为.aspx 文件，但经过应用程序服务器的执行，最终返回给浏览器的仍是标准的 HTML文档。

　　因此，HTML 是 Web 编程的基础。使用 Visual Studio 构建 Web 站点时，会自动生成相应的 HTML 代码，一般不需手工编写，但开发者最好能够读懂这些 HTML 代码。

2. 创建简单的 HTML 文档

　　HTML 文档是纯文本文件，可以直接使用文本编辑器（如记事本）编写。一般使用专业的 Web 创作工具（如 Dreamweaver），或者使用集成开发环境（如 Visual Studio）中内置的 HTML 编辑器来编写。例 6.3 创建一个 HTML 文档，可观察生成的 HTML代码。

提示：读者可以打开例 6.1 的 aspx 源代码，观察其中包含了相似的 HTML 代码。

【例 6.3】创建 HTML 页面 HTMLPage.htm，运行时在页面中显示"Hello HTML!"。

① 新建网站 W63_HTML。

② 新建页面 HTMLPage.htm。在解决方案资源管理器中，右击 W63_HTML，从快捷菜单中选择"添加新项"命令，打开"添加新项"对话框，模板选择"Visual C#""HTML页"，单击"添加"按钮，创建 HTMLPage.htm。

③ 在"设计"视图中，在页面中输入"Hello HTML!"文本，切换到"源"视图，查看自动生成的 HTML 代码，并在<head>部分的<title>标签之间填写"HTML 实验"（见图 6.18）。

④ 运行程序，可以看到，页面标题显示为"HTML 实验"，页面内容显示为"Hello HTML!"（见图 6.19）。

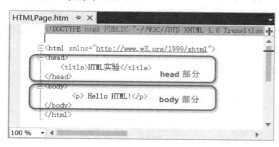

图 6.18　HTMLPage.htm 的 HTML 代码

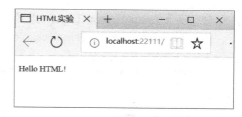

图 6.19　程序运行结果

3. HTML 文档的基本结构

如图 6.18 所示，HTML 文档的基本结构如下：

<!DOCTYPE>声明位于文档中最前面的位置，处于<html>标签之前。此标签告知浏览器本文档使用哪种 HTML 或 XHTML 规范。可以省略。

<HTML>…</HTML>在文档的最外层，文档中的所有文本和 HTML 标签都包含在其中，它表示该文档是以 HTML 编写的。<HTML>和</HTML>之间包含 HTML 文档的两个主要部分：head 部分和 body 部分。

<head>…</head>之间包含文档的头部信息，如文档总标题（<title>）、元信息（<meta>）等。若不需要头部信息，可省略此标签。

<body>…</body>之间包含正文内容，是在浏览器中显示的页面内容。

4. HTML 标签及其属性概述

HTML 文档由标签和文本构成，标签用来告诉浏览器如何呈现内容，语句"<title>HTML实验</title>"将会使浏览器在标题栏中显示文本"HTML 实验"。

HTML 规范规定了大量的 HTML 标签，不同的 HTML 标签还规定了不同的属性，用于进一步改变显示的效果。HTML 标签的典型格式如下：

<标签名字 属性 1=属性 1 值 属性 2=属性 2 值…>内容</标签名字>

例如，下面语句说明一个 asp:Button 控件及其属性：

<asp:Button ID="ButtonOK" runat="server" Text="确定" OnClick="ButtonOK_Click" style="height: 27px"/>

提示：HTML 标签不区分大小写，标签属性可选用，各属性用空格分隔，先后次序可任意排列。属性值可省略英文双引号，但包含特殊字符（如空格、%，#）时必须加双引号。

常用的 HTML 标签如表 6.5 所示。

表 6.5　常用的 HTML 标签

（1）标题、段落和注释

　　\<h1\>到\<h6\>：定义标题

　　\<p\>：定义段落

　　\<br\>：定义简单的换行

　　\<hr\>：定义水平线

　　\<!--⋯--\>：定义注释

（2）文本修饰

　　\<b\>：定义粗体文本

　　\<font\>：定义文本的字体、尺寸和颜色

　　\<i\>：定义斜体文本

　　\<em\>：定义强调文本

　　\<big\>：定义大号文本

　　\<strong\>：定义强调文本

　　\<small\>：定义小号文本

　　\<sup\>：定义上标文本

　　\<sub\>：定义下标文本

（3）超链接

　　\<a\>：定义锚

　　\<link\>：定义文档与外部资源的关系

（4）列表

　　\<ul\>：定义无序列表

　　\<ol\>：定义有序列表

　　\<li\>：定义列表的项目

　　\<dl\>：自定义列表

　　\<dt\>：自定义列表中的项目

　　\<dd\>：自定义列表中项目的描述

（5）图像

　　\<img\>：定义图像

　　\<map\>：定义图像映射

　　\<area\>：定义图像地图内部的区域

（6）表格

　　\<table\>：定义表格

　　\<caption\>：定义表格标题

　　\<th\>：定义表格中的表头单元格

　　\<tr\>：定义表格中的行

　　\<td\>：定义表格中的单元格

　　\<thead\>：定义表格中的表头内容

　　\<tbody\>：定义表格中的主体内容

　　\<tfoot\>：定义表格中的表注内容（脚注）

　　\<col\>：定义表格中一列或多列的属性值

　　\<colgroup\>：定义表格中供格式化的列组

（7）表单

　　\<form\>：定义供用户输入的 HTML 表单

　　\<input\>：定义输入控件

　　\<textarea\>：定义多行的文本输入控件

　　\<button\>：定义按钮

　　\<select\>：定义选择列表（下拉列表）

　　\<optgroup\>：定义选择列表中相关选项的组合

　　\<option\>：定义选择列表中的选项

　　\<label\>：定义 input 元素的标注

　　\<fieldset\>：定义围绕表单中元素的边框

　　\<legend\>：定义 fieldset 元素的标题

（8）脚本语言

　　\<script\>：定义客户端脚本

　　\<noscript\>：定义针对不支持客户端脚本的用户的替代内容

　　\<applet\>：定义嵌入的 applet

　　\<object\>：定义嵌入的对象

　　\<param\>：定义对象的参数

（9）框架

　　\<frame\>：定义框架集的窗口或框架

　　\<frameset\>：定义框架集

　　\<noframes\>：定义针对不支持框架的用户的替代内容

　　\<iframe\>：定义内连接框架

（10）预定义格式文本

　　\<style\>：定义文档的样式信息

　　\<div\>：定义文档中的节（块元素）

　　\<span\>：定义文档中的节（行内元素）

　　\<pre\>：定义预格式文本

　　\<code\>：定义计算机代码文本

6.1.4 ADO.NET 及 MySQL 驱动程序

1. ADO.NET 简介

ADO.NET 是.NET 框架提供的一组用于访问数据源的面向对象类库。数据源可以是数据库，也可以是文本、Excel 或者 XML 等文件。ADO.NET 包含两大核心组件：数据集和.NET 框架数据提供程序（见图 6.20）。

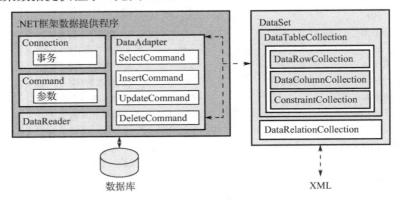

图 6.20 ADO.NET 组件

（1）数据集（DataSet）：用来保存从数据源获得的数据，是数据在应用程序端的内存驻留表示形式。它对各种数据源提供一致的编程模型，实现独立于数据源的数据操作。

DataSet 包括来自数据源的一个或多个表、约束和表间关系在内的整个数据集，它的数据结构和使用方法与关系数据模型一致。DataSet 包含用于暂存数据的 DataTable 对象的集合和暂存表间关系信息的 DataRelation 对象的集合。每个 DataTable 对象中又包含记录对象 DataRow 集合、属性列对象 DataColumn 集合及数据完整性约束 Constraint 集合。

（2）.NET 框架数据提供程序（.NET Framework Data Provider）：用来与数据源建立连接并且访问数据源。.NET 框架提供多种数据提供程序类库，以访问不同的数据源，例如，Microsoft SQL Server .NET 直接访问 SQL Server，Microsoft ODBC .NET 支持以 ODBC 方式访问多种数据源。

本书以 MySQL 为数据库管理系统，使用 MySQL 数据提供程序（MySqlClient）。它包括 4 个核心对象（见表 6.6），这些对象及 DataSet 对象相互配合以实现数据库访问。

表 6.6 MySQL 数据提供程序的主要对象及其功能

对　　象	说　　明
MySqlConnection	建立与数据源的连接
MySqlDataAdapter	用数据源填充 DataSet，并将更新回填到数据源中
MySqlCommand	对数据源执行命令
MySqlDataReader	从数据源中读取向前的只读数据流

2．安装和使用 MySQL 驱动程序

（1）安装 MySQL 驱动程序并在项目中添加引用

.NET 框架未包含 MySQL 数据提供程序，因此需要单独安装 MySQL 驱动程序。官网下载地址：https://dev.mysql.com/downloads/connector/net。下载名称为：mysql-connector-net-版本号.msi，安装后可在 "C:\Program Files(x86)\MySQL\MySQL Connector Net 版本号\Assemblies\版本号" 文件夹下看到一组.dll 文件，其中 MySql.Data.dll 文件即为 MySQL 的驱动程序库（见图 6.21）。

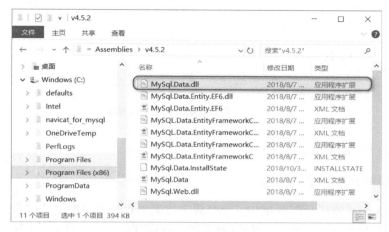

图 6.21　MySQL 驱动程序

程序开发时，需要在项目中添加 MySQL 驱动程序库的引用。在解决方案资源管理器中右击项目，从快捷菜单中选择 "添加引用" 命令，在 "引用管理器" 对话框中选择 "浏览" 选项卡（见图 6.22），找到并选中 MySql.Data.dll，确定后完成添加。另外，在程序代码中还需要用 using MySql.Data.MySqlClient 语句进行说明。

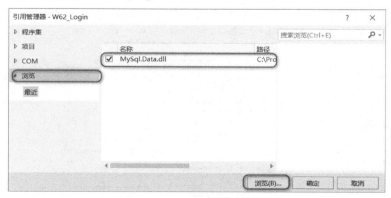

图 6.22　添加 MySQL 驱动程序的引用

（2）安装 MySQL for Visual Studio

如果要使用 SqlDataSource 可视化配置数据源（见本书 7.2.2 节），或者希望使用 EF 框

架配置实体时能够选择 MySQL 驱动程序，则需要安装 MySQL for Visual Studio（见图 6.23）。官网下载地址：https://dev.mysql.com/downloads/windows/visualstudio。

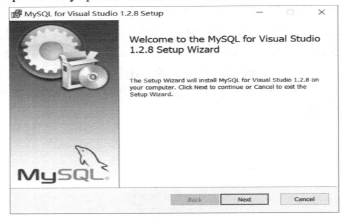

图 6.23 安装 MySQL for Visual Studio

6.1.5 Visual Studio 代码管理

1. 一个解决方案管理多个网站

在 Visual Studio 集成开发环境中，一个解决方案可包含多个网站。本章为了方便讲解，每个例题都单独建立了一个网站。最后为了便于进行代码管理，我们将这些网站放入一个解决方案中。具体做法如下。

① 在解决方案资源管理器中，右击 W61_Hello 网站，从快捷菜单中选择"添加→现有网站"命令，添加各网站。也可以使用"添加→新网站"命令。

② 将解决方案重命名为 Chapter6.sln 并保存到 Chapter6 文件夹中（见图 6.24）。以后通过菜单命令"文件→打开→项目→解决方案"即可打开该解决方案管理所有网站。

图 6.24 保存解决方案、设置启动项目

③ 在该方案下的所有网站的程序都可以随时进行编辑。要运行、调试某个网站，右击该网站，从快捷菜单中选择"设为启动项目"命令。只能有一个网站是启动项目，该网站名以粗体显示。

2. 一个网站包含多个页面

一个网站可以包含多个页面或文件。右击该网站，从快捷菜单中选择"添加→新项"或"添加→现有项"命令即可添加多个页面（见图 6.25）。可随时选中某个页面进行编辑调试。如果希望程序以某个固定页面启动，则右击该页面，从快捷菜单中选择"设为起始页"命令。

图 6.25　设为起始页

为代码参照和调试方便，可以将本章所有例题的窗体都添加在一个网站下。但是，如果任何一个页面有语法错误，其他页面也不能运行。

在实际应用中，一个网站一般包含多个页面，而且这些页面间存在导航关系，使网站成为一个整体。关于多页面应用程序实现的内容详见 7.2 节。

6.2　基于 DataSet 的"断开式"数据访问

6.2.1　"断开式"数据访问

使用 ADO.NET 开发 Web 数据库应用程序虽然需要书写代码，但是流程固定，而且 Visual Studio 可以智能提示 ADO.NET 对象名及其属性和方法，甚至很多代码都可以重用，开发过程很简单。

1. "断开式"数据访问流程

"断开式"数据访问基于数据集实现。它的工作流程如图 6.26 所示，其中，数据库是实际的 MySQL 数据库，DataSet 对象是程序使用的内存数据集合。

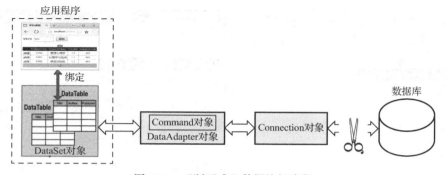

图 6.26　"断开式"数据访问流程

① Connection 对象连接数据库，建立连接通道。

② Command 对象设置操作命令（可省略，SQL 命令由 DataAdapter 说明）。

③ DataAdapter 对象在数据库和 DataSet 对象之间传输数据，即根据操作命令提取数据库中的数据填充 DataSet 对象，或将更新过的 DataSet 对象中的数据回写到数据库中。

④ 将页面控件与 DataSet 对象中的表或属性列绑定，编程对 DataSet 对象进行数据检索或更新操作。

之所以称为"断开式"，是因为一旦数据访问结束，应用程序就断开和数据库的连接，但仍可继续对 DataSet 对象进行各种数据处理，待需要获取或更新数据的时候再连接数据库。

每个数据库能支持的对外连接数量是有限的，"断开式"数据访问可允许其他更多的访问来连接，提高了数据库访问性能，也增强安全性。对于系统规模较大、并发用户多、数据传输量大、客户机和服务器不在同一局域网络内的应用系统，可以大大提高信息系统整体性能。

2. 相关 ADO.NET 对象

在使用 ADO.NET 访问 MySQL 数据库时，必须在程序中添加对象命名空间的引用：

```
using System.Data;                    //引用 DataSet 的命名空间
using MySql.Data.MySqlClient;         /*引用 MySQL 的命名空间，在项目中必须已添加 MySql.Data.
                                        dll 引用*/
```

在 C#语言中，对象声明及创建实例的语法格式为：

```
类名 对象变量名;                       //例如，DataSet ds;
对象变量名=new 类名(参数列表);          //        ds=new DataSet();
```

或者，将声明和实例化简写如下：

```
类名 对象变量名=new 类名(参数列表);     //例如，DataSet ds=new DataSet();
```

演示视频

下面结合实例介绍"断开式"数据访问流程及相关 ADO.NET 对象 MySqlConnection、MySqlDataAdapter 和 DataSet 的使用方法。

【例 6.4】编程访问 e_learning 数据库，使用 GridView 控件以表格形式显示 subject 表的信息。页面的运行效果如图 6.27 所示，页面的设计布局如图 6.28 所示。

图 6.27　页面的运行效果

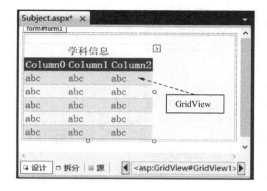

图 6.28　页面的设计布局

（1）MySqlConnection 对象

MySqlConnection 对象用于建立应用程序与数据源的连接，是应用程序访问数据库的第一步。它的主要属性和方法如表 6.7 所示。

表 6.7　MySqlConnection 对象的主要属性和方法

类　别	名　称	说　明
属性	ConnectionString	访问数据源的连接字符串，包括：server=数据库服务器名；database=数据库名；user id=用户名；password=密码； 数据库服务器名可用域名或 IP 地址，本机可用 localhost 或 127.0.0.1
	ConnectionTimeout	尝试建立连接开始到终止尝试所等待的时间，默认 30 秒
方法	Open()	使用 ConnectionString 所指定的属性设置打开数据库连接
	Close()	关闭数据库连接，即断开与数据库的连接

声明和创建 SqlConnection 对象的语法格式如下：

```
MySqlConnection 对象变量名=new MySqlConnection(连接字符串);
```

例 6.4 第 1 步：创建 MySqlConnection（数据库连接）对象 cn，用于访问本地服务器的 e_learning 数据库。

以第 2 章中的 e_learning 数据库为例，数据库服务器安装在本机中，用户名是 root，密码是 1234，据此完成访问数据库的连接字符串 cnstr，然后创建数据库连接对象 cn。

```
string cnstr="server=localhost; database=e_learning; user id=root; password=1234";
MySqlConnection cn=new MySqlConnection(cnstr);
```

连接字符串也可通过 ConnectionString 属性进行说明，上面两句可替换为：

```
MySqlConnection cn=new MySqlConnection();
MySqlConnection.ConnectionString="server=localhost; database=e_learning; user id=root;
                              password= 1234";
```

（2）MySqlDataAdapter 对象

在建立与数据源的连接之后，MySqlDataAdapter 对象在数据库和 DataSet 对象之间执行数据传输工作。它使用 MySqlCommand 对象所封装的操作命令来获得数据源中的数据，填充 DataSet 对象，或者将 DataSet 对象产生的改变回写到数据源中。它的主要属性和方法如表 6.8 所示。

声明和创建 MySqlDataAdapter 对象的语法格式如下：

```
MySqlDataAdapter 对象变量名=new MySqlDataAdapter(命令字符串, MySqlConnection 对象变量);
```

其中，MySqlConnection 对象变量是已经创建的实例，命令字符串是 SQL 语句或存储过程。

例 6.4 第 2 步：创建 MySqlDataAdapter（数据适配器）对象 da，说明操作命令 。

```
MySqlConnection cn=new MySqlConnection("server=localhost; database=e_learning; user id=root;
                              password=1234")
MySqlDataAdapter da=new MySqlDataAdapter("Select * From Subject", cn);
```

（3）DataSet 对象

在"断开式"数据访问模式下，MySqlDataAdapter 对象将从数据源获取的数据传送给 DataSet，然后断开与数据源的连接。DataSet 对象可看作内存中的一个临时数据库，可以包含多个 DataTable 对象。它的主要属性和方法如表 6.9 所示。

表 6.8　MySqlDataAdapter 对象的主要属性和方法

类　　别	名　　称	说　　明
属性	SelectCommand InsertCommand DeleteCommand UpdateCommand	用来设置操作数据库的 SQL 语句或存储过程（可以带参数），分别实现查询、插入、删除、修改功能。每个属性都是一个 MySqlCommand 对象
方法	Fill()	用于执行查询操作并将结果填充到 DataSet 中。有两种用法： ① Fill(DataSet, Table)：填充或刷新 DataSet 中的 Table 表，如果 Table 不存在，则先创建一个名为 Table 的 DataTable 对象 ② Fill(DataSet.Table)：填充或刷新 DataSet 中已存在的 Table 表
	Update()	将 DataSet 回写到数据库中，执行 Insert、Update 或 Delete 命令完成。有两种用法： ① Update(DataSet)：将修改后的 DataSet 回写到数据库中 ② Update(DataTable)：将 DataSet 中修改后的 DataTable 回写到数据库中

表 6.9　DataSet 对象的主要属性和方法

类　　别	名　　称	说　　明
属性	Tables	数据集中包含的表的集合
	Relations	数据集中包含的数据联系的集合
方法	Clear()	清除数据集包含的所有表中的数据，但不清除表结构
	HasChanges()	判断当前数据集是否发生了更改（包括添加、修改或删除操作）

声明和创建 DataSet 对象的语法格式如下：

DataSet 对象变量名=new DataSet();

例 6.4 第 3 步：创建 DataSet（数据集）对象 ds，调用 da.fill()方法填充 DataSet 对象的学科表。

```
MySqlConnection cn=new MySqlConnection("server=localhost;
database=e_learning;user id=root; password=1234");
MySqlDataAdapter da=new MySqlDataAdapter("Select * From Subject",cn);
DataSet ds=new DataSet();
da.Fill(ds, "学科");
```

DataSet 对象包含表的集合 Tables，而 Tables 中的 DataTable 对象包含数据行的集合 Row、数据列的集合 Columns，因此可以直接使用这些对象访问数据集中的数据。

访问表的语法格式：

数据集.Tables[表名|索引]

例如：

```
DataTable table=ds.Table["学科"];                        //访问 ds 对象中的学科表
```

访问表中数据行的语法格式：

DataTable.Rows[索引]

例如：

```
DataRow row=ds.Table["学科"].Rows[0];              //访问学科表的第 1 行数据
```

访问表中指定行/列的值的语法格式：

```
DataTable.Rows[行索引][列索引,可以是索引序号或字段名]
```

例如：

```
ds.Table["学科"].Row[0]["SubjectName"];            //访问学科表第 1 行 SubjectName 列
```

数据集中除表以外，还可包含视图。通过 DataTable 对象的 DefaultView 属性可访问表视图；也可通过 DataView 类的构造函数创建视图。

```
DataView dv1=ds.Tables["学科"].DefaultView;        //视图 dv1 对应整个学科表
```

例 6.4 第 4 步：将页面上的 GridView 控件绑定到数据集对象 ds 的学科表上，实现数据显示。

```
GridView1.DataSource=ds.Tables["学科"];
GridView1.DataBind();
```

本例完整实现过程如下：

① 启动 Visual Studio，新建 Web 空网站 W64_Subject。

② 右击项目，从快捷菜单中选择"添加引用"命令，在"引用管理器"对话框（见图 6.22）中选择"浏览"选项卡，找到并选中 MySql.Data.dll 文件，确定后完成 MySQL 驱动程序的添加。

③ 添加 Web 窗体 Subject，从工具箱"数据"组中拖放一个 GridView 控件到窗体上，单击其右侧的 ⊡ 按钮，在任务列表中选择"自动套用格式"项，选择"石板"架构；在属性窗口中设置 Caption 属性为"学科信息"。

④ 切换到"源"视图，在 HTML 语句的<title>…</title>标签内填写窗口标题。

```
<head runat="server">
    <title>学科信息<title>
</head>
```

⑤ 双击页面进入程序代码文件 Subject.aspx.cs，编辑完整程序代码如下：

```
using System;
using System.Collections.Generic;
using System.Linq;
using System.Web;
using System.Web.UI;
using System.Web.UI.WebControls;
using System.Data;                                   //引用 DataSet 的命名空间
using MySql.Data.MySqlClient;                        //引用 MySQL 的命名空间
//页面加载时从数据库获取学科信息，通过 GridView 控件显示
public partial class _Default : System.Web.UI.Page
{
    protected void Page_Load(object sender, EventArgs e)
    {
        MySqlConnection cn=new MySqlConnection("server=localhost; database=_learning; user id=root;
                          password=1234");          //(1)创建数据库连接对象 cn
        MySqlDataAdapter da=new MySqlDataAdapter("Select * From Subject", cn);
```

```
                                                        //(2)创建数据适配器对象 da
    DataSet ds=new DataSet();                           //(3)创建数据集对象 ds, 并填充学科表
    da.Fill(ds, "学科");
    GridView1.DataSource=ds.Tables["学科"];             //(4)GridView1 绑定学科表
    GridView1.DataBind();
    }
}
```

提示：首次编写 Web 数据库应用程序时，建议手工录入程序，以便熟悉数据访问流程和相关 ADO.NET 对象，熟练以后可以直接通过复制并修改代码的方式完成程序。

3. GridView 控件

GridView 是一个数据绑定控件，以表格的形式显示多条记录。该控件还提供记录的编辑、删除、分页显示、排序和行选择功能，并且支持自定义外观和样式。它有丰富的属性（见表 6.10）。多数属性可直接在属性窗口中设置，个别属性还可通过"GridView 任务列表"进行可视化设置。

表 6.10　GridView 控件的常用属性

分　　类	属　　性	描　　述
分页	AllowPaging	设置是否分页显示。true 表示启用分页显示，每页显示记录数为 PageSize 所设置的值；false 表示不启用分页显示
	PageSize	与 AllowPaging 配合使用，设置每页显示的记录数，默认为 10
	PagerSettings\Position	设置分页标签所在的页面位置，取值为：Top、Bottom 或 TopAndBottom
	PagerSettings\Mode	设置分页标签的样式，可以是数字或者">"翻页标签
可访问性	Caption	设置显示的标题名
	CaptionAlign	设置标题的排版位置
数据	DataKeyNames	设置数据源的主键，是一个字符串数组
	DataMember	当数据源含有多个数据列时，用来设置绑定的数据列的名称
	DataSourceID	指定绑定的数据源控件的名称
	DataSource	指定绑定的数据源对象的名称，通常用来动态绑定数据源
外观	BackImageUrl	设置背景图片的 URL
	EmptyDataText	设置当控件绑定一个空的数据源时显示的文本
行为	AutoGenerateDeleteButton	分别设置是否在每条记录前增加一个删除、编辑或选择按钮。true 表示显示，false 表示不显示
	AutoGenerateEditButton	
	AutoGenerateSelectButton	

6.2.2　数据查询及汇总

1. 根据条件查询数据

很多应用需要根据条件查询数据，这可以通过为 MySqlDataAdapter 对象说明带参数的 SQL 命令来实现。

MySqlDataAdapter 对象的 4 个属性 SelectCommand、InsertCommand、DeleteCommand、UpdateCommand，分别存放实现查询、插入、删除和修改操作的 SQL 语句。SQL 语句中的参数使用"@参数名"来说明，给参数赋值可采用以下语法格式：

MySqlDataAdapter.SelectCommand.Parameter.AddWithValue ("@参数名", 值);

例如，按学科号 S05 查询该学科的有关课程。由于 SQL 语句较长，因此单独定义一个字符串变量 sql 存放 SQL 语句，这样方便程序阅读。

String sql="Select * From Course Where SubjectCode=@SubjectCode";
MySqlDataAdapter da=new MySqlDataAdapter (sql, cn);
da.SelectCommand.SqlParameter.AddWithValue("@SubjectCode", "S05");

【例 6.5】编程访问 e_learning 数据库，根据用户输入的学科号查询有关课程。运行效果如图 6.29 所示。输入学科号，单击"查询"按钮在 GridView 控件中显示属于该学科的课程；单击下部的页号可展示相应的页。各控件及其属性设置如表 6.11 所示。

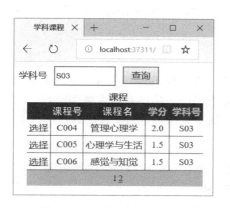

图 6.29 根据学科号查询课程

表 6.11 页面中的控件及其属性

控件名称	属性	属性值
GridView1	Caption	课程
	AllowPageing	true
	PageSize	3
	AutoGenerateSelectButton	true
	RowStyle\HorizontalAlign	Center
	EmptydataText	暂无课程！
Label1	Text	学科号
TextBox1	Text	""
Button1	Text	查询

本例完整实现过程如下：

① 在 Visual Studio 中新建网站 W65_Course。

② 右击项目，从快捷菜单中选择"添加引用"命令，添加 MySQL 驱动程序 MySql.Data.dll。可在"引用管理器"对话框（见图 6.22）中选择"最近"选项卡，快速找到文件位置（曾添加过的）。

③ 添加 Web 窗体 Course，并在窗体上添加 Label1、TextBox1、Button1、GridView1 控件，按表 6.11 设置各属性取值。

④ 双击 Button1 控件进入程序代码文件 Course.aspx.cs，编辑程序代码如下：

```
using System;
using System.Collections.Generic;
using System.Linq;
using System.Web;
using System.Web.UI;
using System.Web.UI.WebControls;
using System.Data;                    //引用 DataSet 的命名空间
```

```
using MySql.Data.MySqlClient;                 //引用 MySQL 的命名空间
public partial class Course : System.Web.UI.Page
{
    //单击"查询"按钮，访问数据库获取课程数据并绑定 GridView 控件显示
    protected void Button1_Click(object sender, EventArgs e)
    {
        MySqlConnection cn=new MySqlConnection("server=localhost; database=
            e_learning; user id=root; password=1234");        //创建数据库连接对象 cn
        String sql="Select CourseCode 课程号, CourseName 课程名, Credits 学分, SubjectCode 学科号
                From Course Where SubjectCode=@SubjectCode";
        MySqlDataAdapter da=new MySqlDataAdapter(sql,cn);    //创建数据适配器对象 da，带参数 sql
        da.SelectCommand.Parameters.AddWithValue("@SubjectCode", TextBox1.Text);
                                                        //指明参数值来自 TextBox1
        DataSet ds=new DataSet();                        //创建数据集对象 ds，然后填充 CourseList 表
        da.Fill(ds, "CourseList");
        GridView1.DataSource=ds.Tables["CourseList"];    //绑定 ds 的 CourseList 表
        GridView1.DataBind();
    }
}
```

⑤ 在 GridView1 翻页时，获取新页号，刷新它。在 GridView1 的属性窗口中单击"事件"（⚡）按钮，从可用事件列表中选择 PageIndexChanging 并双击生成事件过程。

```
protected void GridView1_PageIndexChanging(object sender, GridViewPage EventArgs e)
{
    …
    //此处获取数据集对象 ds 填充 CourseList 的代码与 Button1_Click()中的代码完全相同
    //设置 GridView1 页号，GridView1 绑定 ds 的 CourseList
    GridView1.PageIndex=e.NewPageIndex;
    GridView1.DataBind();
}
```

以上代码中翻页时需要重新访问数据库获取数据集对象 ds。为避免重新获取 ds，可使用 ViewState 对象在当前页面中保存值，供本页的多个处理程序访问。ViewState 对象是一个"项/值"的对象集合，主要操作如下。

赋值：ViewState[key]=value;   //将 value 赋值给 key
取值：value=ViewState[key];   //从 key 中读取值

可以在 Button1_Click()事件过程最后增加一条语句保存 ds 到 ViewState 的项 ds 中：

```
this.ViewState["ds"]=ds;                //this 表示当前页
```

在 GridView1_PageIndexChanging()事件过程中读取 ViewState 的项 ds 中的值：

```
DataSet ds=new DataSet();
ds=(DataSet)this.ViewState["ds"];        //获取 ViewState["ds"]的数据集，赋值给 ds
```

2. 基于 DataSet 对象汇总数据

数据从数据库提取到应用程序端的 DataSet 对象中之后，可以在与数据库断开的情况下对数据库中的数据进行各种处理操作，直到需要回写数据库时再连接数据源整批将修改回写。

【例 6.6】 程序启动时，在下拉列表中自动填充学科号；从下拉列表中选择某学科后，查询显示该学科下的所有课程，并统计课程数和总学分数。运行结果如图 6.30 所示。

（1）DropDownList 控件

DropDownList（下拉列表）控件和 ListBox（列表框）控件都可用于创建一个列表，允许用户从中选择需要的项。二者区别是，DropDownList 控件在单击后才显示下拉列表，且只允许从中选取一项，适用于窄小空间；ListBox 控件允许用户选择其中的一项或者多项。它们的常用属性如表 6.12 所示。

表 6.12　DropDownList、ListBox 控件的常用属性

属　　性	描　　述
Items	可选项集合，可使用它的 Add(字符串)方法添加列表项
SelectedIndex	选中项的索引号
SelectedValue	选中项的值
AutoPostBack	当用户更改选定内容后是否向服务器回传消息
OnSelectedIndexChanged	指定当被选项目的 index 被更改时被执行的函数的名称
Selected	指定选项是否被选中，选中为 true，否则为 false
DataSource	填入数据项时使用的数据源
DataTextField	设置备选项显示文本的数据源字段
DataValueField	设置备选项值的数据源字段
Rows	指定控件的高度，即显示的可见行的数目（仅限 ListBox 控件）
SelectionMode	Single 表示单项选择，Multiple 表示多项选择（仅限 ListBox 控件）

图 6.30　课程查询和汇总

本例实现过程如下：

① 新建网站 **W66_CourseCredits**。

② 打开网站并进入设计窗口，在 Label1 控件后放置一个 DropDownList1 控件，设置 AutoPostBack 值为 true；下面放一个 GridView1 控件，并在其后增加一个 Label2 控件。由于两个事件过程都要使用 cn 变量，因此，为避免重复定义，将其放在页面公共变量部分。

```
public partial class Course : System.Web.UI.Page
{
    //定义和创建数据库连接对象 cn
    MySqlConnection cn=new MySqlConnection("server=localhost; database=e_learning; user id=root;
                                          password=1234");
    //后接各事件过程代码③~⑤
}
```

③ 编写 Page_Load()事件过程代码，实现向下拉列表中添加学科号。

```
protected void Page_Load(object sender, EventArgs e)
```

```
{
    if (!IsPostBack) //若为首次加载，则执行下面代码；若为回传消息而加载，则不执行
    {
        MySqlDataAdapter da=new MySqlDataAdapter("Select * From Subject", cn);
        DataSet ds=new DataSet();
        da.Fill(ds, "SubjectList");              //填充数据集对象 ds 中的 SubjectList 表
        //DropDownList1 绑定 ds 的 SubjectList 表第 1 列的值
        DropDownList1.DataSource=ds;
        DropDownList1.DataTextField=ds.Tables["SubjectList"].Columns[0].ColumnName;
        DropDownList1.DataBind();
    }
}
```

提示：Page.IsPostBack 是页面对象 Page 的一个属性。在加载页面时，如果是首次加载和访问，则其值为 false；如果是为响应客户端回发消息而加载该页面，则其值为 true。本例中，if (!IsPostBack)通过判断该值来保证在页面首次加载时执行代码，为 DropDownList1 控件获取和填充下拉列表数据。如果因为各种控件回发消息（如改变下拉列表中的选项）导致加载页面，则不执行该功能。

④ 双击 DropDownList1 控件生成 DropDownList1_SelectedIndexChanged 事件过程框架，根据下拉列表中被选中的学科号查询显示相关课程信息，并循环遍历 ds 中的 CourseList 表以统计课程数和总学分数。程序代码如下：

```
protected void DropDownList1_SelectedIndexChanged (object sender, EventArgs e)
{
    String sql="Select CourseCode 课程号,CourseName 课程名,Credits 学分,SubjectCode 学科号
            From Course Where SubjectCode=@SubjectCode";
    MySqlDataAdapter da=new MySqlDataAdapter(sql, cn);
    da.SelectCommand.Parameters.AddWithValue("@SubjectCode",DropDownList1. SelectedItem);
    DataSet ds=new DataSet();
    da.Fill(ds, "CourseList");
    GridView1.DataSource=ds.Tables["CourseList"];
    GridView1.DataBind();
    //保存 ds 到 ViewState 的项 ds 中
    this.ViewState["ds"]=ds;
    //循环遍历 ds 统计课程数
    int i;                                        //i 循环控制变量，表示第 i 门课
    decimal sum=0;                                //sum 存放各门课程学分之和
    if (ds.Tables["CourseList"].Rows.Count > 0)   //如果课程数大于 0
    {
        for (i=0;i <=ds.Tables["CourseList"].Rows.Count-1;i++)   //循环遍历 ds 中所有课程
        {
            sum=sum+(decimal)ds.Tables["CourseList"].Rows[i][2]; //累加
        }
        Label2.Text="共有"+i+"门课程，总学分数"+sum;            //显示总学分
    }
    else
```

```
    {
        Label2.Text="";                                    //如果没有课程，则总学分为空
    }
}
```

⑤ 当 GridView1 翻页时，获取新页号，并刷新 GridView1 控件。

```
protected void GridView1_PageIndexChanging(object sender, GridViewPage EventArgs e)
{
    DataSet ds=new DataSet();
    ds=(DataSet)this.ViewState["ds"];//获取 ViewState["ds"]的数据集，赋值给 ds 变量
    GridView1.DataSource=ds.Tables["CourseList"];
    GridView1.PageIndex=e.NewPageIndex;
    GridView1.DataBind();
}
```

提示：本例中的统计是在"断开连接"的状态下，通过遍历已获得的课程数据集累加实现的。当然也可通过 MySqlDataAadapter 对象执行 SQL 汇总查询语句获取总学分后，建立新的数据集来实现。

【例 6.7】修改例 6.6，使下拉列表中显示学科名，查询并显示该学科名下的所有课程，同时统计课程数和总学分数。

DropDownList1 控件的 DataTextField 属性存放显示文本，DataValueField 属性存放选择后的实际取值，通常用来存放表的主键，以备选中后利用。在两个事件过程中需要修改以下两处。

① 在 Page_Load()事件过程中，在将 DropDownList1 控件绑定 ds 的 SubjectList 表时，除了给 DataTextField 属性赋值 Columns[0]字段，即显示文本来自 SubjectName，还要给 DataValueField 属性赋值 Columns[1]字段，即实际取值来自 SubjectCode（Subject 表的主键）。

```
DropDownList1.DataValueField=ds.Tables["SubjectList"].Columns[0].ColumnName;//赋值给 SubjectCode
DropDownList1.DataTextField=ds.Tables["SubjectList"].Columns[1].ColumnName;//赋值给 SubjectName
```

② 在 DropDownList1_SelectedIndexChanged()事件过程中，为 da 的 SQL 命令添加参数时，用 DropDownList1.SelectedValue 替换 DropDownList1.SelectedItem。

```
da.SelectCommand.Parameters.AddWithValue("@SubjectCode",DropDownList1.SelectedValue);
```

6.3　基于 MySqlCommand 的"连接式"数据访问

6.3.1　"连接式"数据访问

"连接式"数据访问模式使用 Command 对象直接操作数据库或者借助 DataReader 对象直接读取数据流。客户端通过 Connection 对象与数据库建立连接后，应用程序与数据库一直保持连接，而不管有没有数据交换，也就是说，所有对数据库的操作都是在数据库连接状态下完成的。

1．"连接式"数据访问流程

通过 MySqlCommand 对象直接执行操作命令可以实现"连接式"数据访问，方便地实现查询及插入、修改和删除等更新操作。它的工作流程如图 6.31 所示，其中，数据库是实际的 MySQL 数据库，DataReader 是客户端程序使用的内存数据流。具体步骤如下：

① Connection 对象连接数据库，建立与数据库的连接通道。

② Command 对象设置操作命令。

③ 执行 Command 对象中的操作命令实现对数据库的操作。可以直接执行各种 SQL 语句或存储过程完成各种数据库操作，也可以利用前向只读数据流 DataReader 查询显示数据。

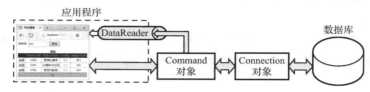

图 6.31 "连接式"数据访问流程

"连接式"数据访问模式适合浏览只读数据流或进行数据更新操作。

2．相关 ADO.NET 对象

下面介绍 MySqlCommand 对象及与其密切相关的 Parameter 和 MySqlDataReader 对象。

（1）MySqlCommand 对象

MySqlCommand 对象用来封装要发给数据源的操作命令，可以是 SQL 语句或存储过程。它的常用属性和方法见表 6.13。

表 6.13　MySqlCommand 对象的常用属性和方法

类　　别	名　　称	说　　明
属性	CommandText	说明对数据源执行的 SQL 语句或存储过程名
	CommandType	说明 CommandText 所设置的命令类型。Text 表示是 SQL 语句，StoredProcedure 表示是存储过程，TableDirect 表示是表名。默认值是 Text
	Connection	说明所要使用的数据连接，值是一个 MySqlConnection 对象实例
	Parameters	设置 SQL 语句或存储过程的参数，可以使用其 AddWithValue(string parameterName) 方法将一个 Parameter 添加到参数集合中
方法	ExecuteNonQuery()	执行 CommandText 属性所指定的操作，返回受影响的行数，一般用于 Update、Insert 和 Delete 操作
	ExecuteReader()	执行 CommandText 属性所指定的操作，并返回 SqlDataReader 对象，对象中仅存放一个结果行，可通过读取下一条记录获得新行，用于 Select 操作
	ExecuteScalar()	执行 CommandText 属性所指定的操作，返回结果中首行首列的值。只能用于 Select 操作，通常用于统计查询

声明和创建 MySqlCommand 对象的语法格式如下：

MySqlCommand 对象变量名=new MySqlCommand([命令字符串, MySqlConnection 对象变量]);

举例：MySqlCommand cmd=new MySqlCommand ("Select * From Subject", cn);

其中，MySqlConnection 对象变量是已创建的实例，也可直接用连接字符串替代，以省去创建 SqlConnection 对象的步骤；命令字符串是 SQL 语句或存储过程或表名。上例也可写为：

```
MySqlCommand cmd=new MySqlCommand();        //定义和创建 SqlCommand 对象变量 cmd
cmd.CommandType=CommandType.Text;           //定义 cmd 的命令类型为 SQL 语句
cmd.CommandText="Select * From Subject";     //定义 cmd 的 SQL 语句
cmd.Connection=cn;                           //定义 cmd 所使用的数据库连接为 cn
```

（2）MySqlParameter 对象

MySqlParameter 对象用来说明 MySqlCommand对象的参数。它的常用属性如表 6.14 所示。

表 6.14　MySqlParameter 对象的常用属性

类　　别	名　　称	说　　明
属性	Value	说明参数的值
	SqlDbType	说明参数的数据类型
	Direction	说明参数类型，可以是 Input（输入参数，默认）、Output（输出参数）、InputOutput（输入/输出参数）或 ReturnValue（返回值）

声明和创建 MySqlParameter 对象的语法格式如下：

MySqlParameter 对象变量名=new MySqlParameter("@参数名", 数据类型, 长度);

举例：

```
MySqlParameter Param=new MySqlParameter("@SubjectCode", SqlDbType.Char, 3);
Param.Value="S05";              //参数赋值
cmd.Parameters.Add(Param);      //参数添加到 MySqlCommand 中
```

直接调用 MySqlCommand 对象的 Parameters.AddWithValue("@参数名",值)方法也可以实现参数添加，从而省去 MySqlParameter 对象的定义，语句更简洁：

```
cmd.Parameters.AddWithValue("@SubjectCode", "S05");
```

（3）MySqlDataReader 对象

MySqlDataReader 对象用来存放执行 MySqlCommand 对象的ExecuteReader()方法的返回结果。它和 DataSet 对象类似，也是客户端的内存数据集，但存放的是一种向前、只读的数据流，而且不支持分页、排序、更新等操作。使用 MySqlDataReader 对象可减少本机开销，因为ExecuteReader()方法每执行一次只获取一行，在内存中只有一个缓冲行，所以之前的数据不再有效；但它占用数据库连接，如果不及时关闭，将会影响服务器性能。MySqlDataReader 对象的常用属性和方法如表 6.15 所示。

表 6.15　MySqlDataReader 对象的常用属性和方法

类　　别	名　　称	说　　明
属性	FieldCount	返回一行数据的字段个数
	HasRows	说明结果集是否包含记录，true 表示有记录，false 表示空
	IsClosed	判断状态，true 表示已关闭，false 表示打开

续表

类　别	名　称	说　明
方法	Read()	读取下一条记录到 MySqlDataReader 对象中。起始时，默认位置为第一条记录之前，每执行一次，移动记录指针到下一行。如果存在记录，则返回 true；当到达数据集末尾时，返回 false
方法	Close()	关闭 MySqlDataReader 对象。在没有关闭之前，数据库连接会一直被占用，因此使用完毕应该马上关闭它
	GetName(int i)	获得第 i 个字段的字段名
	Object GetValue(int i)	获得第 i 个字段的值，用 Object 类型来接收返回数据
	GetString(int i)，GetIn32(int i) GetDateTime(int i)，GetDouble(int i)	用指定类型获得第 i 个字段的值

声明和创建 MySqlDataReader 对象的语法格式如下：

MySqlDataReader 对象变量名=MySqlCommand 对象变量. ExecuteReader();

例如：

MySqlCommand cmd=new MySqlCommand ("Select * From Subject", cn);
MySqlDataReader rd=cmd.ExecuteReader();　//执行 cmd 命令，创建一个 MySqlDataReader 对象

提取 MySqlDataReader 中某一项的数据值，需要指明字段名或字段序号，语法格式为：

MySqlDataReader 对象名["字段名"]　　　或者　　　SqlDataReader 对象名[字段序号]

例如：

TextBox.Text=rd["SubjectCode"];　　　　　//把 rd 当前记录的学科号字段值赋给文本框

6.3.2　数据更新

数据库中数据的插入、修改和删除操作都会引起数据的变化，统称为更新操作。在与数据库建立连接后，采用 SqlCommand 对象的 ExecuteNonQuery()方法执行 SqlCommand 对象中的更新命令可以实现对数据库的更新，并将受影响的记录行数返回给客户端。

【例 6.8】编程实现对学科信息的维护，运行效果如图 6.32 所示。程序启动时，将显示所有学科信息。选择某学科，将在下部显示其详情，并可进行维护操作。页面设计如图 6.33所示。

完整的程序代码如下（省略引用部分）。

① 多个事件过程需公用一些变量，为避免重复定义，在窗体中定义以下页面变量：

```
public partial class _Default : System.Web.UI.Page
{
    //声明和创建全局变量
    MySqlConnection cn=new MySqlConnection("server=localhost;database=e_learning; user id=root;
        password=1234");
    MySqlDataAdapter da=new MySqlDataAdapter();
    MySqlCommand cmd=new MySqlCommand();
    //后接各事件过程代码  ②～⑩

}
```

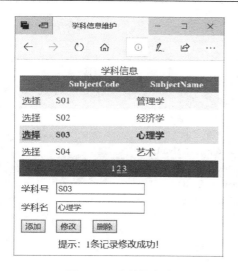

图 6.32 学科信息维护

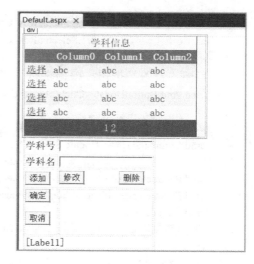

图 6.33 页面设计

② 页面首次加载时，访问数据库获得学科信息，并将其添加到 GridView1 控件中。

```
protected void Page_Load(object sender, EventArgs e)
{
    if (!IsPostBack)    //若为回传消息而加载，则不执行
    {
        DataSet ds=new DataSet();
        cmd.CommandText="Select * From Subject";
        cmd.Connection=cn;
        da.SelectCommand=cmd;
        da.Fill(ds, "学科");
        GridView1.DataSource=ds.Tables["学科"];
        GridView1.DataBind();
        ButtonOK.Visible=false;
        ButtonCancel.Visible=false;
    }
}
```

③ GridView1 控件翻页，刷新学科信息。

```
protected void GridView1_PageIndexChanging(object sender, GridViewPageEventArgs e)
{
    DataSet ds=new DataSet();
    ds=(DataSet)this.ViewState["ds"];      //获取 ViewState["ds"]的数据集，赋值给 ds 变量
    GridView1.DataSource=ds.Tables["学科"];
        GridView1.PageIndex=e.NewPageIndex;
    GridView1.DataBind();
}
```

④ 选中某条记录，内容显示在文本框中。

```
protected void GridView1_SelectedIndexChanged(object sender, EventArgs e)
{
```

```
        TextBox1.Text=GridView1.SelectedRow.Cells[1].Text;
        TextBox2.Text=GridView1.SelectedRow.Cells[2].Text;
    }
```

⑤ 单击"修改"按钮，根据学科号修改学科名，并刷新 GridView1 控件。

```
protected void ButtonUpdate_Click(object sender, EventArgs e)
{
    //准备 SQL 操作命令，并添加参数值
    cmd.CommandText="Update Subject Set SubjectName=@SubjectName
                        Where SubjectCode=@SubjectCode";
    cmd.Parameters.AddWithValue("@SubjectCode", TextBox1.Text);
    cmd.Parameters.AddWithValue("@SubjectName", TextBox2.Text);
    cmd.Connection=cn;
    //打开数据库连接，执行修改 Update 命令
    cn.Open();
    cmd.ExecuteNonQuery();          //执行 SQL 命令
    cn.Close();                     //关闭数据库连接
    RefreshGridView();              //调用自定义过程，刷新 GridView1
}
```

数据库更新操作可能会由于数据库连接错误、命令错误或数据违反参照完整性约束等原因而无法成功执行，通常需要使用 try…catch 异常处理语句来捕获错误并报告异常原因。将上面程序段中的 cmd.ExecuteNonQuery()语句替换为以下代码。其中，try{ }中的代码如果有执行异常，catch (MySqlException ex)语句会捕获异常并将原因存放到 MySqlException变量 ex 中。

```
    try
    {
        int i=cmd.ExecuteNonQuery();                    //执行 SQL 命令，i 为受影响的记录行数
        if (i > 0)
        {
            Label1.Text="提示："+i+"条记录修改成功！";      //报告成功修改
            TextBox1.Text="";
            TextBox2.Text="";
        }
    }
    catch (MySqlException ex)                            //捕获 try 中代码执行异常，用 Label1 控件显示原因
    {
        Label1.Text=ex.Message;
    }
```

⑥ 单击"删除"按钮，根据学科号删除记录，并刷新 GridView1 控件。此事件过程只是 SQL 语句不同，其他与"修改"按钮的后续步骤基本相同，故省略，读者可查看程序源代码。

```
protected void ButtonDelete_Click(object sender, EventArgs e)
{
    //准备 SQL 语句，并添加参数
```

```
cmd.CommandText="Delete From Subject Where SubjectCode=  @SubjectCode";
cmd.Parameters.AddWithValue("@SubjectCode", TextBox1.Text);
cmd.Connection=cn;
...
}
```

⑦ 单击"添加"按钮，清空文本框，并显示"确认"和"取消"按钮。

```
protected void ButtonInsert_Click(object sender, EventArgs e)
    {
        TextBox1.Text="";
        TextBox2.Text="";
        ButtonUpdate.Visible=false;
        ButtonDelete.Visible=false;
        ButtonOK.Visible=true;
        ButtonCancel.Visible=true;
        ButtonInsert.Visible=false;
    }
```

⑧ 单击"确认"按钮，添加一条记录，并刷新 GridView1 控件。此事件过程只是 SQL 语句不同，其他与"修改"按钮的后续步骤基本相同，故省略，读者可查看程序源代码。

```
protected void ButtonOK_Click(object sender, EventArgs e)
{
    //准备 SQL 语句，并添加参数
    cmd.CommandText="Insert Into Subject() Values(@SubjectCode,  @SubjectName)";
    cmd.Parameters.AddWithValue("@SubjectCode", TextBox1.Text);
    cmd.Parameters.AddWithValue("@SubjectName", TextBox2.Text);
    cmd.Connection=cn;
    ...
}
```

⑨ 单击"取消"按钮，清空文本框。

```
protected void ButtonCancel_Click(object sender, EventArgs e)
{
    TextBox1.Text="";
    TextBox2.Text="";
}
```

⑩ 重新填充数据集对象 ds 并刷新 GridView1 控件以便显示更修结果，清空文本框。

```
protected void RefreshGridView()
{
    //重新获取更新后的学科数据
    DataSet ds=new DataSet();
    cmd.CommandText="Select * From Subject";
    cmd.Connection=cn;
    da.SelectCommand=cmd;
    da.Fill(ds, "学科");
    this.ViewState["ds"]=ds; //保存 ds 到 ViewState 的项 ds 中
    //为 GridView1 指定显示的数据源,并绑定
```

```
GridView1.DataSource=ds.Tables["学科"];
GridView1.DataBind();
TextBox1.Text="";
TextBox2.Text="";
}
```

6.3.3　数据查询及汇总

演示视频

下面例题演示如何使用 MySqlCommand 对象的 ExecuteReader()方法实现查询单行数据流。

【例 6.9】根据课程名查询课程相关信息，运行效果如图 6.34 所示。程序启动时，在下拉列表中自动填充课程名，选择某课程，将在下部显示其详情。页面设计见图 6.35。

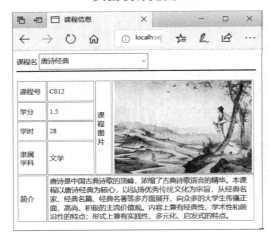

图 6.34　查询课程相关信息

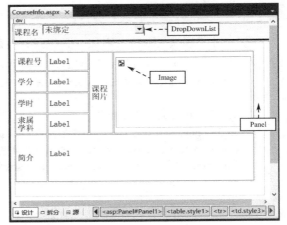

图 6.35　页面设计

本例使用了两个新的控件 Panel、Image。下面简单介绍这两个控件。

1．Panel 控件 □ Panel

Panel 控件可以作为其他控件的容器。可以把一组控件放在其中，便于整体布局和控制整体的隐藏或显示，常用属性为 Visible。

2．Image 控件 图 Image

Image 控件用于在页面上显示图片。其常用属性 ImageUrl 用于指明图片文件的路径和文件名，图片可以是 JPEG、BMP、GIF 等格式，路径说明时"~"表示当前文件夹。

程序的完整实现过程如下（省略建立程序和添加引用步骤）。

① 设计页面。在页面顶部输入文本"课程名"，后面放置一个 DropDownList 控件，将其 AutoPostBack 属性设置为 true，这样当用户更改选定内容后会立即向服务器回传消息，从而触发事件处理程序。

下面放置一个 Panel 控件，拉伸到足够大作为容器，在其上进行课程内容展示设计。为使控件排列整齐，采用表格布局。选择菜单命令"表→插入表"，插入一个 6 行 4 列的表格。选中表格第一行的 4 格，右击，从快捷菜单中选择"修改→合并单元格"命令；合并后，选中第一行，选择菜单命令"格式→边框和底纹"，设置为只有下框线。类似地，分别合并右边两列的中间 4 格和最下面一行右边 3 格，并设置其边框。

在表格第 2 列中依次放置 5 个标签 Label 控件并设置 Text 属性为" "，在右上格中放置一个 Image 控件。

② 导入图书的封面图片。在解决方案资源管理器中，展开网站文件夹，建立一个新的文件夹 Photo（见图 6.36）。右击它，从快捷菜单中选择"添加→现有项"命令，找到图片所在文件夹，用鼠标选中所有图片，然后单击"添加"按钮（见图 6.37），在 Photo 文件夹下即可看到这些文件。

图 6.36　添加新文件夹　　　　　　　　图 6.37　找到和选中图片

③ 定义页面公共变量。

```
public partial class _Default : System.Web.UI.Page
{
    //定义数据库连接对象 cn
    MySqlConnection cn=new MySqlConnection("server=localhost; database=e_learning; user id=root;
                                            password=1234");
    //定义 SQL 命令对象 cmd
    MySqlCommand cmd=new MySqlCommand();
    …
}
```

④ 编写 Page_Load()事件过程代码，实现向下拉列表中添加课程名。

```
protected void Page_Load(object sender, EventArgs e)
{
    if (!IsPostBack)           //若为回传消息而加载，则不执行
    {
        cmd.Connection=cn;        //说明 cmd 对象的数据库连接对象 cn
        cmd.CommandText="Select CourseCode,CourseName From Course";     //说明 SQL 语句
        //打开数据库连接对象 cn，通过 cmd 执行 ExecuteReader()获得查询结果
        cn.Open();
```

```
            MySqlDataReader rd=cmd.ExecuteReader();        //创建 rd, 并执行查询, 获得结果
            if (rd.HasRows)    //依次读入 rd 中的记录并添加到 DropDownList1 控件中显示
            {
                while (rd.Read())
                {
                    DropDownList1.Items.Add(rd.GetString(1));    //添加课程名
                }
            }
            rd.Close();            //关闭 rd
            cn.Close();            //关闭 cn
            Panel1.Visible=false;        //隐藏 Panel1 控件
        }
    }
```

在上面代码中, 为 DropDownList1 控件添加显示内容也可使用绑定方法:

```
DropDownList1.DataSource=rd;                    //指定数据源 rd
DropDownList1.DataTextField=rd.GetName(1);      //获取 rd 第 2 个字段名为 Text 控件提供值
DropDownList1.DataBind();                       //与 rd 绑定
```

⑤ 双击 DropDownList1 控件, 编写下拉列表中选项变化时的事件过程代码, 根据下拉列表中被选中的课程名来查询该课程信息。

```
protected void DropDownList1_SelectedIndexChanged(object sender, EventArgs e)
{
    cmd.Connection=cn;
    cmd.CommandText="Select * From Course Join Subject On Subject.SubjectCode=Course.SubjectCode
    Where CourseName=@CourseName";              //说明 SQL 语句
    cmd.Parameters.AddWithValue("@CourseName", DropDownList1.SelectedValue);//添加参数
    cn.Open();
    MySqlDataReader rd=cmd.ExecuteReader();
    if (rd.HasRows)                             //读入 rd 的第一条记录, 填写各字段的值
    {
        Panel1.Visible=true;                    //显示 Panel1 控件
        rd.Read();                              //读 rd 的一行
        Label1.Text=(string) rd[0];             //获取课程号
        Label2.Text=rd["Credits"].ToString();   //获取学分数, 并将数值转换为字符串
        Label3.Text=rd["Hours"].ToString();     //获取学时数
        Label4.Text=rd["SubjectName"].ToString(); //获取学科名
        Label5.Text=rd["Introduction"].ToString(); //获取简介
        Image1.ImageUrl="~/Photo/"+rd["CoverImage"]; //获取课程图片
    }
    rd.Close();                                 //关闭 rd
    cn.Close();                                 //关闭 cn
}
```

本例无汇总功能, 但是如果需要, 可以直接利用从数据库中读取的数据进行各种汇总处理。

实验与思考

实验目的：熟悉 Visual Studio 集成开发环境，掌握使用 ASP.NET 开发 Web 数据库应用程序的基本方法。熟悉常用 Web 控件（标签、文本框和按钮）和数据绑定控件 DropDownList、GridView 的功能和用法，掌握使用 ADO.NET 组件实现"断开式"和"连接式"数据访问的流程。

实验环境及素材：Visual Studio 和 MySQL，数据库脚本文件 bookstore.sql。

1. 创建以下网站，使用窗体控件实现简单应用，并将这些网站保存为解决方案 sy6.sln。

（1）创建网站 S61_Hello，添加窗体页面 Hello.aspx。页面标题为"欢迎"，输入姓名后单击"确定"按钮，将显示信息"**同学，加油！"（见图 6.38）。

提示：① 首先创建一个文件夹 sy6，将本章实验网站及解决方案文件 sy6.sln 都保存在该文件夹中。② 在页面中可使用表格布局控件。

（a）页面设计　　　　　　　　　　　（b）页面运行效果

图 6.38　根据姓名显示欢迎语

（2）创建网站 S62_Login，添加登录页面 Login.aspx（见图 6.39）。

① 当程序运行时，焦点在用户名文本框处。

② 输入用户名和密码后，单击"确定"按钮，如果密码为 111，则窗体上部显示"恭喜**登录网上书店"，否则显示"密码错误"。

③ 单击"清空"超链接按钮，将姓名和密码清空；单击"STOP"图片按钮，结束程序运行。

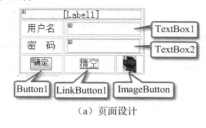  

（a）页面设计　　　　　　（b）密码正确　　　　　　（c）密码错误

图 6.39　登录页面

2. 创建以下网站添加到解决方案 sy6.sln 中，用"断开式"数据访问模式实现 Web 数据库应用程序。

（1）创建网站 S63_Customer，添加页面 Customer.aspx。用 GridView 控件显示 customer 表的信息，页面显示效果自动套用格式"红糖"（见图 6.40）。

客户信息表							
CustomerCode	Name	Sex	Hometown	Email	Telephone	LoginDate	PassWord
1001	黎念青	男	北京市	lnq@sina.com	23478923	2017-03-09 0:00:00	lnq676789
1101	杨靖康	男	上海市	yangkang@126.com	63546546	2015-08-20 0:00:00	yjk345678
1201	陈志明	男	天津市	cheng@163.com	63243923	2016-12-23 0:00:00	czm123456

图 6.40　查询客户信息

（2）创建网站 S64_BookSearch，添加页面 BookSearch.aspx。按图书名称模糊查询图书，运行效果如图 6.41 所示，页面中的控件及其属性如表 6.16 所示。用户在文本框中输入字符串，单击"查询"按钮，在 GridView 控件中显示图书名称中包含该字符串的图书信息。

表 6.16　页面中的控件及其属性

控 件 名 称	属　　性	属 性 值
GridView1	AutoGenerateSelectButton	true
	RowStyle\HorizontalAlign	Center
	EmptydataText	暂无图书！
TextBox	Text	""
Button1	Text	查询

图 6.41　按图书名称模糊查询图书

（3）创建网站 S65_BookSortAvg，添加页面 BookSortAvg.aspx。按图书类别查询图书并统计该类图书的平均价格，运行效果如图 6.42 所示，页面中的控件及其属性如表 6.17 所示。

① 程序启动时，在下拉列表中显示图书类别名称。注意每个类别只显示一次。

② 选择某个图书类别，在 GridView 控件中按每页两条记录分页显示该类别的图书信息，在页面下端显示该类图书的平均价格。

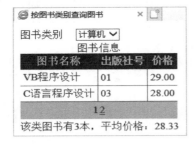

图 6.42　按图书类别查询图书

表 6.17　页面中的控件及其属性

控 件 名 称	属　　性	属 性 值
GridView1	AllowPageing	true
	PageSize	2
	EmptydataText	无此类图书！
	自动套用格式	大西洋
	PagerStyle/HorizontalAlign/Center	Center

3．创建以下网站添加到解决方案 sy6.sln 中，用"连接式"数据访问模式实现数据库应用程序。

（1）创建网站 S66_OrderDetail 中，添加页面 OrderDetail.aspx，实现订单详细信息维护（见图 6.43）。

① 程序启动时自动在 DropDownList 控件中显示订单号列表。

② 选择某订单号后单击"查询"按钮在 GridView 控件中显示该订单的详细信息。

③ 在 GridView 控件中选择一个订单，可添加、删除或修改该订单所订购的图书，在窗体底部显示操作状态的提示信息。

提示：用 SqlCommand.ExecuteNonQuery()方法实现更新。

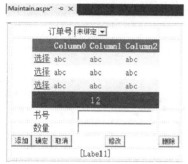 

（a）页面设计　　　　　　　（b）查看订单详情　　　　　　　（c）修改订单详情

图 6.43　订单详细信息维护

（2）创建网站 S67_BookDetail，添加页面 BookDetail.aspx，实现按图书名称查询图书信息（见图 6.44）。程序启动时，在下拉列表中自动显示图书名称，选择某本图书，将显示详细信息。

（3）创建网站 S68_BookSell，添加页面 BookSell.aspx，实现图书订购信息统计（见图 6.45）。给定书号查询该图书的名称、销售总量以及购买了该图书的订单数。

提示：使用 SqlCommand 对象实现"连接式"数据访问。用 ExecuteReader()方法执行 SQL 语句获取数据集"书号"填充到 DropDownList1 控件中；用 ExecuteReader()方法执行 SQL 语句获取包括图书名称和销售总量的单行数据；用 ExecuteScalar()方法执行 SQL 语句获取单一数值的订单数。

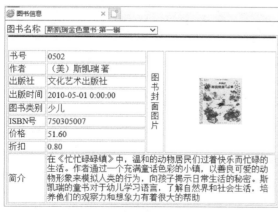

（a）页面运行效果　　　　　　　　　　　　（b）页面设计

图 6.44　查询图书详细信息

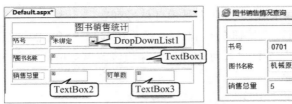

（a）页面设计　　　　　　　　　　（b）运行效果

图 6.45　图书销售信息统计

系统开发实用技术

在开发 Web 数据库应用系统时，需要考虑应用程序的运行速度、数据的一致性、系统的安全性等性能，还需要考虑页面风格设计的统一。本章介绍几种实用技术，以实现更优化和完善的应用程序。另外，介绍非关系型数据库 MongoDB 的应用实例。

7.1 视图、存储过程及事务应用

7.1.1 视图和存储过程的应用

视图和存储过程是建立在数据库中的可编程对象，使用它们不仅可以简化应用程序开发，而且由于是已经编译好的、可直接执行的 SQL 语句段，因此其执行效率高于客户端发出的 SQL 命令，且可避免在页面文件中暴露 SQL 代码，增强安全性。因此提倡大家在程序中使用可编程对象。

视图的使用方法与基本表完全相同，只是注意不能对多源视图进行更新操作。使用存储过程时只需要说明 MySqlCommand 对象的 CommandType 属性为 StoredProcedure 即可，其他与直接使用 SQL 命令基本相同。下面的例子演示视图和存储过程在程序中的使用方法。

【例 7.1】编程实现成绩录入功能。运行效果如图 7.1 所示：在下拉列表中选择课程号，将显示学习该课程的所有学生信息；选择某个学生，则在下部表格中显示该学生的主要信息；输入成绩后单击"确定"按钮，可修改成绩，单击"取消"按钮，将清空成绩。页面设计如图 7.2 所示。

演示视频

① 页面设计。页面上部为 DropDownList 控件；页面中间为 GridView 控件；在页面下部放置一个 Panel 控件，并调整到合适大小，在其上添加一个 Label 控件用于显示"输入成绩"，再添加一个 5 行 2 列的表格，在右列中分别添加三个 Label 控件和一个 TextBox 控件，在最下面一行中添加"确定"和"取消"按钮。

Panel 控件是一个容器控件，可承载其他控件，便于整体隐藏或显示。

② 在 e_learning 数据库中建立存储过程和视图。

存储过程 proc_coursecode() 从 course 表中查询所有课程号，用来填充下拉列表。

```
CREATE PROCEDURE proc_coursecode()
SELECT CourseCode FROM course
```

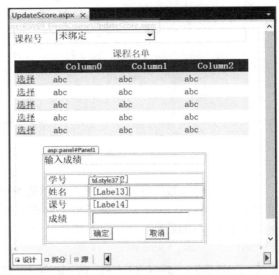

图 7.1　运行效果　　　　　　　　　　图 7.2　页面设计

视图 view_studentcourse 查询已选课程，信息来自三个表：student、courseenroll、course。

```
CREATE VIEW view_studentcourse AS
SELECT student.StudentCode AS  学号, StudentName AS  姓名, course.CourseCode AS  课程号,
        CourseName AS  课程名, Score AS  成绩
FROM student JOIN courseenroll ON student.StudentCode = courseenroll.StudentCode
JOIN course ON course.CourseCode = courseenroll.CourseCode
```

存储过程 proc_updatescore 根据学号和课程号修改学生成绩（三个参数）。

```
CREATE PROCEDURE proc_updatescore(stcode int, cscode char(4), sc float)
UPDATE courseenroll          -- 以 sc 值修改成绩
SET Score=sc
WHERE StudentCode=stcode AND CourseCode=cscode;
```

③ 程序的主要代码（省略网站创建和引用步骤）如下。

```
//公共变量数据库连接 cn
MySqlConnection cn = new MySqlConnection("server=localhost; database= e_learning; user id=root;
                                        password=1234");
//页面加载时，执行存储过程 proc_coursecode，为下拉列表添加课程号
protected void Page_Load(object sender, EventArgs e)
{
        if (!IsPostBack)          //若为回传消息而加载，则不执行
        {
                //创建 MySqlCommand 对象 cmd 并说明命令来自存储过程 proc_coursecode
                MySqlCommand cmd = new MySqlCommand();
                cmd.Connection = cn;
                cmd.CommandType = CommandType.StoredProcedure;
                cmd.CommandText = "proc_coursecode";
                //打开数据库连接，执行存储过程获得课程号
                cn.Open();
```

```
            MySqlDataReader rd= cmd.ExecuteReader();              //返回学号字段值
            //将 rd 中课程号数据绑定到 DropDownList1
            DropDownList1.DataSource = rd;                        //指定数据源 rd
            DropDownList1.DataTextField = rd.GetName(0);          //rd 的第 1 个字段名为下拉列表的值
            DropDownList1.DataBind();                             //与 rd 绑定
            cn.Close();                                          //关闭数据库连接
            Panel1.Visible = false;                              //隐藏 Panel1
        }
}
//从下拉列表中选课程号，查询视图 view_StudentCourse 获得选课名单，填充 GridView1
protected void DropDownList1_SelectedIndexChanged(object sender, EventArgs e)
{
        //创建 MySqlDataAdapter 对象，并说明访问 view_studentcourse 的 SQL 命令
        MySqlDataAdapter da = new MySqlDataAdapter("Select * From view_studentcourse
                                        Where  课程号=@Sccode",cn);
        da.SelectCommand.Parameters.AddWithValue("@Sccode", DropDownList1. SelectedValue);
        DataSet ds = new DataSet();
        da.Fill(ds,"StCs");
        GridView1.DataSource = ds.Tables["StCs"];
        GridView1.DataBind();
        Panel1.Visible = false;                                  //隐藏 Panel1
}
//在 GridView1 中选择某个学生，在下部表格中填充相关信息
protected void GridView1_SelectedIndexChanged(object sender, EventArgs e)
{
        Panel1.Visible = true;
        GridViewRow row = GridView1.SelectedRow;
        Label2.Text = row.Cells[1].Text;
        Label3.Text = row.Cells[2].Text;
        Label4.Text = row.Cells[3].Text;
        if (row.Cells[5].Text != " ")                       //如果成绩不为空
        {
            TextBox1.Text = row.Cells[5].Text;
        }
        else
        {
            TextBox1.Text = "";
        }
}
// "确定" 按钮，执行存储过程 proc_updatescore 修改成绩，并刷新 GridView1
protected void Button1_Click(object sender, EventArgs e)
{
        //创建 MySqlCommand 对象 cmd 并说明命令来自存储过程 proc_updatescore
        MySqlCommand cmd = new MySqlCommand();
        cmd.Connection = cn;
```

```
        cmd.CommandType = CommandType.StoredProcedure;
        cmd.CommandText = "proc_updatescore";
        cmd.Parameters.AddWithValue("@stcode", Label2.Text);
        cmd.Parameters.AddWithValue("@cscode", Label4.Text);
        cmd.Parameters.AddWithValue("@sc",TextBox1.Text);
        //打开数据库连接，执行存储过程修改成绩
        cn.Open();
        try
        {
            cmd.ExecuteNonQuery();
        }
        catch (MySqlException ex)                        //捕获 try 后的程序段执行异常
        {
            Label1.Text = ex.Message;
        }
        cn.Close();
        //从数据库中再次提取数据集，刷新 GridView1 显示更新后的数据
        MySqlDataAdapter da = new MySqlDataAdapter("Select * From view_ studentcourse
                                        Where  课程号=@Sccode", cn);
        da.SelectCommand.Parameters.AddWithValue("@Sccode", DropDownList1. SelectedValue);
        DataSet ds = new DataSet();
        da.Fill(ds, "StCs");
        GridView1.DataSource = ds.Tables["StCs"];
        GridView1.DataBind();
    }
    // "取消"按钮，清空"成绩"文本框
    protected void Button2_Click(object sender, EventArgs e)
    {
        TextBox1.Text = "";
    }
```

7.1.2   事务的应用

在数据库应用程序中，往往存在一些需要保证其原子性的数据库操作序列，本书第 5 章介绍了事务机制，就是将一组需要保证其原子性的数据库操作定义为事务。当事务执行完毕之后，它所包含的所有数据库操作要么全部成功执行被提交，要么全部被取消。

程序中使用 Connection、Transaction 和 Command 对象来控制事务，一般操作步骤如下。

① 创建一个 MySqlConnection 对象，建立与数据库的连接。

② 用 MySqlConnection 对象的 BeginTransaction()方法创建一个 Transaction 对象，启动事务。

③ 创建一个 MySqlCommand 对象，将其 Transaction 属性赋值为 Transaction 对象实例。

④ 执行事务的数据库操作命令，调用 Transaction 对象的 Commit()方法来提交事务；如果捕获异常，则调用 Rollback()方法来取消事务，即回滚对数据库所做的修改。

演示视频

【例 7.2】将学生选课的操作定义为一个事务。页面如图 7.3 所示：程序启动后，在左侧列表框中显示全部课程，右侧上方的下拉列表自动显示学号；选择学号后，在右侧下方的列表框中显示该学生已选的课程；在左侧选择某门课程，单击"选课"按钮执行事务完成选课（包括：将选课记录添加到 courseenroll 表中，然后将 course 表中的选课总人数 StudentNum 加 1），并刷新两个列表。

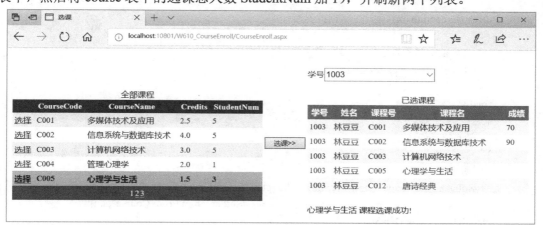

图 7.3　页面运行效果

① 页面设计。用一个 3×3 表格布局：左侧为 GridView1；中间为"选课>>"按钮；右侧上方为下拉列表，中间为 GridView2，下方为 Label1。

② 程序的主要代码（省略网站创建和引用步骤）：这里只给出全局变量和"选课>>"按钮的代码，其他代码参见"本书资源"。

```
//定义公共变量数据库连接对象 cn
MySqlConnection cn = new MySqlConnection("server=localhost; database= e_learning; user id=root;
                                          password=1234");
// "选课>>" 按钮，使用事务完成选课和修改选课总人数
protected void Button1_Click(object sender, EventArgs e)
{
    cn.Open();
    MySqlTransaction Trans = cn.BeginTransaction();   //创建名为 Trans 的 Transaction 对象
    MySqlCommand cmd = new MySqlCommand();
    cmd.Connection = cn;
    cmd.Transaction = Trans;                          //将 Trans 赋值给 SqlCommand 对象的 Transaction 属性
    try
    {
        //在 courseenroll 表中插入一条选课记录
        cmd.CommandText = "Insert Into courseenroll(StudentCode, CourseCode) Values(@stcode, @cscode)";
        cmd.Parameters.AddWithValue("@stcode", DropDownList1.SelectedValue);
        cmd.Parameters.AddWithValue("@cscode", GridView1.SelectedRow. Cells[1].Text);
        cmd.ExecuteNonQuery();
        //修改 course 表的人数
        cmd.CommandText = "Update course Set StudentNum=StudentNum+1
```

```
                                    Where CourseCode=@cscode";
            cmd.ExecuteNonQuery();
            //事务提交
            Trans.Commit();
            Label1.Text = GridView1.SelectedRow.Cells[2].Text + " 课程选课成功!";
        }
        catch (Exception ex)            //捕捉异常
        {
            Trans.Rollback();           //回滚事务
            Label1.Text = ex.Message;
        }
        finally
        {
            cn.Close();
        }
        //刷新 GridView1
        MySqlDataAdapter da = new MySqlDataAdapter("Select CourseCode, CourseName, Credits,
                                    StudentNum From Course", cn);
        DataSet ds = new DataSet();
        da.Fill(ds, "Cs");
        GridView1.DataSource = ds.Tables["Cs"];
        GridView1.DataBind();
        //刷新 GridView2
        da.SelectCommand.CommandText = "Select * From view_studentcourse Where 学号=@stcode";
        da.SelectCommand.Parameters.AddWithValue("@stcode", DropDownList1.SelectedValue);
        da.Fill(ds, "StCs");
        GridView2.DataSource = ds.Tables["StCs"];
        GridView2.DataBind();
}
```

以上代码中，cn.BeginTransaction()和 Trans.Commit()之间执行的两次数据库操作就构成了事务，它们作为一个整体被提交，如果其中有一次操作出错，异常就会被捕获，并且由 Trans.Rollback()撤销已完成的数据库操作，使数据库中的信息保持一致。

本例也可在存储过程中定义事务（无须用 Transaction 对象）。proc_courseenroll(stcode int, cscode char(4))的代码参见例 5.3，在程序中直接调用即可。

```
protected void Button2_Click(object sender, EventArgs e)
    {
        MySqlCommand cmd = new MySqlCommand();
        cmd.Connection = cn;
        cn.Open();
        try
        {
            //调用存储过程 proc_courseenroll()
            cmd.CommandType = CommandType.StoredProcedure;
            cmd.CommandText = "proc_courseenroll";
```

```
        cmd.Parameters.AddWithValue("@stcode", DropDownList1. SelectedValue);
        cmd.Parameters.AddWithValue("@cscode", GridView1. SelectedRow.Cells[1].Text);
        cmd.ExecuteNonQuery();
        Label1.Text = GridView1.SelectedRow.Cells[2].Text + "  课程选课成功!";
    }
    catch (Exception ex)                    //捕捉异常
    {
        Label1.Text = ex.Message;
    }
    finally
    {
        cn.Close();
    }
    //刷新 GridView1 和 GridView2（略）
}
```

7.2　多页面应用程序的实现

一个 Web 应用程序往往包括多个页面。多页面应用程序一般存在以下需求：① 多页面要保持风格一致使程序更友好；② 页面之间存在层次关系，需要导航；③ 跨页传值，使用户在多个页面间共享信息；④ 多个用户需要共享网站公共信息。

本节介绍支持多页面应用程序开发的相关技术，包括页面风格设计、导航控件的使用、配置信息文件 web.config 的使用及 Web 应用程序的状态管理。

7.2.1　页面风格设计

使用主题和母版可以统一网站的设计风格。母版用于网站内容布局的统一，主题则用于网站界面风格的统一。

1．使用母版统一内容布局

使用母版可以为多个页面创建风格一致的布局。先在母版中将公共的页面结构布局和内容设计好，再以母版为基础创建页面，根据不同内容替换可变的部分。使用母版创建的页面由两部分组成，即母版页和内容页。当用户请求页面时，母版页与某个内容页组合在一起后输出。

【例 7.3】使用母版页实现"e 学习"系统的个人中心页面，包括三个内容页：个人信息、我的课程、我的消息。

演示视频

① 新建网站，在解决方案资源管理器中右击该网站，从快捷菜单中选择"添加新项"命令，打开"添加新项"对话框，模板选择"母版页"，默认的文件名为 MasterPage.master。

② 编辑 MasterPage.master 文件，就像设计普通网页一样，将要在母版页上显示的信息或控件设计好，内容需要变动的地方就放置一个 ContentPlaceHolder 控件。

本例设计一个分为 5 部分的母版页：选择菜单命令"表→插入表"，插入一个 4 行 2 列的表格，如图 7.4（a）所示。最上一行合并单元格作为页眉，添加一个 Image 控件显示图片，将图片添加到页面中并设置 ImageUrl 属性；第二行填写"个人中心"；最下一行合并单元格作为页脚，Align 属性设置为 center，填写版权信息；第三行拉宽，左边纵向放三个 HyperLink 控件用于导航，它们的 Text 属性值分别为"个人信息""我的课程""我的消息"；在右边中间添加一个 ContentPlaceHolder1 控件，用来显示变化的内容页。

（a）母版页设计　　　　　　　　　　　　（b）内容页设计

图 7.4　页面设计

提示：对于表格边框，可以在属性窗口中设置 Border 属性为 1，还可以选择 style 属性，在"样式生成器"对话框中对表格进行样式设计。

为了使页眉和页脚文字居中，需要在 aspx 源代码中设置该行的 align="center"，Style 中的 width 属性为一个固定的值，例如本例中 width: 615px。

③ 应用母版页新建页面。右击项目，从快捷菜单中选择"添加→添加新项"命令，在"添加新项"对话框下方勾选"选择母版页"复选框（见图 7.5），将自动出现"选择母版页"对话框，选择要应用的母版页文件，出现页面设计窗口，如图 7.4（b）所示，页面的设计方法相同，只是限制在 ContentPlaceHolder 控件内进行。依次建立三个页面 PersonalInfo.aspx、MyCourses.aspx、MyMessage.aspx，母版会跟随所有页面。

图 7.5　应用母版页新建页面

④ 设置超链接导航。为三个 HyperLink 控件的 NavigateUrl 属性选择特定页面完成导航设置（见图 7.6）。例如，"个人信息"超链接将导航到 PersonalInfo.aspx 页面。

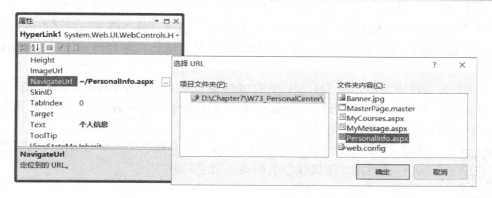

图 7.6 设置超链接导航

⑤ 运行程序，单击超链接时，页面框架不变，只有内容区域在切换。

2. 使用层叠样式表统一界面风格

层叠样式表（Cascading Style Sheets，CSS）是一系列格式规格，用于控制网页内容的外观，如字体、排版、背景、边框和超链接样式等，弥补 HTML 的不足，起到风格和排版定位作用，还可实现页面格式的动态更新。

在网页中嵌入 CSS 有两种方法：一种是直接将"页面元素{样式属性：值}"内嵌到 HTML 文档中，称为内嵌 CSS；另一种是建立单独的 CSS 文件存放格式设计，称为外部 CSS。前者在设计页面时可直接进行可视化风格设计。当两者出现重叠定义时，前者优先级高于后者。

【例 7.4】使用内嵌 CSS 实现"e 学习"系统的个人中心页面风格设置（见图 7.7）。

① 复制例 7.3 项目。

② 在"设计"视图下，选中需要定义样式的部分（一个或多个区域）进行设置。在母版页左栏的超链接导航区域右击，从快捷菜单中选择"属性→Style"命令，在"修改样式"对话框中进行设置（见图 7.8）。字体：font-family 为华文隶书，font-size 为 large；背景：background-colors 为淡绿色；定位：width 为 54px。

演示视频

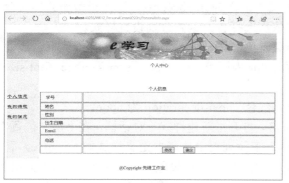

图 7.7 页面风格

图 7.8 样式设置

③ 在中间的"个人信息"内容页中，选中表格，打开"修改样式"对话框进行设置。背景：background-color 为淡黄色；块：text-indent（文本缩进）为 15px；边框：选择 outset（外面）。

本例针对表格中的单元格（HTML 中的 td 标签）进行简单的样式设置。HTML 页面中的各种标签如<h>标题、<p>段落、<form>表单等都可以进行样式设置。另外，对页面元素在不同状态下的风格也可以进行设置。

【例 7.5】使用外部 CSS 实现"e 学习"系统的个人中心页面风格设置（见图 7.7），并且增加超链接导航的动态响应风格。

① 复制例 7.4 项目。

② 在母版页设计状态下，选择菜单命令"格式→新建样式"，打开"新建样式"对话框（见图 7.9），在"定义位置"下拉列表中选择"新建样式表"，在"选择器"下拉列表中选择 td，进行样式设置。字体：font-family 为"微软雅黑"；背景：淡紫色。单击"应用"按钮后单击"是"按钮，将样式应用到该页面上。然后单击"确定"按钮，将在项目中自动生成一个 StyleSheet.css 文件，打开该文件可看到样式说明（见图 7.10）。

演示视频

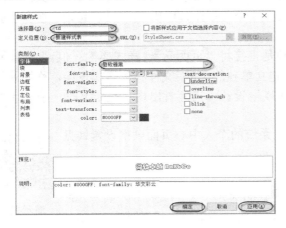

图 7.9　样式设置

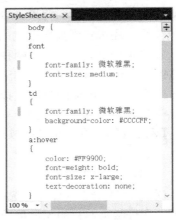

图 7.10　CSS 文件

③ 设置超链接的外观和单击效果。打开"新建样式"对话框，在"定义位置"下拉列表中选择"现有样式表"，在"URL"下拉列表中选择 StyleSheet.css，这样新增加的样式会追加到该文件中。在"选择器"下拉列表中依次选择各元素并分别设置样式。

A:link（链接）的样式：字体的 color 为深蓝色、text-decoration 为 underline（下画线）。

A:hover（鼠标指针悬停）的样式：字体的 color 为橘色、text-decoration 为 none、font-size 为 large、font-weighted 为 bold。

A:active（选中）的样式：字体的 color 为红色、text-decoration 为 none。

④ 设置"个人信息"内容页的文本框风格。打开"新建样式"对话框，在"定义位置"下拉列表中选择"新建样式表"，在"选择器"下拉列表中选择自定义样式类 textstyle，背景色设置为淡灰色，字体的 font-family 设置为"楷体"、大小设置为 medium。单击"应用"按钮，然后单击"确定"按钮，生成 StyleSheet2.css 文件。在设计窗口中设置各 TextBox

控件的 cssClass 属性为 textstyle，则所有文本框都将应用该风格。

⑤ 运行程序，观察效果（见图 7.11）。除了在例 7.4 中内嵌 CSS 设置的左栏导航区域超文本字体和颜色没变，表格中其他的文字字体都显示为微软雅黑，背景为淡紫色。鼠标指针移到左栏某个超文本上时，其字号变大，颜色变为橘色；单击该超文本时，其颜色变为红色。文本框背景为浅灰色，文字字体为楷体。

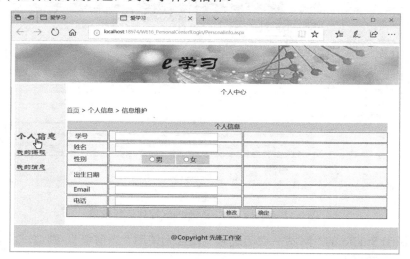

图 7.11　CSS 样式效果

一个 CSS 文件可被多个页面采用，在例 7.4 和例 7.5 中，设计风格时进行了应用。后续要应用某个 CSS 文件，只需在该页面的 head 标签内增加外部样式引用说明即可，例如：

```
<link href="StyleSheet.css" rel="stylesheet" type="text/css" />
```

提示：读者在熟悉 CSS 以后，可直接打开 CSS 文件进行样式添加或修改，使用右键快捷菜单命令添加"样式规则"后再"生成规则"。

3. 使用导航控件实现多级导航

一个 Web 站点包含很多页面，这些页面之间存在着层次结构关系，前面的例子使用了超链接进行导航。当层级多时，使用 Menu、SiteMapPath 导航控件更方便。

（1）Menu 控件 　Menu

Menu（菜单）控件用于创建导航菜单。菜单有静态和动态两种显示模式，静态模式的菜单项始终是完全展开的，动态模式的菜单项需要单击才能展开。设置 StaticDisplayLevels 属性可以指定静态显示的级别，超过级别的菜单为动态显示。

【例 7.6】在例 7.5 网站中增加首页和密码修改页面，使用 Menu 控件实现 5 个页面三级导航菜单（见图 7.12 左栏）。

① 以母版页为基础再建立两个页面，分别命名为 Index.aspx、Password.aspx。

提示：可以通过复制已有网页的方式快速创建新网页。在例 7.5 的网站中，右击 PersonalInfo.aspx 文件，从快捷菜单中选择"复制"命令，然后选中目标

演示视频

项目，右击，从快捷菜单中选择"粘贴"命令，可建立一个页面副本，相关的 aspx.cs 文件也将被复制过来，将其重命名为 Password.aspx。

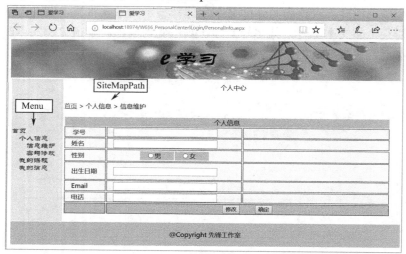

图 7.12 Menu 和 SiteMapPath 控件运行效果

如果 Visual Studio 的"网站→启动选项"设置为使用"当前页"，则调试、运行程序时，以当前页面为启动页面。

② 在母版页左侧放置一个 Menu 控件替换原来的超链接，设置 StaticDisplayLevels 属性为 3 或 2。单击 Menu 控件右上角任务列表中的"编辑菜单项"命令，在弹出的"菜单项编辑器"对话框中添加菜单项（见图 7.13）：利用"添加根项"按钮可以添加根菜单项"首页"，利用"添加子项"按钮可以添加其他菜单项，利用其他按钮可以调整各菜单项的层次和顺序。

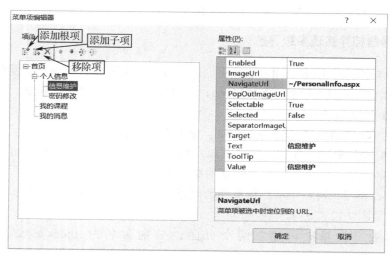

图 7.13 添加菜单项

提示：若 StaticDisplayLevels 属性设为 3，则静态显示 3 级菜单，效果如图 7.12 所示；

若设为 2，则静态显示 2 级菜单，单击后显示第 3 级。

在"菜单项编辑器"的"属性"区中设置各菜单项的属性值，Text 为菜单项的显示文本，NavigateUrl 为导航页面的 URL，Target 设置页面的打开方式，其中"_blank"表示在新窗口中打开。

③ 单击 Menu 任务栏列表的"自动套用格式"命令，可选择样式进行美化。

④ 页面运行后，单击菜单项可展开子菜单或导航到菜单项对应的页面。

（2）SiteMapPath 控件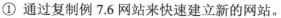

SiteMapPath 控件会显示一个导航路径（也称为面包屑导航），以显示用户当前在网站中所处的位置，并提供向上跳转的链接。SiteMapPath 控件需要使用来自站点地图文件中的导航数据，这些数据包括网站中的网页信息及其层次结构信息。

【例 7.7】在例 7.6 的网站中添加 SiteMapPath 控件，实现浏览位置显示和导航（见图 7.12）。

演示视频

① 通过复制例 7.6 网站来快速建立新的网站。

② 在解决方案资源管理器中，右击项目，从快捷菜单中选择"添加新项"命令，打开"添加新项"对话框，模板选择"站点地图"，会新增一个站点地图文件 Web.sitemap。

③ 打开 Web.sitemap 文件，可以看到以 XML 的形式描述了站点的基本结构框架，用来说明各页面 URL、标题、描述及其在导航层次结构中的位置等。编辑该文件使其反映本例中页面的结构信息。下面代码描述了包含 5 个页面文件的站点地图。

```
<?xml version="1.0" encoding="utf-8" ?>
<siteMap xmlns="http://schemas.microsoft.com/AspNet/SiteMap-File- 1.0" >
    <siteMapNode url="~/Index.aspx" title="首页"  description="">
        <siteMapNode url="" title="个人信息"  description="">
            <siteMapNode url="~/PersonalInfo.aspx" title="信息维护"  description="" />
            <siteMapNode url="~/Password.aspx" title="密码修改"  description="" />
        </siteMapNode>
        <siteMapNode url="~/MyCourses.aspx" title="我的课程"  description=""/>
<siteMapNode url="~/MyMessage.aspx" title="我的消息"  description=""/>
    </siteMapNode>
</siteMap>
```

④ 在各页面文件中分别添加 SiteMapPath 控件，它自动显示导航信息，包括根节点与当前节点之间的所有页面，形式是横向排列并以">"分隔每个链接，方便向父节点导航。

⑤ 运行程序，可以通过上例的 Menu 控件导航，也可通过 SiteMapPath 控件导航，它们会同步展示相关信息。图 7.12 显示用户正位于"首页>个人信息>信息维护"页面。

4．使用验证控件进行数据有效性检查

输入有效的数据对于减少后期数据处理错误和保证数据库数据质量非常重要。验证控件用于校验用户输入数据的有效性，通常作为 TextBox 等控件的辅助控件。它使用简单，不用编写程序代码就可实现验证。如果输入数据不符合限定，则显示一条提示信息。

常用的验证控件有以下几个，各控件的常用属性如表 7.1 所示。

① RegularExpressionValidator：判断输入的表达式是否正确，如电话、邮编、URL 等。

② RangeValidator：判断输入的值是否在某一特定范围内。

③ CompareValidator：比较两个输入控件之间数据的一致性，同时也可以用来校验控件中内容的数据类型，如整型、字符串型等。

④ RequiredFieldValidator：保证所验证的字段值不为空。

表 7.1　验证控件的常用属性

控　件	属　性	描　述
所有验证控件	ControlToValidate	要进行检查的控件 ID
所有验证控件	ErrorMessage	不合法时出现的错误提示信息
RegularExpressionValidator	ValidationExpression	验证表达式："."表示任意一个字符；"*"表示和其他表达式一起，表示任意组合；"[A-Z]"表示任意大写字母；"\d"表示任意一个数字
RangeValidator	MinimumValue	有效范围的最小值
RangeValidator	MaximumValue	有效范围的最大值
RangeValidator	Type	指定要比较的值的数据类型
CompareValidator	ControlToCompare	设置进行比较的控件

演示视频

【例 7.8】对例 7.7 的信息维护页面和密码修改页面进行有效性检查（见图 7.14、图 7.15）。

① 在各文本框后放置有关验证控件并设置属性（见表 7.2）。

② 生成"确定"按钮的事件过程框架（无须程序代码）。

图 7.14　个人信息验证

图 7.15　密码一致验证

表 7.2　验证控件的相关属性设置

控　件	属　性	值
RequiredFieldValidator1	ControlToValidate	TextBoxStudentCode
RequiredFieldValidator1	ErrorMessage	学号不能为空！
RequiredFieldValidator2	ControlToValidate	TextBoxStudentName
RequiredFieldValidator2	ErrorMessage	姓名不能为空！
RequiredFieldValidator3	ControlToValidate	RadioButtonListGender
RequiredFieldValidator3	ErrorMessage	必选一项！

续表

控　件	属　性	值
RegularExpressionValidator1	ControlToValidate	TextBoxBirthday
	ErrorMessage	生日数据格式 "****-*-*"
	ValidationExpression	\d{4}\-(\d{2}|\d{1})\-(\d{2}|\d{1})
RangeValidator1	ControlToValidate	TextBoxBirthday
	ErrorMessage	1990-1-1~2018-1-1 之间
	Type	Date
	MaximumValue	2018-1-1
	MinimumValue	1990-1-1
RegularExpressionValidator2	ControlToValidate	TextBoxEmail
	ErrorMessage	E-mail 格式应为*@*.*
	ValidationExpression	\w+([-+.']\w+)*@\w+([-.]\w+)*\.\w+([-.]\w+)*
RegularExpressionValidator3	ControlToValidate	TextBoxTelephone
	ErrorMessage	只能包含数字!
	ValidationExpression	\d+
CompareValidator1	ControlToValidate	TextBoxNewPWConfirm
	ControlToCompare	TextBoxNewPW
	ErrorMessage	密码不一致!

③ 运行程序，输入各数据项，单击"确定"按钮，如果有不符合验证要求的数据，则在相关文本框后立即显示预先设置的错误提示信息。

7.2.2　页面信息共享

在一个 Web 应用程序中，浏览器通过 HTTP 协议与 Web 服务器进行通信。HTTP 是一种无连接（服务器处理完客户端请求并收到客户端应答后就断开连接）、无状态（对于每次连接处理不记录状态）的通信协议。客户端发送的每个请求均被 Web 服务器视为新的请求，都会创建网页类的一个新实例，在呈现给浏览器后丢弃该实例。HTTP 这种设计的出发点是为了更快地响应更多用户的请求，但这种设计带来一个问题：一个请求产生的信息对下一个请求不可用。在实际应用中，完成一个业务往往需要多个步骤且涉及多个页面，每步都可能导致页面的刷新或提交，从而产生新的请求，丢失上一次的信息。

为了维护某步操作中所产生的信息，使页面间甚至用户间共享信息，ASP.NET 提供了应用程序状态管理技术，包括客户端状态管理和服务器端状态管理。

1．利用 web.config 文件共享数据源信息

web.config 文件用于服务器端状态管理。它是一个在 Web 服务器端的 XML 文本文件，可存放网站的个性化配置信息、应用程序的一些常量和环境设置量。新建一个网站时，根

目录自动创建一个默认的 web.config 文件，所有的子目录都继承它的配置设置。每个子目录也可以单独建立一个 web.config 文件，说明该目录中文件的相关配置信息。子目录的配置设置优先级高于上级目录。

（1）数据源信息添加

在 web.config 文件中保存数据源配置信息，可以避免在源程序代码中直接书写，更加安全，而且可以被该网站项目中的多个文件公用。具体实现方法是：在<configuration>节点中增加<connectionStrings>子节点，添加<add>元素，然后按照连接字符串格式输入即可。

```
<configuration>
  <connectionStrings>
    <add name="e_learningConnectionString" connectionString="server=localhost;user id=root;
          password=1234; database=e_learning"
      providerName="MySql.Data.MySqlClient" />
  </connectionStrings>
...
</configuration>
```

这里 connectionString 是连接字符串说明，name 是对该连接字符串的命名，程序中将以该名称使用连接字符串。如果有多个数据源就加多个<add>元素。

如果觉得手工添加麻烦，可借助 SqlDataSource 控件自动生成。操作过程如下：

① 首先需要确定系统中已经安装 Visual Studio 2015 对应的 mysql-for-visualstudio-1.2.8。

② 在 Login 页面中放置一个 SqlDataSource 控件（"工具箱→数据"），单击右上角的"🔲"按钮，展开任务列表，选择"配置数据源"命令（见图 7.16），打开配置数据源向导（见图 7.17）。

图 7.16　SqlDataSource 任务列表

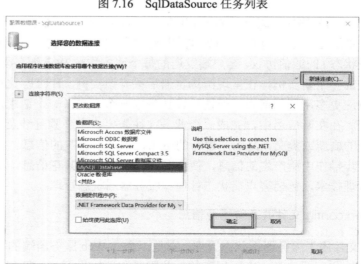

图 7.17　配置数据源向导

③ 单击"新建连接"按钮，在弹出的对话框中选择数据源"MySQL Database"，确定后进入"添加连接"页面（见图 7.18）。服务器名称填写 localhost，若用户名和密码正确，则在 Database name 下拉列表中可以选择数据库 e_learning。单击"测试连接"按钮，如果提示成功，则说明数据源连接正确。单击"确定"按钮返回向导，单击"连接字符串"旁的"┼"按钮，可以看到生成的连接字符串。

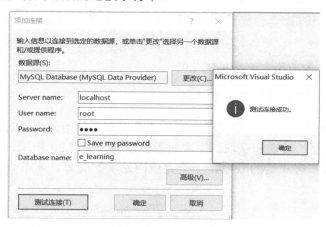

图 7.18　添加数据源连接

④ 单击"下一步"按钮进入如图 7.19 所示的页面，系统询问是否将连接字符串保存到应用程序配置文件（即 web.config）中，在文本框中可以为此连接命名，也可采用系统自动命名。

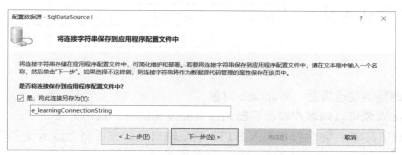

图 7.19　保存数据源连接并命名

⑤ 单击"下一步"按钮直到完成，将在 web.config 文件中生成<connectionStrings>节点。

⑥ 完成配置后，在设计页面中删除 SqlDataSource1 控件。

（2）数据源信息提取

需要访问数据库的页面可以从 web.config 文件中提取数据源信息。首先需要在程序头添加以下引用：

```
using System.Configuration;
```

具体获取流程如下：

```
ConnectionStringSettings Settings;                //定义连接字符串变量 Settings
//提取连接字符串
Settings = ConfigurationManager.ConnectionStrings["e_learningConnectionString"];
if (Settings != null)                             //如果连接字符串不为空则访问数据库
{
    //用连接字符串创建连接
    SqlConnection cn= new SqlConnection(Settings.ConnectionString);
    …
}
```

web.config 文件的应用实例参见例 7.9。

2. 利用 ASP.NET 内置对象共享信息

ASP.NET 提供了一些无须定义和实例化就可以直接使用的内置对象，可以方便地实现页面间信息的保存、传递和获取。主要对象及功能如图 7.20 所示，它们可归为两类：一类完成服务器端和客户端的联系，一类完成网站状态管理。本节介绍几个常用的服务器端对象。

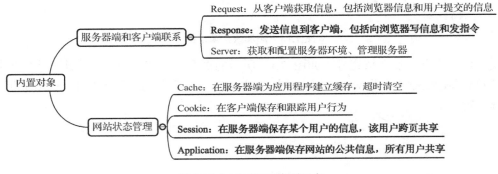

图 7.20　ASP.NET 内置对象

（1）向浏览器发送信息：Response 对象

Response 对象可以向客户端浏览器当前页面发送信息，常用方法如下。

➢ Write(字符串)：将字符串写入 HTTP 响应输出流，在页面上显示该字符串信息。

➢ Redirect(URL)：将客户端重定向到新的网址。

➢ End()：终止 ASP.NET 程序的运行。

（2）用户跨页信息共享：Session 对象

Session 对象用来在服务器端存储跨网页的信息，支持用户在站内各网页间共享信息。一个 Session 对象好像一个容器，网站中的任何页面都可以向其添加多个任何类型的数据，而在需要数据的页面中随时读取，或根据情况移除。主要操作命令如下。

➢ 添加数据项：Session["项名"]=值　或者　Session.Add("项名",值)。

➢ 读取数据项：Session["项名"]。

➢ 移除数据项：Session.Remove["项名"]移除某项，Session.RemoveAll()移除所有项。

例如：Session["UserName"]="王红"将一个新项 UserName 及其值"王红"添加到 Session

对象中，任何页面使用 Session["UserName"]都可获取用户名"王红"。

服务器为每个连接的客户端自动建立一个独占的 Session 对象，其有效范围为整个网站，有效时间从用户打开浏览器访问该网站开始，到关闭浏览器或者访问超时结束。

关闭浏览器退出网站，程序会结束 Session 对象；如果设置了 Session.TimeOut 属性（以分钟计，默认 20 分钟），那么用户超过该时间没有页面动作，服务器也会结束该 Session 对象；也可在需要结束的地方调用 Session.Abandon()方法。

提示：Session 对象与特定用户相关联，它使不同用户可用相同项名来保存各自的值；Session 对象中可以放任何类型的变量，且无大小限制，在数据库程序中甚至可存放数据集 DataSet、DataTable 等对象。但要注意 Session 对象占用服务器的内存，占用的空间大小和时间长度都会影响服务器性能。

演示视频

【例 7.9】 在例 7.8 的程序中，增加一个登录验证页面（见图 7.21）。如果验证通过，则跳转到"我的课程"页面（MyCourses.aspx），显示该用户选课信息（见图 7.22）。

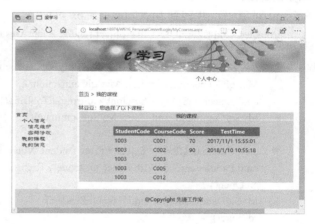

图 7.21　登录验证　　　　　　　　　图 7.22　"我的课程"页面

1）因为本例中多个页面都需要访问 e_learning 数据库，所以将连接字符串定义存放到 web.config 文件中：

```
<connectionStrings>
    <add name="e_learningConnectionString" connectionString="server= localhost;user id=root;
            password=1234; database=e_learning"
        providerName="MySql.Data.MySqlClient" />
</connectionStrings>
```

2）添加 login.aspx 页面，如图 7.21 所示。各事件过程代码如下。

① 在程序头添加引用。

```
using System.Data;
using MySql.Data.MySqlClient;
using System.Configuration;              //添加配置对象引用，才能访问 web.config 文件
```

② Login 页面加载时从 web.config 文件中提取连接字符串，保存到 Session 对象中供所有页面访问。

```
protected void Page_Load(object sender, EventArgs e)
{
    //从 web.config 文件提取连接字符串
    ConnectionStringSettings Settings;           //定义连接字符串变量 Settings
    Settings = ConfigurationManager.ConnectionStrings["e_learningConnectionString"];
    //提取连接字符串
    if (Settings != null)                        //如果连接字符串不为空则访问数据库
    {
        Session.Add("cnString", Settings.ConnectionString);
        //保存连接字符串到 Session 的 cnString 中
        TextBoxCode.Focus();                     //学号文本框获得输入焦点
    }
}
```

③ 单击"确定"按钮进行密码验证。首先从 Session 对象中提取连接字符串，然后根据学号从数据库中查询获得密码，与用户输入密码进行比对，若正确则保存学号和姓名到 Session 对象中，并转到 MyCourses.aspx 页面。

```
protected void ButtonOK_Click(object sender, EventArgs e)
{
    //从 Session 读取连接字符串，创建 MySqlConnection 对象
    MySqlConnection cn = new MySqlConnection();
    cn.ConnectionString = Session["cnString"].ToString();
    MySqlCommand cmd = new MySqlCommand();        //创建 cmd 对象并说明 SQL 命令和添加参数
    cmd.Connection = cn;
    cmd.CommandText = "Select * From student Where StudentCode=@stcode";
    cmd.Parameters.AddWithValue("@stcode", TextBoxCode.Text);
    cn.Open();
    MySqlDataReader rd=cmd.ExecuteReader();        //执行 SQL 命令获得学生表前向只读数据流
    rd.Read();                                    //读取一行
    if (rd.HasRows)          //找到该学生，将用户输入的密码与数据库返回的密码进行比对
    {
        if (TextBoxPassword.Text == (string)rd["Password"]) //判断密码是否正确
        {
            //保存学号到 Session 的 UserCode 项中
            Session.Add("UserCode", TextBoxCode.Text);
            //保存姓名到 Session 的 UserName 项中
            Session.Add("UserName", rd["StudentName"]);
            Response.Redirect("MyCourses.aspx");       //密码正确，跳转到选课页面
        }
        else
        {
            Response.Write("密码错误!");                //输出出错信息
            TextBoxPassword.Text = "";                 //清空密码
        }
    }
    else                                          //如果未找到该学生，则报告消息
```

```
            {
                Response.Write("该生不存在!");                     //报告该学生不存在
                TextBoxCode.Text = "";                            //清空学号
                TextBoxPassword.Text = "";                        //清空密码
            }
            rd.Close();
            cn.Close();
        }
```

④ MyCourses.aspx 页面加载时，读取 Session 对象中的 UserName，显示带有学生姓名的个性化提示语，读取 Session 对象中的 UserCode 按学号从数据库中查询该学生已选课信息后列表显示。

```
protected void Page_Load(object sender, EventArgs e)
{
    LabelMessage.Text = Session["UserName"] + ":您选择了以下课程:"; //从 Session 中获得 UserName
    //从 Session 中获得连接字符串，创建数据库连接对象 cn
    MySqlConnection cn = new MySqlConnection(Session["cnString"]. ToString());
    //创建数据适配器对象 da 并使用 SQL 命令访问选课表，参数值来自 Session 中的 UserCode
    MySqlDataAdapter da = new MySqlDataAdapter("Select * From courseenroll
                                          Where StudentCode=@stcode",cn);
    da.SelectCommand.Parameters.AddWithValue("@stcode", Session ["UserCode"]);
    //打开数据库连接，并填充 ds 的 CourseList 表
    cn.Open();
    DataSet ds = new DataSet();
    da.Fill(ds, "CourseList");
    cn.Close();
    //将 GridView1 绑定 ds 的 CourseList 表
    GridView1.DataSource = ds.Tables["CourseList"];
    GridView1.DataBind();
}
```

⑤ 单击"退出"按钮结束程序。

```
protected void ButtonExit_Click(object sender, EventArgs e)
{
    Response.End();        //结束 ASP.NET 程序
}
```

（3）全站用户信息共享：Application 对象

Application 对象用来在服务器端保存网站的公共信息，任何一个用户都可以读写其中的信息，而且信息可持久保存，直到关闭或重启服务器。例如，在网络聊天室中所有用户需要同时查看交流信息，网站访问计数器也是 Application 对象的典型应用。

一个 Application 对象可以保存多个任何类型的数据。主要操作命令如下。

➤ 添加数据项：Application["项名"]=值　或者　Application.Add("项名",值)。

➤ 修改数据项值：Application.Set("项名",值)。

➤ 读取数据项：Application["项名"]。

➤ 移除数据项：Application.Remove("项名",值)。

➢ 锁定和解锁全部数据项：Application.Lock()和 Application.UnLock()。

通常，在整个网站应用程序启动的 Application_Start()事件中会初始化一些数据项，用于以后共享访问。Application_Start()事件过程一般存放在全局应用程序类 Global.asax 文件中。

每个网站仅可包含一个 Global.asax 文件，在网站根目录下创建，也称为 ASP.NET 应用程序文件，它包含应用程序级别事件的代码。当启动一个应用程序时，会先读取 Global.asax 文件，执行其中的 Application_Start()事件处理代码。

【例 7.10】在例 7.9 登录页面中增加一个网站计数器，显示访客数（见图 7.23）。

演示视频

图 7.23　网站计数器

① 右击项目，从快捷菜单中选择"添加新项"命令，打开"添加新项"对话框，模板选择"全局应用程序类"，即可在根目录中添加一个 Global.asax 文件。

② 在 Global.asax 文件的 Application_Start()事件过程中添加如下代码，向 Application 对象添加初始值为 0 的 Count 数据项，用来记录访客数。

```
void Application_Start(object sender, EventArgs e)
{
    Application["Count"] = 0;    //将访客数 Count 添加到 Application 对象中，并初始化为 0
}
```

③ 在 Login.aspx 页面中增加一个标签 LabelCounter，在 Page_Load()中添加代码实现累计加 1 并显示总和的功能。

```
protected void Page_Load(object sender, EventArgs e)
{
    Application.Lock();                                    //锁定 Application 对象，禁止其他用户访问
    Application["Count"] = (int)Application["Count"] + 1;//计数器 Count 加 1
    Application.UnLock();                                  //解锁 Application 对象
    LabelCounter.Text = "您是本站第 " + (int)Application["Count"] + " 位访客。";  //显示计数器值
}
```

提示：Application.Lock()方法锁定 Application 对象，避免多个用户同时修改其中的变量，修改完成后，使用 Application.UnLock()解除锁定。

7.3 非关系型数据库应用

在以用户为中心的 Web 2.0 应用（如博客、社交网络、内容管理等）中，对读写一致性和实时性要求不高，一般也不需要做复杂的关联查询，因此，关系数据库的主要特性往往无用武之地。而且关系数据库伸缩性差，不适合数据增长迅速的大数据应用。

7.3.1 NoSQL 数据库概述

NoSQL，意思是 Not Only SQL，泛指非关系型数据库，用于存储和处理半结构与非结构化数据。它凭借其易用性、高性能、可靠性和数据模型灵活等特点获得互联网应用的青睐。本节简单介绍一个 NoSQL 数据库——MongoDB 的使用方法。

1. NoSQL 数据模型及特点

NoSQL 数据库并没有统一的数据模型，各类产品的数据存储方式不相同，适用场景也有差异，主要可以归为 4 种。

（1）键值对存储

采用键值对（Key-Value）模型存储，值可以是字符串、列表、集合等各种类型。数据缓存在内存中，周期性写入磁盘。其优势在于简单、易部署，但查询或更新效率低。例如，Redis、MemCache 等，适用于图像、基于键的文件系统和对象缓存，以及设计可扩展的系统。

（2）列存储

通常用来应对分布式存储的海量数据。键仍然存在，但是它们可指向多个列，形成稀疏矩阵形式，例如，Cassandra、HBase 等，适合存储网络爬虫的结果大数据等。

（3）文档存储

将层次化的数据结构（如 JSON）直接存储，可存储复杂数据类型，比采用键值对存储方式的数据库的查询效率更高，例如，MongoDB、CouchDB 等，适合高度变化的复杂数据类型、文档搜索、互联网内容管理等应用。

（4）图存储

使用灵活的图形模型，并且能够扩展到多个服务器上，例如，Neo4j、AllegroGraph 等，适合关联性要求高的问题，如社交网络、欺诈侦察等应用。

NoSQL 数据库具有以下特点：

➤ 数据模型简单、灵活。数据间无关系性，带来了很高的读写性能；可以随时存储自定义的数据格式，扩展数据库。而在关系数据库里，增删字段很麻烦。

➤ 高可用性和伸缩性。通过复制模型可以将数据分布部署在成本低廉的 PC 集群上；支持动态增加、删除服务器节点，可以随时控制硬件投入成本。

NoSQL 可用于海量数据处理和灵活多变的业务，但不适合需要高度数据一致性的系统，因为它仅可保证数据最终一致性，无法保证实时一致性。

2. MongoDB 数据模型

MongoDB 是一个基于文档的开源非关系型数据库，是 NoSQL 中功能最丰富、最像关系数据库的一个产品。MongoDB 以 JSON 数据格式为基础存储数据。

（1）JSON 数据格式

JSON（JavaScript Object Notation，JS 对象标签）是一种数据交换格式，采用完全独立于编程语言的文本格式来表示数据。简明清晰的层次结构使它不仅易于人阅读和编写，也易于机器生成和解析。

① 键值对：JSON 将数据以"键值对"的形式书写，即"键:值"。"键"必须是字符串，"值"可以是任何数据类型，相当于一个属性对应一个值。例如，某人姓名是"王红"可表示为键值对：name:"王红"。

② JSON 对象：将多个"键值对"用逗号分隔有序地写在花括号中，就构成了 JSON 对象。例如，{name:"王红"，age:17}是一个 JSON 对象。

"键值对"中的值可以是整型、实型、字符串型等简单数据类型，也可以是数组，甚至可以是另一个 JSON 对象。例如，{p1:{name: "王红"，age:17},p2:{name:"戴明"，age:19}}。

（2）MongoDB 数据结构

MongoDB 以 BSON（Binary-encoded JSON）格式存储非结构化数据。BSON 扩展了 JSON 来更好地支持数据操作。这里我们只需要理解 JSON 就可以了。在 MongoDB 中，数据结构不需要事先定义，直接使用 JSON 对象即可，键名可以自由定义，非常灵活，而且各 JSON 对象之间没有关联。

MongoDB 数据库涉及以下基本概念。

① 文档（Document）：对应一个 JSON 对象，是 MongoDB 的最小存储单位，相当于关系数据库中的一行记录。注意，JSON 对象中的"键值对"是有序的，如图 7.24 所示的两个文档不相等。

② 集合（Collection）：多个文档就构成了集合，类似于关系数据库中的表。集合是无模式的，也就是说，不同模式的文档可以放在一个集合中。图 7.25 是一个集合，其中三个文档的模式完全不同。在实际使用中，用户可以根据管理和查询的需要灵活选择如何划分集合。

③ 数据库（Database）：一个数据库由多个集合组成（见图 7.26），这些集合可存放在不同的磁盘文件中，这些文件可分布式存储在多台不同计算机中。

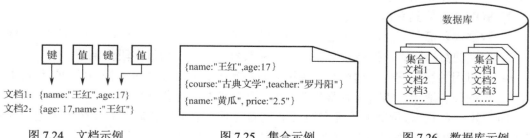

图 7.24　文档示例　　　　图 7.25　集合示例　　　　图 7.26　数据库示例

如图 7.27 所示的关系数据库，学生有关信息分别存放在 4 个表中：学生、地址、成绩、课程。为加快针对学生信息的检索，可以建立一个 MongoDB 数据库（见图 7.28），将这些信息进行层次化存储。

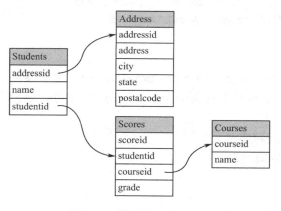

图 7.27　关系数据库示例　　　　　　　　　　图 7.28　文档数据库示例

7.3.2　MongoDB 应用实例

1.　安装 MongoDB

下载后直接解压安装。下载地址 https://www.mongodb.com/download-center#community。
　　MongoDB 自带交互式 JavaScript Shell，支持交互式操作和管理，在客户端直接运行命令，可立即看到返回的执行结果。这里介绍调试程序时常用的几个交互命令。使用 help 命令可查看帮助。
　　>show dbs：查看 MongoDB 服务器下的所有数据库。
　　>use 数据库名：打开/建立数据库，若存在，则打开数据库；否则建立并打开。注意，要操作某个数据库，需要先打开它。
　　>db.集合名.insert（文档）：向当前数据库的一个集合中插入文档，若集合不存在，则先创建它。
　　>db.集合名.find({key:value})：查询符合条件{key:value}的文档，若无参数，则查询所有文档。
　　【例 7.11】用交互命令向 school 数据库的 student 集合中插入两个学生文档，然后进行查询。

演示视频

```
>use school                        //打开 school 数据库
switched to db school
//向 student 集合中插入一个学生文档
>db.student.insert({stcode:1101,stname:"Tom",age:18})
WriteResult({"nInserted":1})
//向 student 中再插入一个学生文档
>db.student.insert({stcode:1102,stname:"Mary",score:98})
WriteResult({"nInserted":1})
>db.student.find()                 //查询显示所有学生文档
```

```
{ "_id":ObjectId("57c66700…"),"stcode":1101, "stname":"Tom","age":18}
{ "_id":ObjectId("57c667e5…"),"stcode":1102, "stname":"Mary", "score": 98}
>db.student.find({stname:"Mary"});          //根据学生姓名查询显示该学生信息
{ "_id":ObjectId("57c667e5…"),"stcode":1102, "stname": "Mary", "score": 98}
```

2. 下载 MongoDB 的 C#驱动

下载地址 http://github.com/mongodb/mongo-csharp-driver/downloads。本书案例使用的安装包是 CSharpDriver-1.7.0.4714.zip，解压缩后获得两个主要驱动.dll 文件，后续在程序中引用即可。

➤ MongoDB.Driver.dll：数据库驱动程序。
➤ MongoDB.Bson.dll：BSON 相关驱动程序。

3. MongoDB 应用实例

演示视频

【例 7.12】访问 MongoDB 数据库实现公告发布和浏览功能。单击"发公告"按钮，页面显示如图 7.29 所示，输入信息后单击"发布"按钮将信息保存到数据库中；单击"看公告"按钮，页面显示如图 7.30 所示，输入时间后单击"查询"按钮，可查出当天发布的最后一条记录，修改内容后单击"修改"按钮即可修改公告，单击"删除"按钮可从数据库中删除该公告。

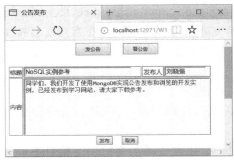

图 7.29　公告发布

图 7.30　公告浏览

① 新建一个项目，添加一个 Web 窗体 Notice，添加 MongoDB 的 C#驱动程序相关引用（见图 7.31）。

图 7.31　添加 MongoDB 的 C#驱动程序相关引用

② 页面设计。页面顶端放置"发公告"和"看公告"按钮，下部两个 Panel 控件分别用两个表格进行布局，其中 Panel2 的 Visible 属性初始值为 false。各编辑区域为 TextBox 控件。

③ 程序完整代码如下：

```
using System;
using System.Collections.Generic;
using System.Linq;
using System.Web;
using System.Web.UI;
using System.Web.UI.WebControls;
using MongoDB.Driver;                              //引用 MongoDB 驱动
using MongoDB.Bson;                                //引用 BSON 驱动
public partial class Notice : System.Web.UI.Page
{
    public MongoServer server;                     //服务器变量
    public MongoDatabase db;                       //数据库变量
    public MongoCollection col;                    //文档集合变量
    //定义要插入的数据的模型类 Message
    public class Message                           //消息类 Message 定义
    {
        public ObjectId _id;                       //类属性，对应 MongoDB.Bson.ObjectId
        public DateTime PublishTime { get; set; }  //类方法，获得或设置 PublishTime
        public string Publisher { get; set; }      //类方法，获得或设置 Publisher
        public string Title { get; set; }          //类方法，获得或设置 Title
        public string Content { set; get; }        //类方法，获得或设置 Content
    };
    //页面加载时创建数据库连接，读取或创建数据库 Notices 中的文档集合 Msg
    protected void Page_Load(object sender, EventArgs e)
    {
        //创建与 Mongo 数据库服务器的连接
        MongoClient client = new MongoClient("mongodb://127.0.0.1:27017");
        MongoServer server = client.GetServer();
        db = server.GetDatabase("Notices"); //获取 Notices 并赋值给数据库变量 db，若没有则新建一个
        col = db.GetCollection("Msg");       //从 db 中获取 Msg 并赋值给变量 col，若没有则新建一个
    }
    //单击"发公告"按钮显示 Panel1
    protected void ButtonPublish_Click(object sender, EventArgs e)
    {
        Panel1.Visible=true;
        Panel2.Visible = false;
    }
    //单击"看公告"按钮显示 Panel2
    protected void ButtonCheck_Click(object sender, EventArgs e)
    {
        Panel1.Visible = false;
```

```
            Panel2.Visible = true;
    }
    //单击"发布"按钮向数据库的 Msg 中添加文档
    protected void ButtonAdd_Click(object sender, EventArgs e)
    {
        var msg1 = new { PublishTime = DateTime.Now.ToString("yyyy-MM-dd"),
                            Publisher = TextBoxPublisher.Text, Title = TextBoxTitle.Text,
                            Content=TextBoxContent.Text };
        col.Insert(msg1);                                       //插入文档
        Response.Write("<script>alert('消息已成功发布')</script>");    //提示
        TextBoxContent.Text = "";
        TextBoxTitle.Text = "";
    }
    //单击"取消"按钮清空各显示文本框
    protected void ButtonCancel_Click(object sender, EventArgs e)
    {
        TextBoxPublisher.Text = "";
        TextBoxContent.Text = "";
        TextBoxTitle.Text = "";
    }
    //单击"查询"按钮根据发布时间查找文档
    protected void ButtonSearch_Click(object sender, EventArgs e)
    {
        var query = new QueryDocument { { "PublishTime", TextBoxTime. Text} };
        var result = col.FindOneAs<Message>(query);           //查询指定条件的第一条数据
        if (result != null)
        {                                                      //取出整条记录值，显示各项
            TextBoxTitle1.Text = result.Title;
            TextBoxContent1.Text = result.Content;
            TextBoxPublisher1.Text = result.Publisher;
        }
        else
        {                                                      //清空各项
            TextBoxTitle1.Text = "";
            TextBoxContent1.Text = "";
            TextBoxPublisher1.Text = "";
        }
    }
    //单击"修改"按钮在数据库中根据当前消息标题修改内容
    protected void ButtonUpdate_Click(object sender, EventArgs e)
    {
        //查询条件
        var query = new QueryDocument { { "Title", TextBoxTitle1.Text } };
        var update = new UpdateDocument { { "$set", new QueryDocument { { "Content",
                            TextBoxContent1.Text} } } };;        //修改内容说明
```

```
        col.Update(query, update);                            //执行更新操作
        Response.Write("<script>alert('消息已更新')</script>");
    }
    //单击"删除"按钮从数据库中根据当前消息标题删除该条消息
    protected void ButtonDelete_Click(object sender, EventArgs e)
    {
        //定义获取 Title 值作为当前标题的查询条件
        var query = new QueryDocument { { "Title", TextBoxTitle1.Text } };
        col.Remove(query);                                    //执行删除操作
        Response.Write("<script>alert('消息已删除')</script>");
        TextBoxTime.Text = "";
        TextBoxTitle1.Text = "";
        TextBoxPublisher1.Text = "";
        TextBoxContent1.Text = "";
    }
}
```

实验与思考

实验目的： 了解在程序中使用视图、存储过程和事务的方法；掌握多页面应用程序实现时统一页面风格和页面信息共享的方法；体验非关系型数据库 MongoDB 的使用方法。

实验环境及素材： Visual Studio 和 MySQL，数据库脚本文件 bookstore.sql。

1. 创建网站，使用视图和存储过程及事务，并将这些网站保存为解决方案 sy7.sln。

（1）创建网站 S71_Cost，按客户号查询客户购买的图书信息并统计该客户的消费总额（见图 7.32）。

提示： 首先需要在 bookstore 数据库中建立有关视图和存储过程，包括查询所有客户号的存储过程、查询客户购书明细信息的视图、统计每位客户的消费总额视图。

（a）页面运行效果　　　　　　　　　　　　　　　（b）页面设计

图 7.32　按客户号查询订单和统计消费总额

（2）创建网站 S72_OrderDetail，用存储过程实现第 6 章实验与思考题目 3 之（1）中的订单详细信息维护（见图 6.43）。

提示： 在 bookstore 数据库中建立存储过程。根据订单号查询订单详情；根据订单号修改书号和数量；根据订单号和书号删除记录；添加订单，参数包括订单号、书号和总量。

（3）创建网站 S73_DeleteOrder，将订单撤销的相关操作定义为一个事务。程序启动后，

下拉列表自动显示订单号，选择订单号后在 GridView1 中显示该订单信息，在 GridView2 中显示订单的详细内容。单击"删除"按钮执行事务（见图 7.33）删除订单。

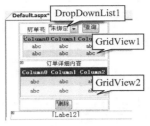
（a）页面设计

（b）订单不能删除的运行效果

（c）订单成功删除的运行效果

图 7.33　删除订单时的页面运行效果

提示：用 Connection、Transaction 和 Command 对象来控制事务。操作序列包括，如果该订单处于"待处理"状态，则先删除 OrderDetail 表中的订单详细信息，再删除 Order 表中的订单信息。

2．创建一个网站 S74_BookShop 添加到解决方案 sy7.sln 中。综合应用第 6 章和第 7 章有关知识，用多页面应用程序实现网上书店的图书管理和订购功能。具体要求如下。

（1）在 web.config 文件中保存访问 bookstore 数据库的方法，所有页面都要从 web.config 文件中获取连接字符串信息。

提示：可手工添加，也可以使用 SqlDataSource 对象辅助完成。

（2）使用母版页统一页面布局。

提示：使用母版页及导航菜单控件 Menu 和 SiteMapPath。

（3）用数据库的 customer 表中的客户号和密码进行登录验证，登录页面如图 7.34（a）所示。要求：使用验证控件检查客户号不能为空，且只能包含 4 位数字。

提示：使用验证控件 RequiredFieldValidator 和 RegularExpressionValidator；根据用户名查询 customer 表来获取密码，与输入的密码进行比较。

（4）登录验证成功后进入首页，显示"欢迎**进入网上书店"，并显示该客户的个人信息、信用评价信息、已经购买的图书列表，如图 7.34（b）所示。

提示：在第（3）题的登录页面中用 Session 对象保存客户号，重定向页面到首页；首页加载时，在 Page_Load() 中提取 Session 对象中的客户号，查询获取该客户的个人信息、信用评价和已购图书信息，用三个 GridView 控件显示出来。

（5）选择菜单项"首页→账户管理"，可以对个人信息进行维护，如图 7.34（c）所示。

（6）选择菜单项"首页→图书查询"，可以按照图书名称模糊查询图书，如图 7.34（d）所示。

（7）选择菜单项"首页→图书购买"，可添加订单，也可为订单增加、修改和删除图书，如图 7.34（e）、（f）所示。

3．创建一个网站 S75_MongoDB 添加到解决方案 sy7.sln 中，实现以下功能。

用程序创建一个 MongoDB 数据库，用于保存客户特惠标准表 privilegestandard 的信息——VIPClass 和 Discount，并实现查询和维护功能（见图 7.35）。

（a）登录页面

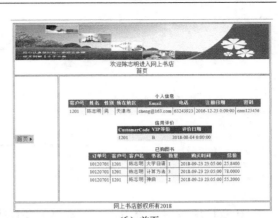

（b）首页

（c）个人信息维护

（d）图书查询

（e）新增订单

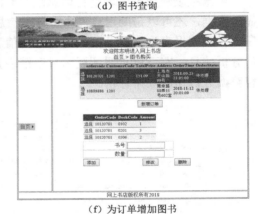

（f）为订单增加图书

图 7.34　网上书店运行效果

图 7.35　客户特惠标准表

第8章

数据可视化分析

在数据库应用系统中，一些数据需要以报表或图表的形式显示或打印，以帮助用户汇总、分析和解释重要信息。特别是，如果需要对大数据集进行深度分析和利用，数据可视化是观察和发现数据特性与选择建模方法的基础。本章介绍使用开源数据可视化组件 ECharts 在网页中实现数据图表的方法。

8.1 数据图表概述

8.1.1 ECharts 数据图表基础

1. 认识数据报表和数据图表

数据报表和数据图表是将信息汇总输出或打印的一种表现形式，不仅可以集中、分类显示数据，还可以帮助用户进一步分析信息。如图 8.1 所示是一个产品销售数据分析页面，左上以数据报表形式展示区域销售分析信息；其他为数据图表：右上以柱状图展示门店销售分析信息，左下以折线图展示月度销售分析信息，右下以柱状图展示按品类和商品的销售数据分析 Top10 排行榜。

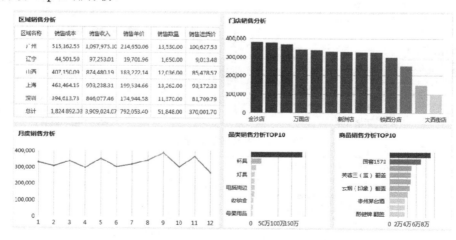

图 8.1 产品销售数据分析页面

2. ECharts

ECharts 是百度公司采用 JavaScript 语言实现的一个开源可视化库，支持个性化定制数据图表。ECharts 支持直接传入包括数组、二维表和 JSON 等多种格式的数据，通过简单设置就可以完成从数据到图形的映射，并在 Web 页面中展示出来。

ECharts 常用图表类型如图 8.2 所示。它支持常用的柱状图（条形图）、折线图（面积图）、散点图、K 线图、饼图（环形图）、雷达图（填充雷达图）、和弦图、力导布局图等，还支持基于地图的数据展示，以及商务智能中常用的仪表盘和漏斗图等。另外，它也支持多图表、组件的联动和混搭展现，支持深度交互式数据探索和多维、动态数据展示。

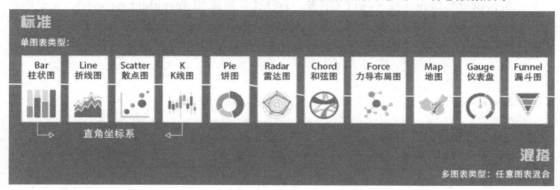

图 8.2　ECharts 常用图表类型

组件下载和使用方法：进入官网 http://echarts.baidu.com，找到相应版本下载并解压缩后将 build\dist 目录下的内容复制到有关项目中即可直接使用。本书实例采用 ECharts-2.2.7 版本。

3. JavaScript 简介

JavaScript 是一种用于 Web 应用开发的脚本语言，通过嵌入 HTML 中实现自身功能，常用来为网页添加动态功能，为用户提供更流畅美观的浏览效果。同其他语言一样，JavaScript 脚本语言有它自己的基本数据类型、表达式、算术运算符及程序的基本框架。

（1）在 HTML 中嵌入 JavaScript

在 HTML 的 body 或 head 部分可嵌入 JavaScript 脚本，脚本内容放在<script> 与</script> 标签之间。可以在 HTML 文档中放入任意数量的脚本。

【例 8.1】在 HTML 中嵌入 JavaScript 脚本，实现动态交互。

① 嵌入 JavaScript 脚本。新建一个空网站 W81_JavaScript，添加一个 Web 窗体 Default.aspx，切换到"源"视图，在 HTML 源代码的 body 部分增加 JavaScript 脚本：用 Document 对象的 write()方法向网页输出内容。运行程序，页面加载时，JavaScript 向 HTML 的 <body>标签中输出文本，页面显示如图 8.3 所示。

演示视频

```
<!DOCTYPE html>
  <html>
    <body>
      <script>
        document.write("<h1>嵌入 JavaScript 脚本</h1>"); //以一级标题输出
        document.write("没想到这么容易啊");
      </script>
    </body>
  </html>
```

② 嵌入自定义函数。在 body 部分继续增加代码。首先通过<button></button>标签增加一个"单击这里"按钮（或者通过工具箱"HTML"组添加 Input(button)控件），设定单击事件 OnClick 调用 JavaScript 脚本定义的函数 myFunction(name,job)，带入两个实参'林豆豆'和'同学'。alert()方法用于显示带有指定消息的警告框。单击按钮的运行结果如图 8.4 所示。

图 8.3　使用 JavaScript 在页面中输出文本　　　　图 8.4　调用自定义函数

```
<!DOCTYPE html>
<html>
    <body>
        <!--此处为步骤①中 body 内的代码-->
        <p></p>
        <button OnClick="myFunction('林豆豆','同学')">单击这里</button>        //调用函数
        <script>
            function myFunction(name,job)                                    //自定义函数
            {
                alert("欢迎  " + name + job);
            }
        </script>
    </body>
</html>
```

（2）把 JavaScript 脚本保存到外部文件中

可以把 JavaScript 脚本保存到扩展名为.js 的外部文件中，这样代码就可被多个网页使用。在需要使用外部文件的页面中，将<script>标签的 src 属性值设置为.js 文件即可。

在例 8.1 中增加一个包含 myFunction()函数定义脚本的外部文件 myScript.js；新建一个 Web 窗体 Default2.aspx，在代码中直接调用该函数。

① 在解决方案资源管理器中右击网站，从快捷菜单中选择"添加新项"命令，打开"添加新项"对话框，模板选择"JScript 文件"，修改名称为 myScript.js。打开 myScript.js 空白

文件，将 myFunction()函数定义脚本复制到其中，保存文件。

　② 添加一个新窗体，并在<head></head>标签中增加脚本引用说明。

　③ 在 body 代码中调用函数。

```
<!DOCTYPE html>
<html>
    <head>
        <script src="myScript.js"></script>
    </head>
    <body>
        <p>外部 js 使用</p>
        <button OnClick="myFunction('林豆豆','同学')">单击这里</button>    //调用函数
    </body>
</html>
```

　④ 将 Default2.aspx 作为起始页面运行，可得到与图 8.4 相同的结果。

4. JSON 数据格式

在 ECharts 中，数据图表的属性设置采用 JSON 格式，一些数据内容也可采用 JSON 格式。有关 JSON 数据格式的说明见 7.3.1 节。

在 JavaScript 中定义 JSON 类型变量最简单的方式是将 JSON 对象赋值给一个变量：

```
var 变量名=JSON 对象
```

例如：

```
var p1={name:"王红",age:18};
var students = [{name:"王红"， age:18}, {name:"王小明"， age:19}];
```

8.1.2　实现静态数据图表

1. ECharts 数据图表实现方法

下面通过一个简单的柱状图实例介绍采用 ECharts 实现数据图表的方法和步骤。柱状图用柱体高度表示数量大小，并按顺序排列。柱状图常用于展示数据的大小和比较数据之间的差别。

【例 8.2】用柱状图显示各课程平均成绩（见图 8.5），单击某项显示平均分提示。

　① 新建网站 W82_Bar，将下载的 ECharts 包解压，复制"build\dist"文件夹及其下所有内容；在解决方案资源管理器中，右击网站，从快捷菜单中选择"粘贴"命令，然后修改 build 文件夹名称为 echarts（见图 8.6）。

演示视频

　② 添加一个 Web 窗体，命名为 Bar.aspx。在设计窗口中，从工具箱的"HTML"组中拖动一个 Div 控件放置在页面中，并调整到合适大小，设置属性 ID 值为 main，将在此绘制 ECharts 数据图表。也可以直接在 body 部分用下面语句定义一个指定高和宽的区域块。

```
<div id="main" style="height:400px; width: 600px;"></div>
```

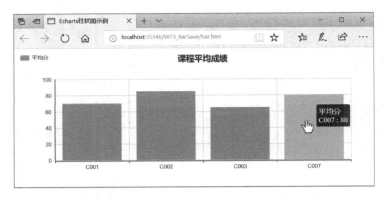

图 8.5 课程平均成绩柱状图

图 8.6 网站目录

③ 在 body 部分用<script>标签引入 echarts-all.js 外部文件，然后标识新脚本块开始。

```
<script src="echarts/dist/echarts-all.js"></script>
<script type="text/javascript">
```

④ 初始化图表。

```
var myChart = echarts.init(document.getElementById("main"));
```

⑤ 设置 option 配置项，即图表的属性，包括图表元素属性和数据内容属性。option 采用 JSON 格式，可包含多个选项，每个选项又有多个元素，这里仅列举常用选项的部分元素（见表 8.1）。其中前几项为绘图说明，最后一项 series 数据系列属性值是一个数组，用于驱动图表生成。不同类型的图表数据格式略有不同。本例中 option 的设置见 Bar.aspx 的完整代码，注意各选项结尾处需加 "，"，最后一项可省略。

表 8.1　option 常用选项说明

类　　别	名　　称	说　　明
title 标题	图表标题	
	text	主标题文本，'\n'指定换行
	x	水平位置，可选：'center'、'left'、'right'、{number}（x 坐标，单位 px），默认'left'
	subtext	副标题文本，'\n'指定换行
tooltip 提示框	鼠标指针悬浮交互时的信息提示	
	show	显示策略，可选：true（显示）或 false（隐藏）
	trigger	触发类型，可选：'item'、'axis'，默认'item'，即数据触发
legend 图例	图上各种符号和颜色所代表内容与坐标的说明	
	orient	布局方式，可选：'horizontal'、'vertical'，默认'horizontal'
	x	水平位置，可选：'center'、'left'、'right'、{number}（x 坐标，单位 px），默认'center'
	data	图例内容数组，数组项通常为{string}，每项代表一个系列的 name，默认[]
xAxis x 轴	直角坐标系中的横轴	
	type	坐标轴类型，可选：'category'、'value'、'time'、'log'，默认'category'
	data	坐标轴文本标签数组。数组项通常为文本，'\n'指定换行

类　　别	名　　称	说　　明
yAxis y 轴	直角坐标系中的纵轴	
	type	坐标轴类型，可选：'category'、'value'、'time'、'log'，默认'value'
	data	坐标轴文本标签数组。数组项通常为文本，'\n'指定换行
series 数据系列	驱动图表生成的数据数组，每项代表一个系列的选项及数据，各类图表略有不同	
	name	系列名称
	type	图表类型，必需参数！可选：'line'（折线图）、'bar'（柱状图）、'scatter'（散点图）、'k'（K 线图）、'pie'（饼图）、'radar'（雷达图）、'chord'（和弦图）、'force'（力导布局图）、'map'（地图）等
	data	系列中的数据内容数组

⑥ 为 ECharts 对象加载数据，并说明脚本块结束。

```
myChart.setOption(option);
</script>
```

Bar.aspx 文件中<body></body>标签内的完整代码如下。

```
<body>
    <!--第 1 步：为 ECharts 准备一个指定大小（宽高）的 Dom -->
    <div id="main" style="height:300px; width: 600px; "></div>
    <!--第 2 步：ECharts 单文件引入-->
    <script src="echarts/dist/echarts-all.js"></script>
    <script type="text/javascript">
        //第 3 步：初始化图表
        var myChart = echarts.init(document.getElementById("main"));
        //第 4 步：设置 option 配置项
        var option = {
            title: {text: '课程平均成绩',x:'center'},      //标题水平居中
            tooltip: {},                                //鼠标指针悬浮交互时的信息提示由数据触发
            //图例垂直布局在左侧，数据为"平均分"
            legend: {orient: 'vertical',x: 'left', data: ['平均分']},
            xAxis:{data:["C001","C002","C003","C007"]},      //x 轴标签数组
            yAxis:{},                                       //y 轴标签数组
            series: [                                       //驱动图表生成的数据系列
                {
                    name: '平均分',                          //数据系列名称
                    type: 'bar',                           //图表类型为柱状图
                    data: [70,85,65,80]                    //数据系列的数据内容
                }
            ],
        };
        //第 5 步：为 ECharts 对象加载数据
        myChart.setOption(option);
    </script>
```

```
</body>
```

2. 图表的浏览和导出

在数据图表上可以添加工具箱，工具箱内置的工具有：数据区域缩放、数据视图、重置、动态类型切换、导出图片，可以方便用户以不同形态查看图表或导出和保存图表。

演示视频

【例 8.3】为例 8.2 绘制的图表增加工具箱（见图 8.7），并使用"导出图片"工具保存图表。

复制例 8.2 网站，修改名称为 W83_BarSave，在 option 中添加如下 toolbox 图表元素说明，便可在图表旁显示工具箱。

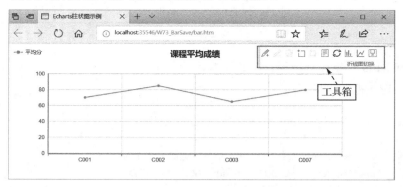

图 8.7　ECharts 工具箱

```
toolbox: {
    show: true,
    feature:
    {
      mark: {show: true },                        //辅助线标志
      dataZoom: {show: true },                    //数据框选区域缩放
      dataView: {show: true, readOnly: false },   //数据视图
      restore: {show: true },                     //恢复初始图表
      magicType: {                                //动态类型切换
                  show: true,
                  type: ['bar', 'line']           //柱状图和折线图
                 },
      saveAsImage: { show: true }                 //保存图片
    }
}
```

单击"⤳"按钮可切换为如图 8.7 所示折线图，折线图用线条描述事物的发展变化及趋势；单击"⏸"按钮可切换为柱状图；单击"☰"按钮可查看数据视图；单击"⬚"按钮可对选中区域进行缩放。

单击"⊡"按钮可展示图片，再次单击可下载并保存图片文件，图片文件格式为.png。

8.2　图表分析实例

8.2.1　展示数据库数据

例 8.3 使用图表展示了一组静态数据。在实际应用中，经常需要展示从数据库中动态获取的数据。可以利用后台程序访问数据库获取数据并转换为图表需要的数据格式，传递给 HTML 页面由 ECharts 展示。本节前台程序直接使用后台公共变量传递的数据进行同步绘图，这种方法简单直接。

演示视频

【例 8.4】从 e_learning 数据库中获取课程平均成绩，绘制柱状图如图 8.8 所示，数据视图如图 8.9 所示。

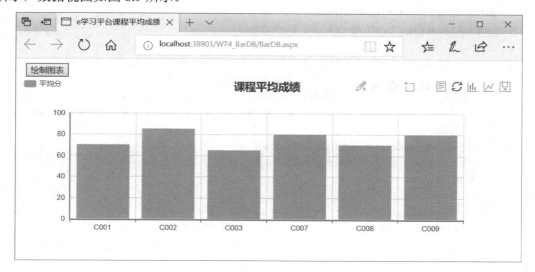

图 8.8　课程平均成绩柱状图

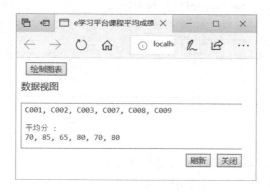

图 8.9　课程平均成绩数据视图

新建一个空网站 W84_BarDB，添加 Web 窗体 BarDB.aspx，然后分别对前、后台进行编程。

（1）后台数据准备

在项目中添加 MySQL 引用，在 BarDB.aspx.cs 代码文件的 Page_Load 事件过程中访问 e_learning 数据库，并将获得的数据转换为绘制柱状图所需要的格式。本例需要的数据是两个数组：课程号数组['课程号 1','课程号 2',…] 和对应的平均分数组[分 1,分 2,…] 。

在 Page 类头部定义两个公共变量 CourseData 和 ScoreData，它们由前台页面 BarDB.aspx 和后台文件 BarDB.aspx.cs 共享，实现数据传递。Page_Load 事件过程将从数据库中获取的字段值依次与字符串 CourseData 和 ScoreData 进行连接，构造出用字符串描述的两个数组。完整代码如下（省略头部引用部分）。

```
public partial class BarDB : System.Web.UI.Page
{
    //定义公共变量（前后台共享），存放从数据库中获取的课程号、平均分数组的字符串
    public string CourseData, ScoreData;
    protected void Page_Load(object sender, EventArgs e)
    {
        MySqlConnection cn = new MySqlConnection("server=localhost; database=e_learning;
                                    user id=root;password=1234");
        MySqlCommand cmd = new MySqlCommand("Select CourseCode,avg(score) From courseenroll
                                    Group By CourseCode Having avg(Score) Is Not Null", cn);
        cn.Open();
        MySqlDataReader rd = cmd.ExecuteReader();
        /*构造 JSON 字符串：CourseData='['课程号 1','课程号 2'…]'和 ScoreData='[分 1,分 2…]'*/
        if (rd.HasRows)
        {
            CourseData="[";                       //课程号字符串初始化
            ScoreData = "[";                       //平均分字符串初始化
            while (rd.Read())                      //依次读入 rd 的记录添加到数组字符串中
            {
                CourseData=CourseData+"'"+rd.GetString(0)+"',";    //添加课程名
                ScoreData=ScoreData+rd.GetString(1)+",";           //添加平均分
            }
            CourseData = CourseData + "]";
            ScoreData = ScoreData + "]";
        }
        rd.Close();
        cn.Close();
    }
}
```

（2）前台页面绘图

① 在网站中添加 ECharts 支持包（见图 8.6）。

② 页面设计。从工具箱的"HTML"组中拖动一个 Input(button)控件放置到页面的左上角，设置属性 Value 值为"绘制图表"；在下边放置一个 Div 控件并调到合适的大小，设置属性 ID 值为 main。

③ 定义 JavaScript 函数绘图。将例 8.3 中的绘图代码定义为一个带有两个参数的函数

myFunction(d1, d2)。d1 为 *x* 轴标签数组，d2 为数据内容。在 body 起始处加入以下代码。

```
<!-- ECharts 单文件引入-->
<script src="echarts/dist/echarts-all.js"></script>
<script type="text/javascript">
<!--自定义带传入参数的 ECharts 绘图函数-- >
function myFunction(d1, d2)
{
    var myChart = echarts.init(document.getElementById("main"));
    //初始化图表
    var option = {                                   //设置 option 属性
        title: { text: '课程平均成绩', x: 'center' },      //标题水平居中
        tooltip: {},                                 //鼠标指针悬浮时的信息提示由数据触发
        legend: { orient: 'vertical', x: 'left', data: ['平均分'] },
        //图例垂直布局，左侧显示"平均分"
        xAxis: { data: d1 },                         //x 轴标签数组
        yAxis: {},                                   //y 轴标签数组
        toolbox: {
            show: true,
            feature:
                {
                    mark: { show: true },                      //辅助线标志
                    dataZoom: { show: true },                  //数据框选区域缩放
                    dataView: { show: true, readOnly: false }, //数据视图
                    restore: { show: true },                   //恢复原始图表
                    magicType: {                               //动态类型切换
                    show: true,
                    type: ['bar', 'line']
                        },
                    saveAsImage: { show: true}                 //保存图片
                }
        },
        series: [                                    //驱动图表生成的数据系列
            {
                name: '平均分',                          //数据系列名称
                type: 'bar',                         //图表类型为柱状图
                data: d2                             //数据系列的数据内容
            }
        ]
    }
    myChart.setOption(option);                       //为 ECharts 对象加载数据
}
</script>
```

以上代码与例 8.3 基本相同，只有两点差别：

➤ 绘图的所有语句都放到自定义函数 myFunction(d1, d2)中，以便事件过程调用。

➢ 在设置 option 属性时，将 xAxis 和 series 属性中的 data 元素值分别替换为 d1 和 d2，即：使用函数调用时传递的实参值来绘图。

④ 双击"绘制图表"按钮，在"源代码"视图中，可看到 Button1 的事件过程。

```
<input id="Button1" type="button" value="绘制图表" OnClick="return Button1_OnClick()" />
```

将 OnClick 事件过程替换为 myFunction 函数调用，即：

```
OnClick="myFunction(<%=CourseData%>,<%=ScoreData%>)"
```

其中，<%=CourseData%>、<%=ScoreData%>获得后台公共变量 CourseData 和 ScoreData 传递的数据值。

⑤ 运行程序，即可得到如图 8.8 所示的运行结果，单击"▤"按钮可查看数据视图。

8.2.2 可视化数据分析

业务系统中积累了大数据集合，进行深度分析和挖掘可以发现潜在的信息，进而提供决策支持服务。一种简单有效的方法是使用合适的图表展示数据，使用户直观地获得数据对象之间的相关性信息，进一步可选用有关数学模型和机器学习方法进行建模预测。

1. 用饼图进行数据分布分析

饼图又称环形图，描述总体的样本值构成比。它以一个圆的面积表示总体，以各扇形面积表示一类样本占总体的百分数。饼图可以直观地反映出部分与部分、部分与整体之间的数量关系。

【例 8.5】使用饼图展示各成绩等级的人数分布（见图 8.10）。A 等：大于或等于 90 分；B 等：80～89 分；C 等：70～79 分；D 等：60～69 分；E 等：小于 60 分。

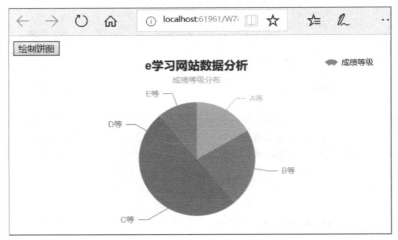

图 8.10　各成绩等级的人数分布

演示视频

新建一个空网站 W85_PieDB，添加 Web 窗体 PieDB.aspx，然后分别对前、后台进行编程。

（1）后台数据准备

绘制饼图需要的 JSON 数组格式：[{name:"A 等",value:3},{name:"B 等",value:5}…]，数组中每个 JSON 对象描述一个成绩等级的人数。完整代码如下（省略头部引用部分）：

```
public partial class Default2 : System.Web.UI.Page
{
    //前、后台共享的变量，存放描述各成绩等级人数的 JSON 数组
    public string ClassData;
    protected void Page_Load(object sender, EventArgs e)
    {
        MySqlConnection cn = new MySqlConnection("server=localhost;
                database=e_learning; user id=root;password=1234");
        MySqlCommand cmd = new MySqlCommand("Select Score From courseenroll
                                Where Score Is Not Null", cn);
        cn.Open();
        MySqlDataReader rd = cmd.ExecuteReader();
        int a = 0, b = 0, c = 0, d = 0, f = 0;          //各等级人数初始值
        int score = 0;                                  //临时存放获取的某个成绩
        if (rd.HasRows)                                 //依次读入 rd 的记录统计各等级人数
        {
            while (rd.Read())
            {
                score = int.Parse(rd.GetString(0));     //获取成绩转为整数
                switch (score / 10)
                {
                    case 10:a = a + 1; break;
                    case 9: a = a + 1; break;
                    case 8: b = b + 1; break;
                    case 7: c = c + 1; break;
                    case 6: d = d + 1; break;
                    default: f = f + 1; break;
                }
            }
        }
        //转换成 JSON 格式的字符串 ClassData，JSON 数组元素
        String classA = "{name: 'A 等', value:" + a + "},";
        String classB = "{name: 'B 等', value:" + b + "},";
        String classC = "{name: 'C 等', value:" + c + "},";
        String classD = "{name: 'D 等', value:" + d + "},";
        String classE = "{name: 'E 等', value:" + f+ "}";
        ClassData = "[" + classA + classB + classC + classD + classE + "]";
        rd.Close();         //关闭 rd
        cn.Close();         //关闭 cn
    }
}
```

（2）前台页面绘图

代码中 button1 的 OnClick 事件调用自定义函数 myPie(d1)，参数 d1 用于接收后台程序传递来的数据 ClassData；另外，option 中的 series 数据系列的图表类型 type 值为 pie，data 值为 d1。代码如下：

```html
<html xmlns="http://www.w3.org/1999/xhtml">
<head runat="server">
    <title>e 学习网站成绩等级分布</title>
</head>
<body style="width: 708px; height: 383px">
<!--ECharts 单文件引入-->
    <script src="echarts/dist/echarts-all.js"></script>
    <script type="text/javascript">
        <!--自定义函数带参数的绘图函数-->
    function myPie(d1)
    {
        var myChart = echarts.init(document.getElementById("main"));
        //初始化
        var option = {                           //设置 option 的属性
            title: {                             //标题
                text: 'e 学习网站数据分析',       //主标题文本
                subtext: '成绩等级分布',          //副标题文本
                x: 'center'                      //水平放置居中
            },
            tooltip: {},                         //鼠标指针悬浮交互时的信息提示，默认数据触发
            legend: {                            //图例
                x: 'right',                      //水平居右
                data: ['成绩等级']                //图例
            },
            series: [                            //驱动图表生成的数据系列
                {
                    name: '成绩等级',            //数据系列名称
                    type: 'pie',                 //图表类型饼图
                    radius: '55%',               //半径，支持绝对值（px）和百分比
                    data:d1                      //绘图数据
                }
            ]
        };
        //为 echarts 对象加载数据
        myChart.setOption(option);
    }
    </script>
    <form id="form1" runat="server">
        <!--按钮 "绘制饼图"  -->
        <input id="Button1" type="button" value="绘制饼图" OnClick="myPie   (<%=ClassData%>)" />
```

```
        <!--为 ECharts 准备一个指定大小（宽高）的 Dom -->
        <div id="main" style="height: 320px; width: 550px">
    </form>
</body>
</html>
```

2. 用散点图进行数据关联分析

散点图描述两个一维数据序列之间的关系，它将两组数据分别作为点的横坐标和纵坐标，可以表示两个指标的相关关系。通过散点图可以分析两个数据序列之间是否具有线性关系，辅助建立合理的预测模型。

【**例 8.6**】使用散点图对学生的年龄和考试成绩进行相关性分析（见图 8.11）。可以观察到，随着年龄的增大，成绩呈下降趋势。

新建一个空网站 W86_ScatterDB，添加 Web 窗体 Scatter.aspx，然后分别对前、后台进行编程。

演示视频

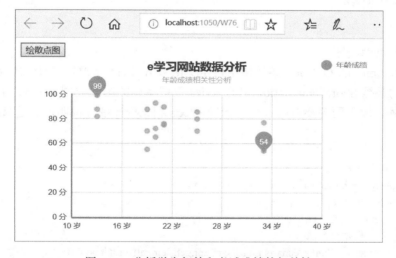

图 8.11 分析学生年龄和考试成绩的相关性

（1）后台数据准备

绘制散点图需要的 JSON 数组格式为：[[x1,y1],[x2,y2,],…]。数组中每个元素描述一个点坐标，x 表示年龄，y 表示成绩。完整代码如下（省略头部引用部分）：

```
public partial class Scatter : System.Web.UI.Page
{
    public string ScoreData;
    protected void Page_Load(object sender, EventArgs e)
    {
        MySqlConnection cn = new MySqlConnection("server=localhost; database=e_learning;
                                    user id=root;password=1234");
        MySqlCommand cmd = new MySqlCommand("Select FLOOR(DATEDIFF(CURRENT_DATE,
            student.Birthday)/356) As Age, Score From student Join courseenroll
```

```
            On student.StudentCode=courseenroll.StudentCode Where Score Is Not Null", cn);
    cn.Open();
    MySqlDataReader rd = cmd.ExecuteReader();
    ScoreData = "[";                        //字符串初始化
    //依次读入 rd 的记录，统计年龄和成绩，转换为数组格式的字符串
    if (rd.HasRows)
    {
        while (rd.Read())
        {
            ScoreData = ScoreData + "[" + rd.GetString(0) + "," +
                            rd.GetString(1) + "]" + ",";
        }
    }
    ScoreData = ScoreData + "]";
    rd.Close();                             //关闭 rd
    cn.Close();                             //关闭 cn
    }
}
```

（2）前台页面绘图

代码中 button1 的 OnClick 事件调用自定义函数 myScatter(d1)，参数 d1 用于接收后台程序传递来的数据 ScoreData。option 中的 series 数据系列的图表类型 type 值为 scatter，data 值为 d1。另外，散点图需要对横、纵坐标轴 xAxis 和 yAxis 进行说明。这里只给出 body 部分的代码。

```
<body>
<!--ECharts 单文件引入-->
    <script src="echarts/dist/echarts-all.js"></script>
    <script type="text/javascript">
        function myScatter(d1) {
            //初始化图表
            var myChart = echarts.init(document.getElementById("main"));
            var option = {                          //设置 option 的属性
                title: {                            //标题
                    text: 'e 学习网站数据分析',      //主标题文本
                    subtext: '年龄成绩相关性分析',    //副标题文本
                    x: 'center'                     //水平放置居中
                },
                legend: {                           //图例
                    x: 'right',                     //水平居右
                    data: ['年龄成绩']              //图例
                },
                xAxis: [
                    {
                        type: 'value',
                        min: 10,                    //横坐标最小值
```

```
                        max: 40,                            //横坐标最大值
                        axisLabel: {                        //坐标轴刻度标记}
                            formatter: '{value} 岁'
                        }
                    ],
                    yAxis: [
                        {
                                type: 'value',
                                min: 0,                      //纵坐标最小值
                                max: 100,                    //纵坐标最大值
                                axisLabel: {                 //坐标轴刻度标记
                                    formatter: '{value} 分' }
                        }
                    ],
                    series: [    //  驱动图表生成的数据系列
                        {
                                name: '年龄成绩',            //序列名称
                                type: 'scatter',             //散点图
                                data: d1,    //绘图数据,格式为: [[20,78],[22,69],…]
                                markPoint: {                 //标记点
                                    data: [{ type: 'max', name: '最大值' },{ type: 'min', name: '最小值' }]
                                }
                        }
                    ]
                };
                myChart.setOption(option);                   //为 ECharts 对象加载数据
            }
    </script>
    <form id="form1" runat="server">
        <input id="Button1" type="button" value="绘散点图"OnClick="myScatter(<%=ScoreData%>)">
        <!--为 ECharts 准备一个指定大小（宽高）的 Dom -->
        <div id="main" style="height: 317px; width: 549px"> </div>
    </form>
</body>
```

3. 用数据地图进行数据分布分析

将数据与其在地域上的分布情况用各种几何图形、实物形象或不同线纹、颜色等在地图上表示出来的图形，称为数据地图。数据地图可以直观地描述某种现象的地域分布。

【例 8.7】统计学生生源分布信息，在 GIS 地图上以颜色的深浅表示各省市生源数量。

新建一个空网站 W87_GISDB，添加 Web 窗体 GIS.aspx，然后分别对前、后台进行编程。请读者运行程序，查看运行效果。

演示视频

（1）后台数据准备

绘制地图需要的 JSON 数组格式：[{name: '上海', value:5}, {name: '云南',value:1},…]。数组中每个元素是一个 JSON 对象，描述一个地点的人数。完整代码如下（省略头部引用部分）。

```
public partial class GIS : System.Web.UI.Page
{
    public string StNum;              //存放各地区学生人数
    protected void Page_Load(object sender, EventArgs e)
    {
        MySqlConnection cn = new MySqlConnection("server=localhost; database=e_learning;
                            user id=root; password=1234");
        MySqlCommand cmd = new MySqlCommand("Select Location, Count(StudentCode)
                            From Student Group By Location", cn);
        cn.Open();
        MySqlDataReader rd = cmd.ExecuteReader();
        StNum="[";
        if (rd.HasRows)             //依次读入 rd 的记录，统计各地区人数
        {
            while (rd.Read())
            {
                StNum = StNum + "{name:'" + rd.GetString(0) + "', value:" + rd.GetString(1) +"},";
            }
        }
        StNum = StNum + "]";
        rd.Close();                //关闭 rd
        cn.Close();                //关闭 cn
    }
}
```

（2）前台页面绘图

代码中 button1 的 OnClick 事件调用自定义函数 myGIS(d1)，参数 d1 用于接收后台程序传递来的数据 StNum；另外，option 中的 series 数据系列的图表类型 type 值为 map，mapType 值为 china，data 值为 d1。这里只给出 body 部分的代码：

```
<body>
 <!--ECharts 单文件引入-->
    <script src="echarts/dist/echarts-all.js"></script>
    <script type="text/javascript">
        <!--自定义函数带参数的绘图函数-- >
        function myGIS(d1) {
            //document.write(d1);
            //初始化图表
            var myChart = echarts.init(document.getElementById("main"));
            var option = {     //设置 option 的属性
                title: {       //标题
                    text: 'e 学习网站数据分析',              //主标题文本
                    subtext: '生源地分布',                  //副标题文本
```

```
                    x: 'center'                          //水平放置居中
                },
                legend: {                                //图例
                    x: 'right',                          //水平居右
                    data: ['学生人数']                    //图例
                },
                dataRange: {                             //图表数据范围说明
                    orient: 'horizontal',                //水平布局
                    min: 0,                              //最小值
                    max: 10,                             //最大值
                    text: ['高', '低'],                   //文本，默认为数值文本
                },
                series: [                                //驱动图表生成的数据系列
                    {
                        name: '生源分布',                  //数据系列名称
                        type: 'map',                     //图表类型
                        mapType: 'china',                //地图类型
                        data:d1,
                        selectedMode: 'multiple',        //选中模式为可多选
                        itemStyle: {                     //图形样式
                            normal: { label: { show: true } },      //展示时显示省区名
                            emphasis: { label: { show: true } }     //选中时显示省区名
                        },
                    }
                ]
            };
            myChart.setOption(option);                   //为 ECharts 对象加载数据
        }
    </script>
    <form id="form1" runat="server">
        <input id="Button1" type="button" value="GIS 绘图" OnClick="myGIS(<%=StNum%>)" />
        <div id="main" style="height: 500px; width: 500px"></div>
    </form>
</body>
```

实验与思考

实验目的：认识柱状图、折线图、饼图和散点图的作用和特点，利用数据图表进行数据可视化分析。

实验环境及素材：Visual Studio 和 MySQL，数据库脚本文件 bookstore.sql 和 ECharts 组件。

1. 创建网站 S81_BookAmount，将网站保存为解决方案 sy8.sln。

（1）添加网页 Bar.aspx，查询 book 表按类别统计图书出版的数量，用柱状图展示（见

图 8.12）。

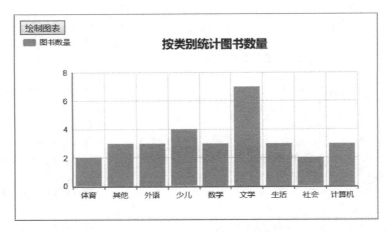

图 8.12　按类别统计图书数量的柱状图

（2）复制网页 Bar.aspx 为 Line.aspx，为图表增加工具箱，可切换为折线图，并可导出图片后保存（见图 8.13）。

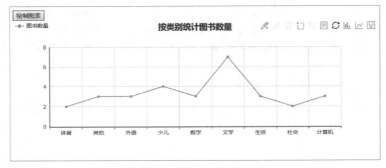

图 8.13　折线图及工具箱

2．创建网站 S82_CustomerClass 添加到解决方案 sy8.sln 中。查询 CustomerEvaluaion 表，统计各等级客户的人数，用饼图展示各等级人数分布（见图 8.14）。

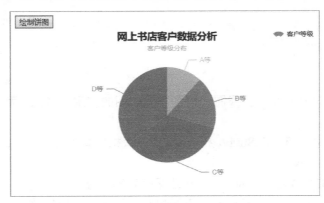

图 8.14　各等级客户人数分布

3．创建网站 S83_CustomerSpend 添加到解决方案 sy8.sln。查询 customer 和 order 表，按客户号统计消费总额，绘制散点图分析客户注册年与消费总额的相关性。

图 8.15　客户注册年与消费总额的相关性

第9章

系统分析与设计

数据库应用系统开发是一项复杂的系统工程，需要正确的方法论指导。本章重点介绍生命周期法中各开发阶段的主要工作内容和方法，并以"e学习"系统为例进行分析说明。

9.1 系统开发管理概述

9.1.1 系统开发方法

系统开发方法将软件工程和系统工程方法引入，以系统的、规范的、定量的方法指导系统开发过程。生命周期法和原型法是常用的系统开发方法，逐渐发展出面向对象方法、敏捷开发方法等。本节简要介绍生命周期法和原型法。

1. 生命周期法

（1）生命周期法的开发过程

生命周期是指一个信息系统从目标提出到系统设计、实现、应用，直到最终完成系统使命的全过程。为确保全过程顺利进行，生命周期法对开发活动各阶段的工作方法给出指导说明，对阶段任务及阶段顺序、阶段之间的关系、关键的评价和判定标志等提出明确的规范。

生命周期法是一种简单有效的结构化系统开发方法。它的基本思想是："自顶向下，逐步求精"。按照用户至上的原则，从全局出发全面规划，采用结构化、模块化的方式自顶向下对系统进行分析和设计。它按照时间顺序将信息系统开发过程划分为5个阶段：系统规划、系统分析、系统设计、系统实施、系统运行与维护（见图9.1）。

每个阶段的任务相对独立，具有明确的完成标志，前一个阶段完成的任务是后一个阶段的前提和基础，后一个阶段的任务比前一个阶段的任务更加具体化。

① 系统规划。根据用户要求进行初步调查，明确问题，确定系统目标和总体结构；进行可行性研究，审查预期成本和效益，基于操作、技术、经济、进度等因素确定行动计划，形成"可行性报告"，解决"系统能否做"的问题。

② 系统分析。通过详细调查，分析组织结构和业务流程、数据与数据流、功能与数据之间的关系，确定系统的基本目标和功能，提出系统逻辑模型。该阶段解决"系统做什么"的问题，工作成果是"系统需求说明书"。它是系统设计的依据，也是将来评价和验收的依据。

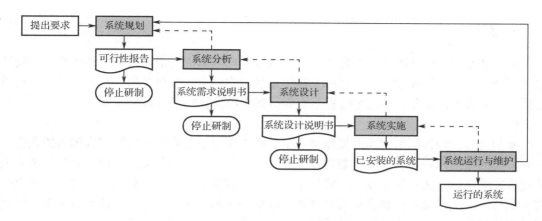

图 9.1　生命周期法开发过程的瀑布模型

③ 系统设计。该阶段回答"系统怎么做"的问题。根据"系统需求说明书"的功能要求，具体设计出实现系统的技术方案，包括系统架构、数据库、输入/输出、模块结构与功能设计等，成果是"系统设计说明书"。该阶段可划分为总体设计和详细设计两个阶段。

④ 系统实施。按照"系统设计说明书"将系统付诸实现，要完成的任务包括应用程序开发和测试、建立文档、系统安装和系统转换，还包括计算机等设备的购置和调试、人员培训和系统评估等。该阶段应定期写出"实施进度报告"，还会产生"系统测试报告""系统评价报告""系统使用说明"等，最终交付一个具有完整功能的文档化的信息系统。

⑤ 系统运行与维护。系统投入运行之后，需要进行经常性的维护和评价，记录系统运行的情况，维护、增强和保护系统。维护是指更改错误或修改系统以适应一些功能变动；增强是指提供新的特征和优势；保护是指通过安全控制使系统免受内部、外部的威胁。

在整个开发过程中，每个阶段结束之前都应该从技术和管理两个角度进行严格的审查，审查的主要标准就是每个阶段都完成高质量的文档，审核通过才能开始下一阶段工作。每个阶段都可以返回上一个阶段，甚至返回第一个阶段。

（2）生命周期法的优缺点

生命周期法的突出优点是，强调系统开发过程的整体性和全局性，强调在整体优化的前提下考虑具体的分析设计问题，即自顶向下的观点。它从时间角度把系统开发和维护分解为若干阶段，每个阶段有各自相对独立的任务和目标，降低了系统开发的复杂性，提高了可操作性。另外，每个阶段都有文档，并对各阶段成果进行严格的审查，发现问题及时反馈和纠正，保证了系统质量，提高了系统的可维护性。

因为开发顺序是线性的，各阶段的工作不能同时进行，所以生命周期法的开发周期较长。另外，前一个阶段犯的错误向后传递，而且越是早期的错误，更正所需的工作量就越大。系统开发有一条训诫，即"分析重于设计，设计重于编码"，就是针对生命周期法强调前期工作的重要性的。生命周期法需要用户提供完整的需求，对需求不确定或功能经常发生变化的情况不适用。

2. 原型法

原型法是一种快速的系统开发方法。在获取一些基本的需求定义后，利用软件开发环境或可视化工具，快速建立一个目标系统的最初版本，交给用户试用、补充和修改，再进行新的版本开发，反复进行这个过程，直到得到用户满意的实际系统为止。

（1）原型的种类

原型可分为操作型原型和非操作型原型。操作型原型是指原型能够接收输入的数据，访问真实的数据库，进行必要的数据计算和处理，并产生实际的输出。通过对操作型原型的逐步完善可以完成实际系统。非操作型原型是一种演示模型，一般只包含输入、输出的展示说明，不进行真实的数据访问和处理，因此制作起来比较快。它可能会被抛弃，但根据对它的理解，可以设计开发实际系统。

（2）原型法的工作流程

使用原型法进行系统开发的工作流程包括 4 个步骤（见图 9.2）。

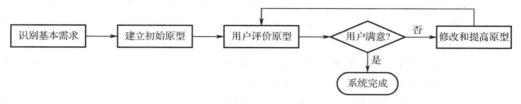

图 9.2　原型法的工作流程

① 识别基本需求。收集目标系统的基本需求，包括输入、输出信息，以及一些简单的数据处理方法。

② 建立初始原型。在基本需求的基础上，建立一个初始软件版本，通常只包含用户界面，如数据输入/输出屏幕和打印报表。

③ 用户评价原型。用户对原型进行试用和评价，提出修改意见。从该阶段开始进入用户评价与修改提高的交互分析循环过程。

④ 修改和提高原型。按照用户意见修改原型，包括增加新功能。然后，再转到上一阶段，由用户对新原型进行评价。

原型法的关键在于第③步和第④步之间的反复循环，直到用户对原型满意为止。原型完成后，可将其作为蓝图和技术方案，在另一种最终系统开发环境中实现，也可以对原型不断进行完善，直至它成为最终的交付系统。

（3）原型法的优缺点

原型法有两个突出特点：一是将模拟手段引入系统开发的初期阶段，简化了烦琐的系统分析和设计，二是鼓励用户密切地参与开发过程，使最终系统更符合用户需求。它可以适应需求或设计方案不确定的情况，特别是在帮助确定需求、证明技术可行性和系统推广等方面，系统原型可以发挥很好的作用。

然而，原型法也有一些弱点：它需要准确理解用户需求，需要高效的软件开发环境支持。它不适应大规模或信息处理过程比较复杂的系统，因为直接构造原型比较困难。另外，原型可能忽略系统的实际运行环境，对并发用户量大、涉及海量数据、处理大量事务的系统，系统性能容易被忽视。

9.1.2　系统开发管理

1. 系统开发策略

在系统规划和分析阶段，需要确定信息系统的开发究竟由谁来完成。综合考虑企业的业务需求、现有软件产品和组织自身的信息技术力量，可选择以下开发策略。

（1）资源自包。由有开发能力的用户自行开发系统，低成本且高效率，能最好地利用信息资源和信息技术力量。

（2）资源内包。对于一些特殊应用或出于保密等原因，可由组织内部的信息技术专业人员来开发系统。该方式容易满足组织的信息系统需求，维护和更新也比较容易。

（3）资源外包。将特定的信息系统开发工作按规定的期限、成本和服务水平委托给第三方完成。资源外包的主要形式有以下三种：①直接购买商品化应用软件包，适合通用系统，如财务软件；②定制软件包，即购买一个基本软件包，再根据某些业务的特殊需求，进行系统配置或修改完善；③委托开发，即委托软件开发商开发完整的新系统。

由于信息技术的快速发展和信息系统的日益复杂，越来越多的组织选择资源外包方式开展系统建设。不仅开发工作可以外包，还可以将系统部署、运行、管理和应用服务等所有涉及信息系统的工作全部外包。

信息系统的开发管理方式和开发方法的选择是彼此相关的。例如，如果选择了资源内包，则通常采用系统生命周期法。如果选择了资源自包，则最常采用的方法是原型法。

2. 开发管理内容

系统开发包括一系列活动，需要采用项目管理的思想，进行以下各方面的管理。

① 项目范围管理：为实现项目的目标，对项目的工作内容进行控制的管理过程。它包括范围的界定、规划和调整等。

② 项目时间管理：为确保项目最终按时完成所实施的管理过程。它包括具体活动的界定、活动排序、时间估计、进度安排及时间控制等。

③ 项目成本管理：为保证完成项目的实际成本、费用不超过预算成本、费用所实施的管理过程。它包括资源的配置，成本、费用的预算及费用的控制等。

④ 项目质量管理：为确保项目达到客户规定的质量要求所实施的管理过程。它包括质量规划、质量控制和质量保证等。

⑤ 人力资源管理：为保证所有项目相关人的能力和积极性都得到最有效发挥和利用所采取的管理措施。它包括组织的规划、人员的选聘和项目团队建设等。

⑥ 项目沟通管理：为确保项目的信息的合理收集和传输所采取的管理措施，它包括沟通规划、信息传输和进度报告等。

⑦ 项目风险管理：涉及项目可能遇到的各种不确定因素。它包括风险识别、风险量化、制定对策和风险控制等。

⑧ 项目采购管理：为从组织之外获得所需资源或服务所采取的管理措施。它包括采购计划、采购与征购、资源的选择及合同的管理等。

9.2 系统规划

系统规划是系统生命周期的第一个阶段，其主要目标是明确系统目标、规模和开发计划。做好系统规划是保证系统具有良好整体性的重要前提，也是使各阶段的开发工作具有一定连贯性的保证。此外，合理的规划还可以降低开发成本，减少开发时间。

9.2.1 系统规划的任务

系统规划是面向高层、着眼全局的需求分析，与企业的战略目标一致。要注意分析组织的业务活动过程，摆脱对现有组织结构的依从性。系统规划的主要任务包括：

① 明确开发战略。首先要调查分析组织的目标和发展战略，评价现有信息系统的功能、环境和应用状况，再确定新系统的使命，制定系统的战略目标及相关政策。

② 提出总体方案。针对组织机构"业务—管理—决策"三个不同层次的管理活动，查明信息服务需求，提出信息系统的总体结构方案。

③ 编制资源计划。为系统开发所需要的硬件、软件、人员、技术、服务和资金等资源需求做出计划和预算。

④ 拟定开发计划。根据开发战略和总体方案，确定开发步骤和时间安排。

⑤ 进行可行性分析。分析系统需求，评价系统总体方案、资源计划和开发计划，并从操作、技术、经济和进度4个方面对项目进行评估，确定其可实施性和预期效果。

9.2.2 可行性分析

系统开发是一个耗资高、周期长、风险大的过程，因此，在开发行动之前，必须对系统开发的可行性、必要性和合理性进行分析和评估，以减少不必要的损失。

1. 可行性分析的内容

系统的可行性分析主要包括以下4方面内容。

① 技术可行性：根据现有技术条件分析能否达到系统所提出的要求。技术条件是指已经普遍采用、确实可行的技术手段，主要包括硬件、软件和专业技术人员。

② 经济可行性：计算项目的成本和效益，分析项目在经济上是否合理。

③ 操作可行性：系统开发的操作方式需要得到组织及用户的支持。目标系统需要得到用户的认可，才能保证成功实施。

④ 进度可行性：评估项目开发时间，保证项目在可接受的时间范围内完成。

2. 可行性报告

系统规划最后要完成可行性分析报告，一般包括以下内容，其中最重要的是总体方案和可行性论证。

① 引言：说明系统名称、系统目标、系统功能及系统的由来。

② 系统建设的背景、必要性和意义：详尽说明系统规划调查和汇总的过程，让人信服调查是真实的，汇总是有根据的，规划是必要而可行的。

③ 总体方案：可提出一个主方案和多个辅助方案。

④ 可行性论证：对技术、经济、操作、进度等方面的可行性给予充分论证。

⑤ 拟定方案和开发计划：包括开发进度及各阶段人员、资金、设备的需求。

【例9.1】"e学习"系统可行性分析。

下面报告简要展示了"e学习"系统可行性分析包含的一般性内容，实际报告还要尽可能详尽地描述调研和分析内容，并且不限于以下方面。

"e学习"系统可行性分析报告

1. 引言

1）系统名称："e学习"系统

2）系统目标：实现在线学习系统，通过网站和移动设备进行网络授课和学习过程管理。

3）系统功能：全面支持学生、教师、教务员等参与方的教学活动、管理和服务。

2. 背景

1）必要性：网络学习提供了终身学习的有效途径，也是学校教育的有益补充。各学校都建立和积累了大量的视频课程，学习系统将这些优质课程共享出来，为更多学习者共享。

2）项目意义：项目实施后，各学校可以发布自己的优质课程，学生可以选修课程完成课程学习，获得毕业证书。该系统的建设对于教育资源共享具有重要意义。

3）用户对象：学生、教师、教务员。

4）主要业务流程：

① 开课前：教务员维护教师、课程等基本信息；学生选课；教师发布课件、测试题等。

② 开课中：学生通过观看视频、提交作业、测试等完成各项教学活动；教师发布课件、测试题等，批改作业、测试题等；教务员跟踪管理课程进展。

③ 课程结束：教师进行成绩管理；学生进行成绩查询；教务员进行信息汇总和毕业证书发放等。

3. 总体方案

1）项目开发人员：采用资源外包方式开发。项目组长由本教育机构的副总经理担任，信息中心组织IT技术人员2人与教学管理的业务代表4人参加项目组，在各阶段需要教学管理部门的其他业务人员及教师和学生代表参与工作。

2）系统架构：用户通过互联网或移动互联网入网，系统拟采用B/S架构，使各类用户可以方便地通过浏览器使用系统。另外，需要专门为移动端提供功能支持。

3）完成时间：计划在6个月内完成。

4. 可行性论证

1）技术可行性：具备Internet环境，云服务器和系统应用环境，有成熟的系统开发技术（包括数据库技术、B/S系统开发技术、移动应用开发技术等），外包的开发团队技术力量能满足开发要求。

2）经济可行性：项目总费用约48万元，预算见表1。

表 1　项目开发经费预算

项　　　目	费 用 说 明	经费预算（万元）
云服务器（数据库服务器和 Web 服务器）	2 台	2
Windows 操作系统	系统软件	2
开发工具	系统软件	3
开发费	18 人月	36
其他费用	消耗材料	5
合计		48

3）操作可行性：项目组由教务员协同信息中心技术人员构成，教务员借助自身对教学管理流程的了解，参考当前主流设计业务流程，可以配合有 e_learning 系统的开发经验的信息技术人员完成系统分析；系统环境及已有和在建的课程资源可保证系统实施和应用。

4）进度可行性：项目计划 6 个月内完成，进度计划参见表 2 所示的甘特图。

表 2　项目开发进度计划表

ID	任务名称	开始时间	完成	持续时间	2018 年 Q1	2018 年 Q2			2018 年 Q3
					03 月	04 月	05 月	06 月	07 月
1	系统分析	2019/2/15	2019/3/18	4.4 周					
2	系统设计	2019/3/1	2019/4/1	4.4 周					
3	系统实施	2019/4/2	2019/7/15	15 周					
4	系统试运行	2019/7/16	2019/8/15	4.6 周					

9.3　系统分析

系统分析是系统生命周期的第二个阶段，是系统设计的基础，关乎整个系统开发的成败。

该阶段主要工作包括调查组织结构和业务流程、数据与数据流、系统功能划分和数据资源分布、系统涉及的管理模型及决策方式等，使用需求建模、数据和过程建模等手段来描述将要建立的系统，最后形成"系统需求说明书"，通过描述性文本、各种建模技术获得的图、表等对数据信息、系统功能、系统性能及运行的外部行为等进行详细描述。

很多 CASE（Computer Aided Software Engineering，计算机辅助软件工程）工具提供了对需求建模的支持，如 Rational Rose、PowerDesigner 等。本书使用简单易用的 Visio 及 Word 和 Excel 作为文档工具。Visio 是一种流行的图形建模工具，自带样板库、模板库和图形库，能创建多种图表，包括业务过程、数据流图、网络图、E-R 图等。使用说明见"本书资源"。

9.3.1 系统分析方法

1. 需求发现活动

系统分析首先是调查清楚用户对信息系统的实际需求，可以通过面谈、观察业务操作、查阅文档和报表、问卷调查、抽样和研究等手段来收集用户的信息内容和处理要求。

在系统分析阶段，用户的参与非常重要，能够使需求描述更加准确。例如，开发"e学习"系统需要教务员、教师、学生等用户代表参加需求分析，以便准确梳理每类用户的需求。

2. 结构化分析方法

一个信息系统往往涉及多项业务功能需求，而且可能改变现有的工作方式。如何梳理繁杂的需求，形成完整、准确的描述，需要采用合理的系统分析方法。

结构化分析（Structured Analysis）方法简称 SA 方法，是一种面向数据流的需求分析方法，它以数据在不同模块中移动的观点来看待系统。其基本思想是：自顶向下，逐层分解。就是把一个系统分解成若干个模块，再把每个模块又进一步细分，经过多层分解后，每个底层的模块都是足够简单、易于解决的，于是复杂的问题也就迎刃而解了。

9.3.2 需求建模工具

由于开发人员熟悉计算机技术而不了解应用领域的业务，而用户往往恰恰相反，因此，对于同一个问题，双方的认识可能存在差异。模型有助于以双方易理解的共同语言准确描述需求。

采用结构化分析方法，根据需求发现活动获得的资料，通过数据和过程建模来详细描述系统需求，就可以形成系统的逻辑模型。除了描述性的文本，还可以使用一些需求建模工具，例如，用实体来描述数据源或用户或其他系统；用数据流图来描述数据在系统中的流动过程；用数据字典来描述数据特性及分布；用判定表和判定树来描述复杂处理规则。

1. 数据流图

数据流图（Data Flow Diagram，DFD）从数据传递和加工的角度来刻画数据流从输入到输出的移动变换过程。数据流图表达了数据和处理过程的关系。用结构化分析方法，任何一个系统都可抽象为如图 9.3 所示的数据流图。

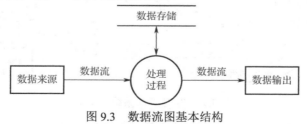

图 9.3 数据流图基本结构

在数据流图中，用命名的箭头表示数据流，用圆圈表示处理过程，用矩形表示外部实体，可以是人、物或其他系统，上下平行的双直线表示数据存储或数据输出。

当系统比较复杂时，为了便于理解可以采用分层描述的方法。一般用关联图描述系统的边界和范围，它把整个系统看作一个处理过程，描述实体及数据输入/输出流与系统的关系，不包含数据存储；用 0 层图描述关联图的内部细节，它至少包含关联图中的所有实体和数据流，并分解出更多处理过程和数据流；依此类推，1 层图是对 0 层图中的某个处理过程的进一步分解，可以继续细化，直到表达清楚为止。在处理功能逐步分解的同时，它们所用的数据也逐级分解，形成若干层次的数据流图。

【例 9.2】"e 学习"系统的数据流图。

根据"e 学习"系统的需求，在绘制数据流图时，首先确定系统的输入数据流和输出数据流，也就是决定系统的范围，然后再考虑系统的内部。在分析伊始，系统的功能细节还尚不清楚，因此可以把整个系统看作一个大的处理过程，根据系统从外界接收哪些数据，以及系统的哪些数据传送给外界，画出系统的关联图（见图 9.4）。

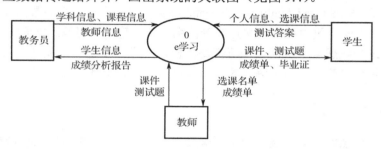

图 9.4 "e 学习"系统的关联图

将图 9.4 中的处理过程进行分解，形成若干子处理过程，然后用数据流将这些过程连接起来，使得关联图中的输入数据流经过一连串的处理后变换为输出数据流，便得到"e 学习"系统 0 层图（见图 9.5）。

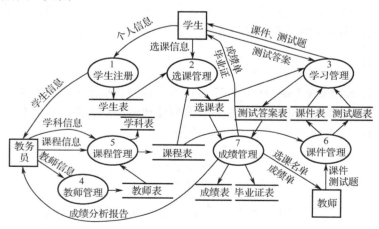

图 9.5 "e 学习"系统 0 层图

"e 学习"系统 0 层图中包含 7 个有编号的处理过程。以"7 成绩管理"模块为例，对其进一步分解，形成成绩管理的 1 层图（见图 9.6）。其他处理过程请读者自行练习分解。

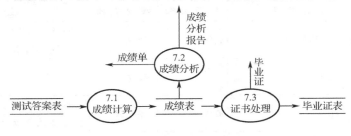

图 9.6　"e 学习"系统成绩管理 1 层图

2. 数据字典

数据流图描述了系统的分解，即描述了系统的组成部分、各部分之间的联系等，但没有说明各部分的含义。数据字典（Data Dictionary，DD）是关于数据的信息集合，它对数据流图中包含的所有元素进行明确定义，说明实体、数据流、数据存储、数据项及处理过程等元素的名称、含义、类型、何处使用、如何使用等。数据字典可根据描述内容的需要设计成各种表格结构。

数据字典对系统各个部分确立严密一致的定义，有助于系统开发人员之间及开发人员与用户之间进行沟通。根据同一个数据字典中对数据和模块的描述来进行设计，可以避免很多接口不一致的问题。此外，数据字典也是进行数据结构分析和数据库设计的依据和基础。数据流图和数据字典共同构成系统的逻辑模型，为系统提供规格说明。

【例 9.3】"e 学习"系统的数据字典。

根据前期绘制的"e 学习"系统的数据流图，采用数据字典对其构成元素进行详细说明。表 9.1 是实体说明，表 9.2 为主要数据流说明，表 9.3 为主要数据记录说明，表 9.4 是部分数据项说明，表 9.5 是处理过程说明。

表 9.1　数据字典中的实体

实 体 名	含 义 说 明	输入数据流	输出数据流
学生	在系统中注册的用户	课件，测试题，成绩单，毕业证	个人信息，选课信息，测试答案
教师	在系统中开设课程的用户	选课名单，成绩单	课件，测试题
教务员	在系统中进行课程管理的人员	学生信息，成绩分析报告	学科信息，课程信息，教师信息

表 9.2　数据字典中的主要数据流

数 据 流	含 义 说 明	数 据 来 源	数 据 去 向	组 成
个人信息	学生基本信息	学生	学生表	姓名，性别，生日，照片，电话，电子信箱，生源地，个人简介，注册日期，密码
教师信息	教师基本信息	教务员	教师表	工号，姓名，性别，照片，电子信箱，个人简介，密码，是否管理员

数 据 流	含 义 说 明	数据来源	数据去向	组 成
课程信息	一门课程的基本信息	教务员	课程表	课程号，课程名，学时，学分，学科号，封面图片，课程简介，教师工号，选课人数
选课信息	一个学生选一门课程	学生表、课程表	选课表	学号，课程号
测试题	测试题目	教师	课件管理	问题号，课程号，题干，选项A，选项B，选项C，选项D，正确答案
测试答案	测试题的答案及评分信息	学习管理	测试答案表	学号，问题号，学生答案，测试时间
成绩单	一个学生选一门课程的成绩	成绩管理	成绩表	学号，课程号，成绩，测试时间
课件	学习单元课件	教师	课件管理	课件号，课程号，课件标题，视频地址，文档地址，发布时间
毕业证	毕业证	成绩管理	毕业证表	学号，证书号，总学分，发证日期
成绩分析报告	课程成绩分析	成绩管理	教务员	课程号，选课人数，平均分，最高分，最低分，及格人数

表9.3 数据字典中的主要数据记录

记 录 名	含 义 说 明	数据项组成
学生	一个学生的有关信息	学号，姓名，性别，生日，照片，电话，电子信箱，生源地，个人简介，注册日期，密码
教师	一个教师的有关信息	工号，姓名，性别，照片，电子信箱，个人简介，密码，是否管理员
学科	一个学科的有关信息	学科号，学科名
课程	一门课程的有关信息	课程号，课程名，学时，学分，学科号，封面图片，课程简介，教师工号，选课人数
选课	一个学生选一门课程的有关信息	学号，课程号，成绩，测试时间
课件	一个课件的有关信息	课件号，所属课程号，课件标题，视频地址，文档地址，发布时间
测试题	一个测试题的有关信息	问题号，课程号，题干，选项A，选项B，选项C，选项D，正确答案
测试答案	一个学生完成一个测试题的答案信息	学号，问题号，学生答案，测试时间
毕业证	一个学生毕业证的有关信息	学号，证书号，总学分，发证时间

表9.4 数据字典中的部分数据项说明

数 据 项	含 义 说 明	类 型	长 度	取 值 范 围	取 值 含 义	与其他数据关系	其 他 说 明
学科记录							
学科号	唯一标识一个学科	字符型	3			主键	
学科名	学科名称	字符型	≤10	非空			
课程记录							
课程号	课程编号	字符型	4			主键	
课程名	课程名称	字符型	≤16	非空			

续表

数据项	含义说明	类型	长度	取值范围	取值含义	与其他数据关系	其他说明
学分	课程学分	小数	3	非空，0～100，保留1位小数			
学时	授课时长	正整数	≥0	非空			
学科号	所属学科编号	字符型	3			学科表中的学科号应存在值	
封面图片	课程封面图片	字符型	≤30		图片文件存放的路径和文件名		
课程简介	课程情况	文本型	0~10000		一段文字介绍		
教师工号	任课教师的工号	字符型	4			教师表中的工号应存在值	与教师表中的工号相同

......

其他记录说明略，请读者自行分析说明

表 9.5 数据字典中的处理过程（部分）

处理过程名：学生注册

输入数据：个人信息

输出数据：学生信息、学生表

处理过程：① 学生注册：录入基本信息。

② 学生信息维护：添加、修改和删除学生信息，密码修改。

③ 学生信息查询：教务员查询和汇总学生信息

处理过程名：选课管理

输入数据：选课信息、学生表、课程表

输出数据：选课表

处理过程：① 选课：查询课程信息及授课教师信息，选择多门课程，提交选择的课程号，检测所选课程是否重复，若不重复，则向选课表中添加选课记录，否则提示冲突，回到选课页面。

② 退课：查询选课表，选择退课课程，从选课表中删除课程

处理过程名：学习管理

输入数据：选课表、课件表、测试题表

输出数据：测试答案表

处理过程：① 课件学习：根据用户选择的课件播放视频。

② 测试：根据用户选择引导测试，并记录答案。

③ 课程分享：转发分享课程

处理过程名：成绩管理

输入数据：选课表、测试答案表

输出数据：成绩表、毕业证表

处理过程：组班管理，生成选课名单。

① 成绩计算：根据测试答案表计算课程的成绩。如果有多次测试，则选择成绩最高的作为最终成绩。

③ 证书处理：根据成绩表进行判断，对满足条件的学生发放毕业证。发放毕业证的条件是：选课并获得60分以上课程的总学分达到4。

④ 成绩分析：对一门课程的所有选课学生成绩进行分析汇总

...... 其他处理过程略，请读者自行分析说明

3. 判定表和判定树

处理过程说明描述了数据流图中各处理过程的业务逻辑，表 9.5 采用了自然语言进行描述，也可以采用类似程序设计的结构化语言来表现顺序、选择、循环等关系，但有些处理过程用语言形式不容易表达清楚，也可采用一些图形工具进行描述。

判定表或判定树是分析和表达多逻辑条件下执行不同操作情况的工具，可以清晰地描述一个逻辑过程，确保不忽略任何条件和处理行为的逻辑组合。

【例 9.4】"e 学习"系统中关于课程结束后奖学金发放的判定表和判定树。

表 9.6 为"e 学习"系统中关于课程结束后奖学金发放的判定表，根据条件组合决定处理动作，条件有"参与讨论>=5 次""作业>=80%""成绩>=80%"，处理动作有 4 种："一等奖""二等奖""三等奖"和"无奖励"，处理规则共有 8 条。

表 9.6　奖学金发放的判定表

		1	2	3	4	5	6	7	8
条件	参与讨论>=5 次	Y	Y	Y	Y	N	N	N	N
	作业>=80%	Y	Y	N	N	Y	Y	N	N
	成绩>=80%	Y	N	Y	N	Y	N	Y	N
处理动作	一等奖	X							
	二等奖		X	X					
	三等奖					X			
	无奖励				X		X	X	X

判定树（也称决策树）是判定表的图形表达方式，图 9.7 为表 9.6 的判定树表示，条件写在不同的分支上，终端是处理行为。

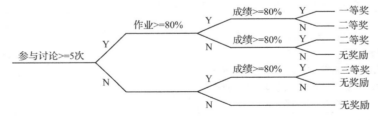

图 9.7　奖学金发放的判定树

9.3.3　需求分析说明

在需求分析阶段后期，必须形成"系统需求说明书"，它要以用户可以理解的语言或模型来正确、无二义和完整地表达用户的需求。系统需求说明书一般包含如下内容。

① 引言：说明编写目的、系统名称、背景、任务提出者及相关者；给出文件中用到的专门术语的定义；列出使用的参考资料。

② 任务概述：叙述该系统开发的意图、应用目标、作用范围及其他需要说明的有关背景材料；说明用户类别和特点；列出进行系统开发工作的假定和约束条件。

③ 需求规定：对系统功能的规定，描述各功能的数据输入、输出及处理过程，充分利用本节介绍的需求建模工具进行描述；对系统性能的规定，包括并发用户数、数据处理精度、时间特性、灵活性、输入/输出要求、故障处理要求及可维护性、可补充性、易读性、可靠性、运行环境可转换性的特殊要求等。

④ 运行环境规定：包括硬件、软件、外部通信接口等。

⑤ 待确定问题的列表。

系统需求说明书在整个系统开发过程中非常重要。统计数据表明，系统 15%的错误起源于需求分析，所以需要用户、分析和设计人员共同评审，准确描述系统功能需求和性能需求，保证其形成良好的系统设计基础。

例 9.2 和例 9.3 对"e 学习"系统的数据需求、功能需求及数据流进行了详细的说明，对于性能需求可以进一步进行说明，例如，系统并发用户数大于 25 个、页面响应时间不超过 2 秒、系统第一次登录必须修改密码等。

9.4　系统设计

经过系统分析阶段的工作，系统需要"做什么"已经很明确了，接下来需要解决的是系统"怎么做"的问题。系统设计阶段要找出实现系统目标的合理方案，主要任务如下。

① 系统架构设计：对组成系统的各种硬件、软件、存储、网络、安全设施等相关部件的工作模式和协作方式进行设计。

② 系统功能结构设计：对目标系统的功能模块构成及结构关系进行设计。

③ 数据库设计：根据需求分析获得的数据概念模型，设计数据库逻辑结构及在选定的数据库管理系统下的物理存储结构。

④ 用户界面设计：对于系统人机交互的方式、风格、输入/输出等进行设计。

⑤ 处理过程设计：对每个模块涉及的处理流程和算法进行设计。

系统设计的结果是"系统设计说明书"，它是系统开发实现的基础。在系统设计过程中，要不断得到用户确认，以避免偏离既定的系统目标。下面逐项介绍有关任务和完成方法。

9.4.1　系统架构设计

系统架构设计又称为系统总体结构设计，是在预定的开发项目范围内从总体上对组成系统的计算机各种硬件、软件、网络、数据存储、处理方法和安全设施等进行设计，涉及的技术方面很多，这里仅介绍小型信息系统的软件基础架构选择。

每个信息系统都包括以下三部分：数据存储、处理程序和用户交互，各部分的分布和协作方式，我们称之为"系统架构"或"计算模式"。早期的集中式计算模式将数据存储和处理程序集中在一起，数据通常采用文件存储，系统无法支持多用户共享。随着网络技术的发展，当前系统一般采用分布式计算模式，将数据存储、处理程序及交互界面分离为分布在网络中的不同软件模块，模块间形成了"客户/服务器"的协作关系，发出"服务请求"的软件是客户机，提供服务的软件是服务器。一台计算机在一个系统中可以担当不同的角色，也可以既是服务器又是客户机。

根据层次结构不同，分布式模式的信息系统主要分为如图 9.8 所示的客户/服务器（Client/Server，C/S）架构和如图 9.9 所示的浏览器/服务器（Browser/Server，B/S）架构。

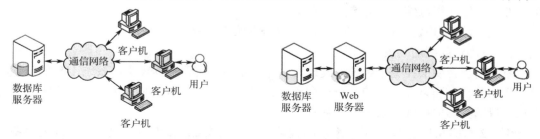

图 9.8　客户/服务器架构的信息系统　　　　图 9.9　浏览器/服务器架构的信息系统

（1）C/S 架构。系统采用"数据库服务器/客户机程序"两层结构。数据库服务器提供共享数据的存储、查询、处理和管理等服务；应用程序运行在客户机上，支持用户交互。处理相关业务逻辑的程序可以运行在服务器上，也可运行在客户机上，或根据需要分布在两者之上。系统的基本工作流程如下：客户机程序将用户请求发送给服务器；服务器接收并按照用户请求对所管理的数据实施操作，然后将操作的结果数据返回给提出请求的客户机；客户机可以进一步对返回结果进行处理，并将相关信息呈现给用户。

C/S 架构系统适合部署在局域网或虚拟专网等较封闭环境中，客户机必须安装专门开发的客户机程序，这增强了它的安全和保密性，但也造成系统维护困难。客户机程序如果有修改，所有客户机必须全部重新安装；另外，系统开放性差，程序依赖于底层网络，无法跨平台应用，也很难集成其他服务。

银行的 ATM 机系统是一个典型的 C/S 架构的信息系统，数据集中存放在远程数据库中，每个 ATM 机上安装有支持自助业务的客户机程序，通过专线网络访问远程数据库。再如，移动应用由于受设备本身的资源和网络流量限制，从减少与服务数据通信量的角度考虑，各种原生手机 APP 也采用 C/S 架构，需要下载并安装手机客户端才能使用。

（2）B/S 架构。系统采用"浏览器/Web 服务器/数据库服务器"三层结构，其中"浏览器/Web 服务器"和"Web 服务器/数据库服务器"均构成客户与服务的关系。数据库服务器仅负责数据管理和服务，Web 服务器运行着负责处理相关业务逻辑的应用程序，作为客户机的浏览器仅负责用户交互。它的工作基本流程如下：Web 服务器接收浏览器发来的 HTTP/HTTPS 请求后，向数据库服务器提出访问请求并获取相关的数据，然后把结果翻译成 HTML 文档传输给提出请求的浏览器。

面向 Internet 的应用适合采用 B/S 架构。客户机只需要安装浏览器，界面统一，简单易用，且系统维护时只需要考虑服务器端。系统扩展性好，可以与遵循 TCP/IP、HTTP 等协议的应用集成。但是，客户端的开放性增加了系统受攻击的风险。随着 Web 技术的发展，B/S 架构已经成为主流的信息系统架构。

电子商务网站是一种典型的 B/S 架构的信息系统，数据集中存放在远程数据库中，用户通过浏览器访问 Web 站点，通过 Web 站点程序支持的购物流程完成购物。另外，基于 Web 开发的 APP 也属于 B/S 架构。

总之，C/S 架构适用于局域网应用、客户机数量不多、客户端处理复杂、对系统响应速度和安全性要求高的系统；B/S 架构适用于面向 Internet、客户数量大且分散的系统。还可以根据需要采用混合模式，兼取不同模式的优势。另外，采用不同的系统架构，开发工具和环境的选择会有差异，并且不同模式的程序不能直接转换。

【例 9.5】"e 学习"系统的架构设计。

"e 学习"系统面向的用户主要包括三类用户：学生、教师和教务员，他们广泛分布在国内外，所以系统应该是一个开放平台，总体采用 B/S 架构更合适（见图 9.10）。用户可在入网机器上通过 Internet 浏览器访问信息中心的 Web 服务器，所有对数据库的访问都通过 Web 服务器完成。

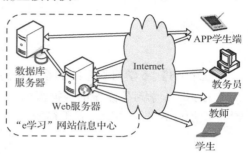

图 9.10　"e 学习"系统的架构

考虑到学生随时随地学习的需要，需要开发手机 APP 提供移动学习环境。可以采用 B/S 架构开发手机 APP，但如果考虑更好的数据传输性能和用户交互体验，建议采用 C/S 架构开发原生手机 APP。

【例 9.6】QQ 系统的架构设计。

腾讯公司的 QQ 软件集成了采用多种不同架构的应用，例如，QQ 空间、QQ 邮箱等采用 B/S 架构，QQ 音乐、QQ 游戏等采用 C/S 架构，即时通信模块采用 C/S 与 P2P 相结合的模式。P2P（Peer to Peer）即对等网络架构，它取消了服务器的中心地位，系统内各台计算机可以通过数据交换直接共享资源和服务。用户使用 QQ 即时通信软件，需要下载和安装客户端程序，登录服务器进行身份验证，并且在服务器支持下发起和好友的通信连接；一旦通信连接建立，数据交流就可以在两台计算机之间进行，不需要服务器支持。为了信息管理需要，也可采用服务器信息中转方式。

9.4.2　系统功能结构设计

根据系统分析中的功能说明，从总体上对系统的软件结构进行设计，一般将系统划分为若干个子系统或模块，采用系统功能结构图对模块间的相互关系进行说明，也为下一步进行用户界面结构设计和各模块详细设计打下基础。

系统功能结构图是一种自顶向下描述业务功能和过程的方法，它采用结构化分析方法从系统的顶层功能逐层分解为更低层的功能，用矩形框表示功能或过程，并按照功能的从属关系将相关矩形框连接起来，图中的每个框都是一个功能模块或子系统。系统功能结构图提供了一个面向业务的系统概观。在后期程序开发时，这些功能和过程将转化为程序模块。

【例 9.7】微信的系统功能结构图。

微信是一个集成了社交网络相关功能的即时通信软件，系统功能结构如图 9.11 所示。

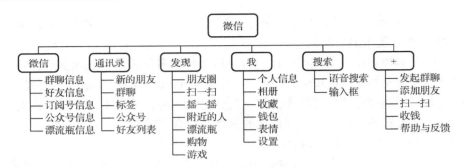

图 9.11 微信的系统功能结构图

【例 9.8】"e 学习"系统的系统功能结构图。

根据"e 学习"系统的数据流图，可以得到如图 9.12 所示的系统功能结构图，该图将功能组织分为 4 个层次。限于篇幅，各模块的功能这里不再赘述（参见表 9.5）。

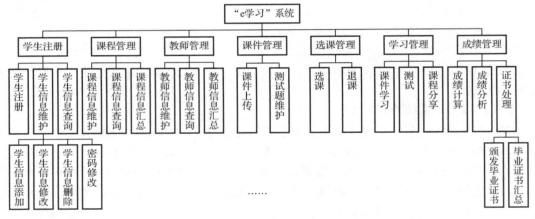

图 9.12 "e 学习"系统功能结构图

该系统主要面向学生、教师和教务员三类用户，支持他们完成教学运行和管理的相关活动。根据图 9.12 可以画出按用户子系统划分的"e 学习"系统功能结构图（见图 9.13）。

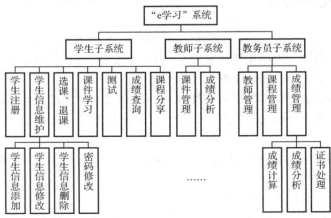

图 9.13 按用户子系统划分的"e 学习"系统功能结构图

9.4.3　数据库设计

在系统分析阶段掌握了用户对数据及业务处理的需求，并采用数据流图和数据字典对实体、数据结构、数据项等进行了描述。在系统设计阶段将根据这些分析结果完成数据库设计。

数据库设计主要包括以下步骤：

① 建立以 E-R 图描述的数据库概念结构。

② 将 E-R 图转化为关系模式并进行优化，形成数据库逻辑结构。

③ 结合 DBMS 特性，定义数据库存储结构和存取方法，实现数据库物理结构。

1.　数据库概念结构设计

数据库概念结构设计的任务是将系统分析得到的数据需求抽象为反映用户观点的概念模型，并用实体联系模型（即 E-R 图）进行描述。该设计过程通常采用自底向上的方法进行（见图 9.14），即根据数据流图（DFD）和数据字典（DD），先定义每个局部应用的概念结构（局部 E-R 图），然后按照一定的规则把它们集成起来，从而设计出系统的全局概念结构（全局 E-R 图）。e_learning 数据库的概念结构设计过程参见 2.1 节。

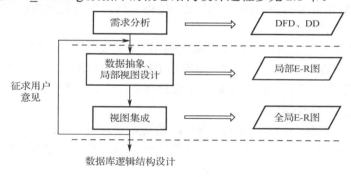

图 9.14　数据库概念结构设计步骤

2.　数据库逻辑结构设计

数据库逻辑结构设计的任务是把概念结构设计形成的 E-R 图转换为特定的数据模型（层次模型、网状模型、关系模型或面向对象模型），也就是形成某种数据库系统可以处理的数据库逻辑结构。如果转换为关系模型，就形成关系数据库逻辑结构。

数据库逻辑结构设计主要包括以下两个步骤。

（1）E-R 图向关系数据模式转换。将 E-R 图中实体及实体间的联系转换为关系模式，得到的一组关系模式的集合就是关系数据库逻辑结构。

（2）关系数据模型的优化。数据库逻辑结构设计可能存在不合理的地方，需要对设计进行评价并以关系模式规范化理论为指导对关系模型进行优化，使其符合第三范式。

e_learning 数据库的逻辑结构设计过程参见 2.2 和 2.3 节。

3. 数据库物理结构设计

数据库物理结构设计是指根据已经确定的数据库逻辑结构，利用选定的数据库管理系统（DBMS）提供的方法和技术，以合适的数据存储结构和存取方法设计出可实现的数据库。它依赖于给定的 DBMS，例如，选择 MySQL 与 Oracle 等设计的数据库，其物理结构会不同。物理结构设计得好，可以使系统的响应时间缩短、存储空间利用率提高。

在进行数据库物理结构设计时，首先要充分了解所用 DBMS，特别是系统提供的存储结构和存取方法；其次对常用查询和常用更新的事务进行详细分析，获得物理结构设计的一些特殊需求。关系数据库物理结构设计通常包括以下 5 个方面的内容。

（1）确定数据的存储结构

数据的存储结构设计包括两个方面，一是基本表和视图，二是数据库文件结构。

① 设计特定 DBMS 下的基本表和视图。将数据库逻辑结构中的关系模式转换为所选定 DBMS 可支持的基本表，并利用 DBMS 提供的完整性约束机制，在基本表上定义面向应用的业务规则。每种 DBMS 都提供了特定的数据类型支持，分析数据字典中对每个数据项的描述和取值说明，选取最合适的数据类型来描述关系模式中的各个属性，既要保证数据有效存储，又要避免空间浪费，还要考虑程序处理方便；属性的数据类型确定之后，还需要设计关系完整性约束。

② 选择数据库文件结构。每种 DBMS 都提供一种或若干种数据库文件结构，例如，堆、Hash、索引顺序存取方法、B+树等，一般由 DBMS 自动确定各数据库对象的文件结构。设计者也可根据应用系统的特点，为数据库选择合适的文件结构。

（2）设计数据的存取路径

索引可以提供快速访问数据的存取路径，通过建立索引能够提高以索引为依据的数据查询速度。本阶段主要工作是根据应用需求确定在关系的哪些属性或属性组上建立索引、哪些索引要设计为唯一索引或聚集索引等。

（3）确定数据的存放位置

数据库有基本表、索引、日志、数据库备份等各种数据，各类数据在系统中的作用和使用频率不同，应根据实际情况放在合适的物理介质中。数据库备份、日志备份等文件只在故障恢复时才使用，而且数据量很大，可以考虑存放在大容量专门存储设备中；应用数据、索引和日志使用频繁，要求响应时间短，必须放在支持直接存取的磁盘存储介质中。

如果计算机中有多个磁盘，则可以考虑将表和索引分别放在两个不同的磁盘中，在查询时，由于两个磁盘可以同时工作，使物理读写速度加快。也可以将比较大的表根据时间、地点划分为不同块存放在多个磁盘中，以加快存取速度，这在多用户环境下特别有效。

（4）确定系统配置参数

DBMS 产品一般都会提供系统配置变量、存储分配参数，供设计人员和数据库管理员对数据库进行物理优化。例如，同时使用数据库的用户数、同时打开的数据库对象数、内存分配参数、缓冲区分配参数、存储分配参数、物理块的大小、物理块装填因子、时间片大小、数据库的大小、锁的数目等，这些参数值都有可能影响存取时间和存储空间的分配。在初始情况下，系统为这些变量赋予了默认值，在进行数据库物理设计时可重新赋值，以改善系统性能。

（5）评价数据库物理结构设计

在数据库物理结构设计过程中要对数据库的时间效率、空间效率、维护代价和用户要求进行权衡，其结果可能产生多种方案。应通过细致的定量评价，从中选择一个较优方案。

3.2 节给出了在 MySQL 中 e_learning 数据库物理结构的表和索引设计，其他设计工作请读者参考有关知识自行尝试。

9.4.4　用户界面设计

用户界面（User Interface，UI）描述了用户如何与计算机系统交互，它由硬件、软件、界面、各种菜单、功能、输出及影响人机通信的一些特性组成，是人与计算机之间传递、交换信息的接口，是用户使用信息系统的综合操作环境，是信息系统质量的一个重要指标。

用户通过界面向系统提供命令、输入数据，这些信息经系统处理后，又通过界面把产生的输出信息回送给用户。因此，用户界面的核心内容包括显示风格和用户操作方式，它集中体现了系统的输入/输出功能，以及用户对系统的各个部件进行操作的控制功能。

1. 用户界面设计的内容

基于对业务功能和用户需求的理解，系统用户界面设计的工作流程包括以下三个部分。

（1）结构设计。结构是界面的骨架，可以根据系统功能结构图确定系统用户界面的总体结构。对于 Web 数据库应用程序来说，包括版式设计、导航设计、菜单命令、功能布局和应用程序的交互特性等。

（2）交互设计。人机交互是指用户通过计算机与系统的交互对话，包括为每个功能页面设计输入/输出格式、窗体控件布局和交互信息，为屏幕显示和报表设计进行布局。

（3）视觉设计。在结构设计和交互设计的基础上，参照目标群体的心理模型和任务目标进行视觉设计，包括色彩、字体、页面效果等。视觉设计要达到让用户愉悦的目的。

【例 9.9】设计某宝主题市场首页（见图 9.15），要求：版式紧凑、操作方便。

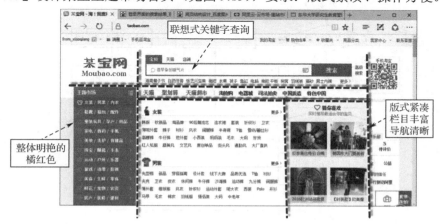

图 9.15　设计某宝主题市场首页

2. 用户界面设计的原则

用户界面设计的基本原则是以用户为中心，要理解系统基本业务功能和用户需求，从用户角度思考，简洁和易于操作。最好的界面是那些用户不会留意的界面，意思是它正是用户所希望的。具体要注意以下的一般原则。

（1）友好明确的人机交互。用户界面用统一的风格来构造菜单、命令输入、信息显示等功能；界面控件选取合理、布局整齐；能提供有意义的反馈；对任何破坏性操作要求都要提供确认；允许大多数操作能够返回；减少操作中需要记忆的信息量；尽量提高对话、动作和思维的效率；能容忍一定的错误；提供用户求助机制。

（2）减少数据输入，保证数据质量。仅输入必要的数据，能从系统中查找或计算获得的数据就不要输入；保证信息显示与数据输入的一致性，为输入提供帮助；使用数据验证来检查输入数据的有效性，包括数据类型、范围和限制、输入顺序等，提高数据质量。

（3）直观的数据显示和输出。典型的数据输出包括屏幕显示和打印输出。屏幕显示信息要完整、明确，最好具有智能；可通过文字、表格、图片或者声音等多种方式显示；只显示与当前上下文相关的信息；可以使用一致的标记、标准的缩写形式和隐含的颜色来显示相关信息；能生成有意义的报错信息；在显示屏上能合理分布。打印输出主要是指报表设计，可以针对业务的详细信息、统计汇总信息等设计报表、图表，对标题、页眉页脚、细节显示区等进行详细设计，形成规范的可打印输出的报表。

9.4.5 处理过程设计

处理过程设计按照系统功能结构图中各模块功能的要求，考虑系统开发环境与工具的特点，并结合界面设计，确定每个模块的计算机处理流程和相关数据存储需求，为系统实施中的编程与测试提供依据。可以使用程序设计语言描述，也可以使用流程图描述。

【例 9.10】"e 学习"系统用户的注册/登录流程图（见图 9.16）。

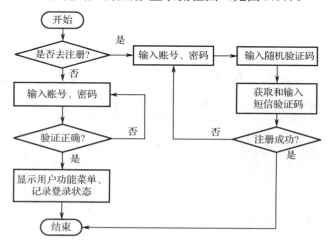

图 9.16　用户注册/登录的流程图

9.4.6　系统设计说明书

系统设计说明是对系统各主要技术方面设计的完整说明，是系统实施的基础和依据。因此它必须全面、准确和清楚地阐明系统的技术方案和在实施过程中所采取的技术手段、方法和技术标准，以及相应的环境条件。按完成阶段和描述内容可分为概要设计和详细设计两类。

概要设计说明书又可称系统设计说明书，主要包括系统架构设计、系统功能结构设计、模块划分、功能分配、数据库设计、交互页面的总体结构、风格设计和出错处理设计等。以概要设计为基础，详细设计说明书对系统功能模块中的每个窗口或页面布局、处理流程、实现算法、数据输入/输出等进行详细说明，作为应用程序开发的依据。

9.5　系统实施

实施阶段将系统分析和设计的成果转化为可实际运行的系统，主要工作包括应用程序开发、系统测试、建立文档、系统安装和系统转换运行。系统实施将交付一个具有完整功能的文档化的可运行的信息系统。

1.　应用程序开发

应用程序开发根据系统分析和系统设计的结果，建立实际数据库结构，使用所选定的程序设计语言，编写与调试应用程序，实现系统功能。为了保证程序开发的正确有效，程序设计人员必须仔细阅读系统分析和系统设计所形成的相关文档资料，充分理解系统设计阶段对系统各模块功能和信息处理过程的描述、数据库设计、用户界面设计、输出报表等，还要参考系统分析阶段所形成的 E-R 图、数据流图、数据字典等。

注意选择合适的程序设计语言和开发工具，程序中要有充分的注释、规范的数据格式说明，以增强程序的可读性和可维护性。

2.　系统测试

系统测试是保证系统开发质量的重要手段。测试的目的是验证系统是否满足需求规格定义，并在发现问题之后找出错误原因和位置，然后进行改正。不仅要测试软件，还要测试数据库、网络、硬件、外设，以及某些支持软件及其接口等。系统测试的主要内容如下。

① 功能测试：即实际运行应用程序，执行各种功能操作，测试信息系统的功能是否正确，其依据是需求分析文档。由于正确性是系统最重要的质量因素，因此功能测试必不可少。

② 性能测试：即测试系统的处理能力，一是为了检验性能是否符合需求，二是为了得到某些性能数据供用户参考。主要包括并发能力测试、疲劳强度测试、大数据量测试和速度测试等。性能测试一般通过自动化测试工具模拟多种正常、峰值，以及异常负载条件来对系统的各项性能指标进行测试。

其他还包括：用户界面测试，即测试系统的易用性和视觉效果等；健壮性测试，即测试系统在异常情况下能够正常运行的能力，包括容错能力和恢复能力；安全性测试，即测试系统防止非法入侵的能力；安装与卸载测试，即测试系统安装、卸载过程是否简便、正确等。

系统测试应遵循以下基本原则：测试工作应避免由开发者自己承担；测试数据既要包括正确的、合理的数据，也要测试无效的或不合理的数据；不仅检验系统应该完成的功能，还要检查系统不该有的行为。

3. 文档整理

在信息系统开发的整个过程中，都要使用文档来记录和描述系统需求、分析、设计、报告和说明。它们帮助技术人员、用户和管理者之间进行交流，是各阶段转入下一个阶段工作的依据。在系统实施阶段，要对整个系统的文档进行复查、整理和完善，保证它们能够完整、准确地描述已实现的系统。文档将随系统一同交付给用户，是系统运行和维护的依据。

① 程序文档：为将来维护系统的程序员提供必要的资料描述，包括所有程序模块的输入/输出和处理逻辑，还包括系统设计阶段的各种过程描述、输入/输出设计等内容。

② 系统文档：描述系统功能及其实现方法，主要包括系统分析和系统设计阶段完成的系统需求说明书、系统设计说明书等。

③ 操作文档：描述系统管理规程，是给系统管理员提供的系统维护说明。

④ 用户文档：为系统使用者提供的使用说明，包括用户手册、联机帮助等。

为了使文档容易理解和便于交流，应尽可能采用标准化的文档模板撰写文档，可以参考国家标准《计算机软件产品开发文件编制指南》。

4. 系统安装

系统实际运行环境包括计算机网络及专门的硬件和软件支持，安装过程如下。

① 建立系统运行环境：保证网络正常工作，安装和配置服务器，例如，建立 RAID 磁盘冗余阵列、备份设备，安装操作系统、数据库管理系统、Web 服务程序等。

② 安装应用系统：对于 B/S 架构系统，需要在数据库服务器中创建数据库、定义数据库用户并设置其访问权限，在 Web 服务器中安装 Web 网站程序；如果是 C/S 架构系统，还需要在用户的机器中安装客户端程序。

③ 数据转换：将业务数据加载到所开发的系统中，需要进行数据转换。如果是新系统取代旧系统，则需要将旧系统中的数据导出，转换为符合新系统的数据格式后导入新系统；如果是新系统取代人工系统，则所有数据都需要人工录入或从其他数据源导入。

5. 系统转换

系统转换是指新系统替换手工工作或原有系统而投入在线运行的过程。系统转换涉及人员、设备、组织机构及职能的调整，有关资料和使用说明书的移交等。系统转换的最终结果是将系统控制权全部移交给用户。

系统转换方式主要有：直接转换，即新系统直接替换旧系统，方式简单，但风险大；并行转换，即新、旧系统同时运行一段时间，费用较高但风险低；折中的方式是逐步转换，即新系统一部分一部分地替换旧系统，最终全部替换。

9.6　系统运行与维护

系统运行与维护是系统生命周期的最后一个阶段，也是持续时间最长、付出代价最大的阶段。前面各阶段的细致工作，其中一个目的就是提高系统的可维护性，降低维护的代价。系统维护需要专业管理人员进行。该阶段主要包括 4 类维护工作。

① 改正性维护：诊断和改正在使用过程中发现的系统错误。

② 适应性维护：修改系统以适应环境变化。

③ 完善性维护：根据用户要求改进或扩充系统。

④ 预防性维护：修改系统为将来的维护活动预先做准备。

对于信息系统来说，除了保证系统正确运行，系统的安全性、数据备份和恢复的管理也非常重要，是系统维护的重要工作。

9.7　信息系统安全

信息系统的广泛应用使信息安全问题愈加突出。本节简单介绍系统安全与威胁及保护措施。

（1）系统安全与威胁

信息系统安全保护主要包括以下三个方面。

① 物理安全是指对网络与信息系统的物理装备的保护。所面对的威胁主要包括电磁泄漏、通信干扰、信号注入、人为破坏、自然灾害、设备故障等。

② 运行安全是指对网络与信息系统的运行过程和运行状态的保护。所面对的威胁包括非法使用资源、系统安全漏洞利用、网络阻塞、网络病毒、越权访问、非法控制系统、黑客攻击、拒绝服务攻击、软件质量差、系统崩溃等。

③ 数据安全是指对信息在数据收集、处理、存储、检索、传输、交换、显示、扩散等过程中的保护，使得在数据处理层面保障信息依据授权使用，不被非法冒充、窃取、篡改、抵赖。所面对的威胁包括窃取、伪造、密钥截获、篡改、冒充、抵赖、攻击密钥等。

（2）信息系统安全保护措施

信息系统安全需要综合采用各种措施来进行保障。

① 法规保护：通过法律法规来明确用户和系统维护人员应履行的权利与义务，保护合法的信息活动，惩处信息活动中的违法行为。

② 技术规范：包括技术标准和技术规程，如计算机安全标准、网络安全标准、操作系统安全标准、数据和信息安全标准等。

③ 行政管理：建立安全组织机构和安全管理制度，以维护信息系统的安全。

④ 人员教育：对信息系统相关人员进行有关安全、信息保密、职业道德和法律教育。

⑤ 技术措施：对系统资源划分安全等级、采用必要的安全技术。

（3）信息系统安全技术

技术措施是信息系统安全的重要保障，需要从数据、软件、网络、运行、反病毒等各方面予以保护，涉及密码、防火墙、病毒防治、身份鉴别、访问控制、备份与恢复、数据库安全等多种技术。

① 密码技术：较成熟的有数字签名、认证技术、信息伪装技术。

② 防火墙技术：是在企业内部网络和外部网络之间的一种隔离技术。设置防火墙实施网络之间的安全访问控制，可防止非法入侵，确保企业内部网络的安全。

③ 病毒防治技术：包括防病毒、检测病毒和消毒技术。

④ 身份鉴别技术：包括识别码及密码、IC 卡，以及指纹、掌形、虹膜等生物特征识别技术。

⑤ 访问控制技术：包括入网控制、权限控制、目录级控制、属性控制等多种手段。

⑥ 备份与恢复技术：包括磁盘冗余阵列技术（RAID）、备份/恢复技术、双机热备技术、异地数据中心等。

⑦ 数据库安全技术：包括数据库中的身份认证、存取控制、审计、数据加密等技术。

（4）信息系统安全的相关法律

制定信息系统的相关法律法规及信息系统的技术标准和技术规范，是规范和制约信息系统的开发与利用的重要措施。

① 网络安全法

自 2017 年 6 月 1 日起施行的《中华人民共和国网络安全法》是我国一部全面规范网络空间安全管理方面问题的基础性法律。它与《中华人民共和国国家安全法》《中华人民共和国反恐怖主义法》《中华人民共和国刑法》《中华人民共和国保守国家秘密法》《中华人民共和国治安管理处罚法》《中华人民共和国电子签名法》《全国人民代表大会常务委员会关于加强网络信息保护的决定》《全国人民代表大会常务委员会关于维护互联网安全的决定》《中华人民共和国计算机信息系统安全保护条例》，以及中华人民共和国国务院公布的《互联网信息服务管理办法》等现行法律法规共同构成我国关于网络安全管理的法律法规体系。

② 软件产权保护和产业发展相关法律法规

我国还有以下一些法律法规与信息系统安全相关，保护知识产权、软件和信息技术服务行业规范有序发展，主要有：《中华人民共和国著作权法》《中华人民共和国著作权法实施条例》《中华人民共和国专利法》《中华人民共和国专利法实施细则》《中华人民共和国商标法》《中华人民共和国商标法实施细则》《中华人民共和国反不正当竞争法》，以及中华人民共和国国务院公布的《计算机软件保护条例》、国家工商行政管理局发布的《关于禁止侵犯商业秘密行为的若干规定》等。

③ 刑法中的有关条款

《中华人民共和国刑法》中列出了计算机犯罪的若干形式：

➢ 非法侵入计算机信息系统罪

➢ 非法获取计算机信息系统数据、非法控制计算机信息系统罪

➢ 提供侵入、非法控制计算机信息系统程序、工具罪

> ➢ 破坏计算机信息系统罪
> ➢ 网络服务渎职罪
> ➢ 拒不履行信息网络安全管理义务罪
> ➢ 利用计算机实施犯罪的提示性规定
> ➢ 非法利用信息网络罪
> ➢ 帮助信息网络犯罪活动罪

（5）信息技术伦理道德问题

信息技术产品具有许多新特征，如知识密度大、复制方便、窃取容易、易于篡改等。加上其应用日益广泛，所带来的社会效应与传统产品截然不同，出现了一系列新的伦理道德问题，如侵犯个人隐私权、侵犯知识产权、非法存取信息、信息责任归属、信息技术的非法使用、信息的授权等。这些问题用传统的社会伦理法则难以定义、解释和调解，相应的法律法规又很难对细节全面覆盖，这需要每个个人和组织都担负起信息道德义务。

在当前条件下，信息技术伦理道德至少包括以下几个方面的内容和要求：具有社会责任感；尊重知识和知识产权；独立、自主和合作精神；形成自我保护和尊重他人的思想；形成资源共享、公平使用的信息意识；注重收集、发送信息的可靠性、可信性，并承担信息责任；加强人本意识；坚决与计算机犯罪进行斗争并相互监督。

实验与思考

模板文件

实验目的：了解系统分析与设计文档中常用描述模型的设计与应用方法，掌握使用文档制作工具（Word、Excel、Visio 等）制作描述模型的方法。

实验环境及素材：Word、Visio、Excel，模板文件"火车订票系统设计_模板.doc"。

火车订票系统的主要功能包括用户网上购票和车站售票统计。涉及的信息主要包括：乘客身份证号、乘客姓名、联系电话、车次、始发站、目的站、发车时间、到站时间、车厢号、座位号、车票价格、购买时间等。请针对该需求完成以下系统分析与设计工作。

以自己的信息重命名模板文件名为"学号姓名_火车订票系统设计.doc"，以对象方式复制有关题目所绘制的图表。

1．使用甘特图完成项目进度计划表的制作，分 5 个阶段：系统规划、系统分析、系统设计、系统实施、系统运维，时间段自己定义。

提示：使用 Visio 绘制甘特图。

2．给出系统需求说明书，内容包括：需求描述，绘制系统的关联图和 0 层数据流图，针对数据流图给出数据字典。

3．给出系统设计说明书，内容包括：绘制系统架构图、系统功能结构图、数据库 E-R 图；设计满足第三范式的关系模型；完成数据库存储结构设计（包括完整性约束定义）；使用 Visio 或 Visual Studio 完成购票页面的设计；给出购票功能的处理流程设计。

系统案例与云部署

本章介绍两个系统案例及在云服务器上部署和发布网站的方法。"网上书店"系统案例支持全书各章节的实验，本章给出系统设计说明。"e 学习"系统案例是全书教学案例，本章补充介绍一些典型页面实现的热点技术，包括动态控件、文件上传、视频播放、MD5 加密、二维码生成、分享转发、刷脸注册等。扫描文前"本书资源"中的二维码可免费获取"e 学习"系统源代码和用户手册。

10.1 "网上书店"系统案例

本节介绍一个"网上书店"系统案例的设计，全书各章节的实验主要以该案例为基础。读者也可以通过该案例进一步学习和体会信息系统的设计方法。

10.1.1 系统分析

网上购物已经成为一种新兴的消费形式，网上开店需要一个数据库应用系统的支持。下面围绕一个简单的网上书店系统的开发进行分析和设计。

1. 系统目标

本系统支持图书管理、网络购书、客户分析三方面的功能，兼具事务处理和简单决策分析支持的功能。

2. 系统分析

（1）业务需求

通过调研几个典型购物网站的功能，对网上书店的主要业务进行分析，确定网上书店主要有三类用户角色：客户、员工、店长。他们各自的主要业务处理需求如下：

① 客户在系统中完成图书浏览和订购操作。主要业务和流程包括：查询、浏览图书商品→放入购物车→选择支付方式、发货方式和填写个人信息→生成和提交订单。

② 员工在系统中完成商品管理、订单处理等操作，包括：图书上架、下架；图书折扣管理；图书信息汇总；订单查看→订单处理（本书简化系统，仅包含费用结算，不包含支付、发货等，此处的订单处理仅实现订单完成情况标记，即标记"发出""结单"等状态）。

③ 店长在系统中获得图书销售状况分析、客户分析以制定营销策略：图书信息汇总（包括分类汇总），销售情况分析（包括按时间、图书类别、客户地域、客户类别等汇总销售情况），客户分析（按客户订单汇总、客户兴趣分析、客户重要性分析、客户忠诚度分析等），按照用户等级制定营销特惠折扣标准。

（2）数据处理需求

系统涉及的主要数据源有图书数据、客户数据、购买数据，产生图书信息表、客户信息表、订单、客户分析表、销售分析表等。结合业务处理需求，数据流图如图 10.1 所示。

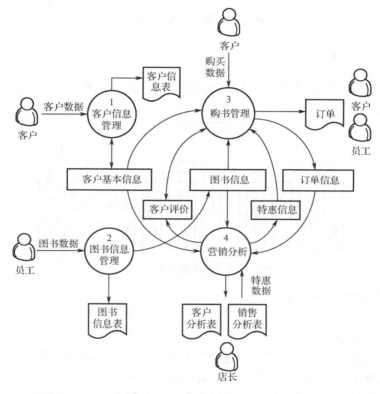

图 10.1　网上书店的数据流图

10.1.2　系统设计

1. 系统架构及技术方案

网上书店的客户分布在不同的地域，凡是可以接入互联网的用户都可以成为网上书店的客户。另外，考虑店长和店员可随时随地地访问系统，系统采用 B/S 架构（见图 10.2）。

由于系统采用 B/S 架构，因此可选择 ASP.NET 开发环境，使用 C#语言开发；数据库采用 MySQL；系统租用云服务器部署，采用 Microsoft IIS 发布。

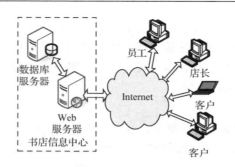

图 10.2　网上书店系统架构

2. 系统功能结构

根据需求分析所获得的业务需求和数据流图，可以定义系统功能结构图如图 10.3 所示。

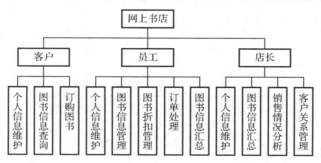

图 10.3　网上书店的系统功能结构图

各模块详细功能说明如下。

（1）客户

① 个人信息维护

➤ 新用户注册：添加一个用户，自动生成客户号（按当前最大号加 1 生成流水号）。

➤ 个人信息维护：修改个人信息，注意不能修改客户号和客户姓名。

➤ 个人密码修改：当前密码、两次新密码输入验证后进行密码修改。

➤ 客户评价查询：显示评价时间、客户等级、折扣，但不可修改。

➤ 购买记录查询：按时间区间查询汇总个人购书记录。

② 图书信息查询

➤ 按照图书名称、书号、作者、出版社等查询图书信息。

➤ 按照最新出版时间列表查询图书详细信息。

③ 订购图书

➤ 查询图书：根据图书名称、书号、作者、出版社等组合查询图书及相关信息，单击出版社可以查询出版社相关信息。

➤ 生成订单：选择或退选图书，填写购书数量，加入购物车，选择支付方式、发货方式、送货地址等，生成和提交订单。

> ➢ 查询订单状态：查询订单状态。
> ➢ 撤销订单：撤销订单。注意，对处于"已发货""结单"状态的订单不能撤销。

（2）员工

① 个人信息维护

> ➢ 个人密码修改：当前密码、两次新密码输入验证后进行密码修改。

② 图书信息管理

> ➢ 查询图书信息：按照图书名称、作者等查询单本图书信息，或者多本图书的列表信息。
> ➢ 维护图书信息：包括增加（书号按照流水号自动生成）、删除、修改图书等。
> ➢ 维护出版社信息：包括增加（出版社号按照流水号自动生成）、删除、修改出版社等。

③ 图书折扣管理

> ➢ 查询指定图书后修改其折扣信息。

④ 订单处理

> ➢ 查询汇总待处理的订单。
> ➢ 订单处理：修改订单状态。

⑤ 图书信息汇总

> ➢ 按照各种查询要求生成图书信息汇总表。

（3）店长

① 个人信息维护

> ➢ 个人密码修改：当前密码、两次新密码输入验证后进行密码修改。

② 图书信息汇总

> ➢ 按照各种查询要求生成图书信息汇总表。

③ 销售情况分析

> ➢ 按时间、图书名称、图书类别、地域等汇总销售情况，查询和生成相关信息报表。
> ➢ 生成各类图书的销量分析图。

④ 客户关系管理

> ➢ 按照各种查询要求生成客户信息汇总表。
> ➢ 按客户等级、客户地域、客户兴趣、购买频度等生成分析报表和图表。
> ➢ 客户等级、忠诚度设置。
> ➢ 客户特惠标准设定。

3. 数据库设计

（1）数据库概念结构设计

系统主要涉及图书和客户两个实体，它们通过"订购"活动建立联系，一个客户可以多次购书，一次购书可以买多本图书；另外还有出版社实体、员工实体、客户评价实体、特惠标准实体等，分析定义各实体的属性，建立实体联系模型的 E-R 图（见图 10.4）。

（2）数据库逻辑结构设计

将数据库的 E-R 图转化为如下 8 个基本关系模式，数据库的关系图如图 10.5 所示。图中，加下画线的字段为主键，加"*"号的字段为外键。

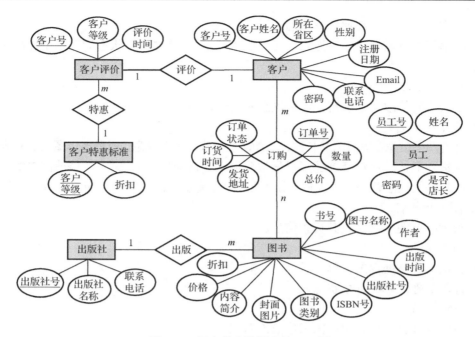

图 10.4　网上书店数据库的 E-R 图

员工（<u>员工号</u>，姓名，密码，是否店长）

客户（<u>客户号</u>，客户姓名，性别，所在省区，Email，联系电话，注册日期，密码）

客户评价（<u>客户号</u>，客户等级*，评价时间）

图书（<u>书号</u>，图书名称，作者，出版社号*，出版时间，ISBN 号，图书类别，封面图片，内容简介，价格，折扣）

出版社（<u>出版社号</u>，出版社名称，联系电话）

订单（<u>订单号</u>，客户号*，发货地址，订货时间，订单状态）

订单详细情况（<u>订单号</u>*，<u>书号</u>*，数量）

客户特惠标准（<u>客户等级</u>，折扣）

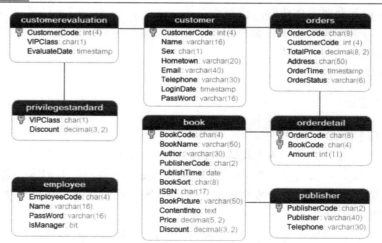

图 10.5　网上书店数据库的关系图

（3）数据库物理结构设计

bookstore 数据库包括 8 个关系表，其中表 10.1（a）～10.8（a）为表结构，表 10.1（b）～10.8（b）为表中部分数据记录内容。

① book（图书）表：存储图书基本信息。

表 10.1　book 表

（a）表结构

字 段 名 称	字 段 说 明	类 型 定 义	属 性 限 定	索　引	关系（外键）
BookCode	书号	char(4)	Primary Key	主索引	
BookName	图书名称	varchar(50)	Not Null	索引 1	
Author	作者	varchar(30)	Not Null		
PublisherCode	出版社号	char(2)	Not Null	索引 2	publisher: PublisherCode
PublishTime	出版时间	date	Not Null	索引 2	
BookSort	图书类别	char(8)		索引 3	
ISBN	ISBN 号	char(17)			
BookPicture	封面图片文件名	varchar(50)			
ContentIntro	内容简介	text			
Price	价格	decimal(5,2)	Not Null		
Discount	折扣	decimal(3,2)	Not Null, Default 1		

备注：BookSort（图书类别）取值为少儿、计算机、社会、生活、体育、外语、其他。

（b）部分数据记录

BookCode	BookName	Author	PublisherCode	Publish_Time	Book_Sort	ISBN	Content_Intro	Price	Discount
0102	大学日语	罗中	21	2009-11-01	外语	780211001	NULL	32.3	0.8
0201	计算方法	曹雪麟	02	2008-08-01	数学	769808007	NULL	40	0.65
0202	高等数学	姜洪理	01	2009-11-01	数学	760211001	NULL	20	0.6
0301	飘	玛格丽特·米切尔	13	2000-02-02	文学	729808002	NULL	30	0.8
0504	小兔汤姆	玛莉-阿丽娜·巴文	13	2009-01-01	少儿	720211004	汤姆要上幼儿园	30	0.9
0701	机械原理	王实甫	02	2007-11-01	其他	760211004	NULL	20	0.9
0801	VB 程序设计	海岩	01	2010-11-11	计算机	720201001	NULL	29	0.5
0803	数据库应用系统技术	刘晓强	03	2019-03-01	计算机	712135509	NULL	45	0.7

② publisher（出版社）表：存储出版社的基本信息。

表 10.2 publisher 表

(a) 表结构

字 段 名 称	字 段 说 明	类 型 定 义	属 性 限 定	索 引	关系（外键）
PublisherCode	出版社号	char(2)	Primary Key	主索引	
Publisher	出版社名称	varchar(40)	Not Null		
Telephone	联系电话	varchar(30)			

(b) 部分数据记录

PublisherCode	Publisher	Telephone
01	高等教育出版社	010-24243255
02	机械工业出版社	010-98643234
03	电子工业出版社	010-88258888
12	大众文艺出版社	010-23456433
13	作家出版社	0451-35325325
21	上海外国语出版社	021-35325325

③ customer（客户）表：存储客户基本信息。

表 10.3 customer 表

(a) 表结构

字 段 名 称	字 段 说 明	类 型 定 义	属 性 限 定	索 引	关系（外键）
CustomerCode	客户号	int(4)，自增	Primary Key	主索引	
Name	客户姓名	varchar (16)	Not Null	索引 1	
Sex	性别	char (1)	Not Null		
Hometown	所在省区	varchar (20)		索引 2	
Email	E-mail 地址	varchar (40)			
Telephone	联系电话	varchar (30)	Not Null		
LoginDate	注册日期	timestamp	Default CURRENT_TIMESTAMP		
PassWord	密码	varchar (16)			

备注：Hometown 按照国家行政区域划分取值到省（区）名。

(b) 部分数据记录

Customer Code	Name	Sex	Hometown	Email	Telephone	LoginDate	PassWord
1001	黎念青	男	北京市	lnq@sina.com	23478923	2017-03-09	lnq676789
1202	黄蓉	女	天津市	huangrong@dhu.edu.cn	63478445	2014-01-01	hr121212
1301	梅维锋	男	重庆市	meiwf88@hotmail.com	52346887	2016-08-09	mwf125678
2001	刘一君	男	浙江省杭州市	liuyijun@sina.com	63458929	2015-03-09	lyj787878
2101	周晓宇	男	安徽省合肥市	zhouxiaoyu@163.com	67798825	2013-12-05	zxy123456
2401	刘炎林	男	山东省青岛市	liuyanlin@126.com	63478923	2018-12-03	lyl121212

④ privilegestandard（客户特惠标准）表：存储根据客户等级制定的优惠标准。

表 10.4　privilegestandard 表

（a）表结构

字 段 名 称	字 段 说 明	类 型 定 义	属 性 限 定	索　引	关系（外键）
VIPClass	客户等级	char(1)	Primary Key, Default "D"		
Discount	折扣	decimal(3,2)	Not Null Default 1		

（b）部分数据记录

VIPClass	Discount
A	0.90
B	0.95
C	0.98
D	1

⑤ customerevaluation（客户评价）表：存储对客户的等级评价信息。

表 10.5　customerevaluation 表

（a）表结构

字 段 名 称	字 段 说 明	类 型 定 义	属 性 限 定	索　引	关系（外键）
CustomerCode	客户号	int(4)	Primary Key	主索引	customer: CustomerCode
VIPClass	客户等级	char(1)	"A"~"D", Default "D" Not Null		privilegestandard:VIPClass
EvaluateDate	评价时间	timestamp	Not Null, Default CURRENT_ TIMESTAMP		

（b）部分数据记录

CustomerCode	VIPClass	EvaluateDate
1001	C	2018-07-23
1202	C	2018-04-05
1301	A	2017-10-15
2001	C	2018-05-29
2101	D	2018-08-25

⑥ orders（订单）表：存储订单的基本信息。

表 10.6　orders 表

（a）表结构

字 段 名 称	字 段 说 明	类 型 定 义	属 性 限 定	索　引	关系（外键）
OrderCode	订单号	char(8)	Primary Key	主索引	
CustomerCode	客户号	int(4)	Not Null	索引	customer: CustomerCode
TotalPrice	总价格	Decimal(8,2)			
Address	发货地址	varchar(50)	Not Null		
OrderTime	订货时间	timestamp	Not Null, Default CURRENT_TIMESTAMP		
OrderStatus	订单状态	nvarchar(6)	Default "待处理"		

备注：OrderStatus 取值为待处理、已发货、结单。

（b）部分数据记录

OrderCode	CustomerCode	TotalPrice	Address	OrderTime	OrderStatus
08110801	1301	274.50	北京市亚运村小营东路 3 号凯基伦大厦	2018-04-24	已发货
10060801	2401	25.28	北京市东门 123 号	2018-06-08	结单
10060802	2401	52.92	江苏省无锡市紫竹桥路 90 号	2018-09-20	待处理
10080701	1202	70.56	天津市万泉庄 11 号楼	2018-06-22	待处理

⑦ orderdetail（订单详细情况）表：存储订单购买的商品信息。

表 10.7　orderdetail 表

（a）表结构

字 段 名 称	字 段 说 明	类 型 定 义	属 性 限 定	索　引	关系（外键）
OrderCode	订单号	char(8)	Primary Key	主索引	orders: orderCode
BookCode	书号	char(4)	Primary Key	主索引	book: BookCode
Amount	数量	int(11)	Default 0	Not Null	

（b）部分数据记录

OrderCode	BookCode	Amount
08110801	0202	10
08110801	0801	6
08110801	0803	5
10060801	0701	2
10060802	0701	3
10080701	0301	3

⑧ employee（员工）表：存储员工和店长基本信息。

表 10.8　employee 表

（a）表结构

字 段 名 称	字 段 说 明	类 型 定 义	属 性 限 定	索　　引	关系（外键）
EmployeeCode	员工号	char(4)	Primary Key	主索引	
Name	姓名	varchar(16)	Not Null	索引	
PassWord	密码	varchar(16)			
IsManager	是否店长	bit	Not Null, Default 0		

备注：员工和店长信息都存放在 employee 表中，当 IsManager 取值为 1 时，即为店长。

（b）部分数据记录

EmployeeCode	Name	PassWord	IsManager
1001	张志文	zhang123456	1
1002	王理清	wang121212	0
1003	赵天	zhao343434	0

（4）数据库对象设计（参考第 4 章实验）
➤ 存储过程建立在 MySQL 服务器端，在 Web 数据库应用程序中使用存储过程可以简化客户端程序，提高系统运行效率，并且减少网络信息传输量。
➤ 触发器可以用来维护数据的一致性，当对表进行更新时被触发执行。
➤ 视图是 MySQL 服务器端的一个虚表，可以简化客户端程序并提高访问安全性。
（5）数据库维护设计（略）
➤ 访问安全维护：为数据库各用户分配恰当的访问权限，删除不使用的用户账户。
➤ 数据安全维护：制定数据库备份和恢复策略，建立数据库维护计划，定期备份。

4．业务处理相关算法设计

本系统中业务流程相对简单，涉及的算法较少。如果系统要支持更多营销策略，则需要数据库中有更多的数据项或表的支持，尤其是客户分析方面的扩展。下面仅对本系统所使用的算法举例说明如下。

（1）客户等级

系统将客户分为 4 个等级：A（VIP 客户）、B（重点客户）、C（一般客户）和 D（维持客户）。客户等级依据客户 2 年内消费总额的排名来划分（见表 10.9）。

表 10.9　客户等级划分判定表

等　　级	划 分 依 据
A	消费总额排名在前 10%以内
B	消费总额排名在前 10%～20%以内
C	消费总额排名在前 30%～90%以内
D	消费总额排名在后 10%以内

（2）折扣计算

实际书价=book.Price*book.Discount

（3）客户奖励

实际书价=book.Price*book.Discount*privilegestandard.Discount

5. 系统开发设计说明

系统开发设计涉及很多详细的设计内容，限于篇幅，这里只给出一般性说明和要求。

（1）模块设计

按照系统结构设计，本系统应该包括三个模块：面向客户的网上购书模块，面向店员的业务管理模块和面向店长的统计分析模块。

（2）界面设计要求

➤ 系统菜单、控件标题、超链接等以业务功能描述，避免以数据库操作本身描述。

➤ 每类功能操作尽可能集中在一个界面上，减少用户导航。例如，信息维护页面要包含查询、列表显示、单条记录维护等功能。

➤ 页面控件选择、布局等应根据 B/S 程序的风格恰当地设计，方便用户使用。

➤ 删除、修改等操作需要先查询显示，再选择操作，并且需要再次确认后才能实施。

➤ 页面简洁，内容分隔清晰。

➤ 用户根据不同的身份登录系统将看到不同的用户界面。

➤ 有用户登录界面（即进行身份验证，用户根据权限使用不同的功能）。

（3）程序设计注意事项

➤ 注意输入有效性检查，即用程序检验用户输入的数据是否符合数据类型或格式需求。如果不符合，则提醒其重新输入，从而保证与数据库的正确交互，以及保证数据库信息的有效性。

➤ 过程和函数的使用：将一些具有独立功能的程序段编写为过程或函数，这样不仅能使程序结构模块化，而且可以通过过程或函数多次调用共享代码。

➤ 将存储过程建立在 MySQL 服务器端，可以简化客户端程序，提高系统运行效率，并且减少网络信息传输量。

➤ 将视图建立在 MySQL 服务器端，可以简化客户端程序和提高访问安全性。

➤ 触发器建立在数据表上，当对数据库进行更新操作时，将会自动执行，可以维护数据的一致性。如果一般性的关系完整性约束规则无法实现数据约束，则可使用触发器实现。

➤ 事务处理的使用：保证业务原子性和一致性。例如，生成订单或撤销订单时必须同时完成对 orders 表和 orderdetail 表的修改操作，以保持数据一致性。

➤ 报表和数据图表的使用：报表和数据图表要简明清晰、内容布局合理、字体适宜。

10.2 "e 学习"系统案例

10.2.1 系统简介

1. 案例说明

"e 学习"系统是一个基于 Web 的信息系统,为读者提供将所学知识运用于系统开发实践的完整案例。作为一个与教材配套的教学案例,该系统基本涵盖了在线学习系统应有的常用功能。学习者可以很容易通过补充细节将其扩展成实用的系统。

系统基于本书教学案例数据库 e_learning 开发,充分运用前面各章节所学知识,还扩展了一些典型的实现技术。读者可通过阅读、调试源代码,提高 Web 信息系统的开发技能。

2. 系统功能

"e 学习"系统的功能以课程为核心,用户的各种操作主要围绕课程进行。整个系统由学生子系统、教师子系统和教务员子系统三部分构成,系统主要功能如图 9.13 所示。

系统首页以课程封面图片的形式列出当前开出的在线课程(见图 10.6),用户单击课程封面图片可查看该课程的详细信息。特别地,教务员在系统中被定义为特殊身份的教师,他用教师身份和教务员身份登录后将看到不同的工作菜单。

图 10.6　系统首页

用户未登录时,系统首页只有"首页"和"关于"两个菜单,后者给出了系统的简要介绍。用户单击网页右上角的"登录"按钮,输入用户名和密码后登录系统,才能正常使用系统提供的功能。有关系统的使用方法,请参阅"e 学习"系统用户手册。

10.2.2　热点技术

本系统案例开发除了充分运用前面各章所学数据库知识和系统开发技术，还采用以下技术实现了更丰富的页面功能和更友好的用户界面。

1. 动态控件

"e 学习"系统首页显示的课程门数依赖于数据库中课程的数量，无法在设计阶段静态确定 Image 控件的数量，因而必须在网页被访问时动态地生成 Image 控件。有很多 Web 技术可以实现控件的动态生成，其中最常用的方法是，由服务器端的程序在用户请求网页时访问数据库，根据获得的数据生成包含 HTML 基本控件的全部或部分网页代码，返回给浏览器显示。下面用一个简化的例子说明生成动态控件的方法。

【例 10.1】在页面中动态生成 Image 控件展示课程封面图片（见图 10.7）。

演示视频

图 10.7　展示课程封面图片

① 创建一个空网站 W101_DynamicControl。在网站根目录下新建一个文件夹 Photo，并把所有课程的封面图片文件复制到其中。

② 添加网页 Default.aspx。将页面 HTML 代码中的\<div\>标签修改为\<div id='m_div' runat='server'\>，即给\<div\>标签添加标识符，表示其在服务器端运行。

```
<%@ Page Language="C#" AutoEventWireup="true" CodeFile="Default.aspx. cs" Inherits="_Default" %>
<!DOCTYPE html PUBLIC "-//W3C//DTD XHTML 1.0 Transitional//EN" "http://www.w3.org/TR/
            xhtml1/DTD/xhtml11-transitional.dtd">
<html xmlns="http://www.w3.org/1999/xhtml">
<head runat="server">
    <title></title>
</head>
<body>
    <form id="form1" runat="server">
    <div id='m_div' runat='server'>
```

```
        </div>
      </form>
  </body>
</html>
```

③ 通过程序代码动态生成包含系列控件的 HTML 代码。在 Default.aspx.cs 文件的 Page_Load 事件过程中，添加生成 HTML 文档片段的代码，并用其替换网页中 m_div 的内容。

```
protected void Page_Load(object sender, EventArgs e)
{
    string s,course_code,course_image;
    int i,rows=0,columns=0,image_width = 200,image_height=90;    //Image 控件的宽度和高度
    s = "<table class='style1' align='center' width='90%' ><tr>";    //生成<table>标签
    for (i = 1; i < 11; i++)                    //生成 10 个 Image 控件显示课程封面图片
    {
        course_code = (1000 + i).ToString();
        course_code = "C" + course_code.Substring(1, course_code.Length- 1); //生成课程号
        course_image = course_code + ".jpg";        //生成课程封面图片文件名
        s = s + "<td align='center' width='" + image_width + "px' height='" + image_height + "px'>
                <a href='default.aspx?id=" + course_code + "'><img src='Photo/" + course_image +
                "' style='height:100%;width: 100%;'/></a> <br/> ";        //动态生成 Image 控件
        s = s + "<span> 课程编号：" + course_code + "</span>";
        s = s + "</td>";                        //一个单元格结束
        columns++;                          //列计数+1
        if (columns >= 4)                      //每行超过 4 张图片就换下一行
        {
            rows++;                        //行计数+1
            columns = 0;                      //换行后列计数归 0
            s = s + "</tr><tr>";                  //一行结束，开启下一行
        }
    }
    s = s + "</tr></table>";                    //一行结束、表格结束
    m_div.InnerHtml = s;                      //用生成的动态网页片段替换原m_div标签内容
}
```

Page_Load()中的代码生成了包含若干 HTML 基本标签的 HTML 文档片段：包含一个 <table>（表格）标签、三个<tr>（行）标签和 10 个<td>（单元格）标签。课程封面图片由在单元格中嵌入的<img>标签来显示。最后将生成的 HTML 片段赋值给网页中 m_div 的 InnerHtml 属性，从而替换 m_div 的内容并成为页面的一部分。

④ 运行该网站。浏览器将显示原页面内容，以及包含了由 Page_Load()生成的 HTML 片段的完整的页面。显示结果如图 10.7 所示，共显示 10 张图片。

提示：系统首页的详细代码请参考"e 学习"系统的 Default.aspx 页面。

2. 文件上传

文件上传是指将文件从客户机上传到 Web 服务器指定位置。FileUpload 是 ASP.NET 提

供的文件上传控件，它支持用户浏览、选择磁盘文件并上传到服务器中。FileUpload 控件常用的属性和方法有：

> HasFile 属性：属性值为 true 表示文件已选定；属性值为 false 表示文件未选定。
> FileName 属性：要上传文件的文件名，包括扩展名但不包括路径部分。
> SaveAs（string filepath）方法：保存上传文件到服务器中由 filepath 指定的路径。

在 "e 学习" 系统中，需要上传个人的照片文件、课程的封面图片文件、课件的视频文件等。下面通过一个实例说明如何上传文件，并将其保存到服务器指定位置。

演示视频

【例 10.2】上传教师许虎（e_learning 数据库中 teacher 表中第 1 条记录，工号 T001）的照片到网站根目录下的 Photo 文件夹中，并显示在页面上，设计和运行界面如图 10.8、图 10.9 所示。

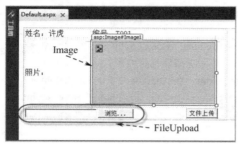

图 10.8　文件上传的设计页面　　　　　　图 10.9　文件上传的运行页面

① 创建一个空网站 W102_FileUpload。在网站根目录下新建文件夹 Photo。

② 添加网页 Default.aspx。在页面上插入一个 3 行 2 列的表格，在表格中添加各项说明：第 2 行第 2 列添加一个 Image 控件；将第 3 行两个单元格合并，从工具箱拖入一个 FileUpload 控件，在该控件后面，添加一个 Button 控件，标题为 "文件上传"。双击 "文件上传" 控件，在 Default.aspx.cs 文件中输入如下代码。

```
protected void Button1_Click(object sender, EventArgs e)          //上传文件
    {
        string file_name, server_path;
        if (FileUpload1.HasFile)                                 //用户选择了文件
        {
            file_name = FileUpload1.FileName;                    //获取要上传的文件名
            server_path = Server.MapPath(".") + \\Photo\\ + file_name;     //设置服务器端路径和文件名
            FileUpload1.SaveAs(server_path);                     //保存文件到服务器指定位置
            Image1.ImageUrl = "~/Photo/" + file_name;            //替换 Image1 的图片为上传的文件
        }
    }
```

③ 运行该网站。单击 "浏览" 按钮，选择许虎的照片 T001.JPG，单击 "文件上传" 按钮完成上传。检查网站的 Photo 文件夹，可以观察到上传的图片文件。

提示：教师个人信息维护代码的实现在 TeacherInfo.aspx 页面中。

3. 视频文件播放

视频文件也可以使用 FileUpload 控件上传到服务器中，但该控件对上传文件大小有限制。这种限制可在网站的 web.config 文件中通过<httpRuntime>标签来设置：

```
<httpRuntime maxRequestLength="4096" executionTimeout="120"/>
```

其中，上传文件大小的上限由参数 maxRequestLength 的值确定，单位为 KB，默认值为 4096KB，最大为 2097151B（约为 2GB）；executionTimeout 为文件上传时间上限，单位为秒。

在网页上播放视频文件需要视频播放器控件。本文以 Windows 系统内置的视频播放器控件 Microsoft Media Player 为例，介绍在网页上播放视频文件的方法。

【例 10.3】创建一个网页，使用 Microsoft Media Player 控件播放视频文件（见图 10.10）。

图 10.10 视频文件播放　　　　　　　　　演示视频

① 创建一个空网站 W103_VideoPlay。在网站根目录下新建文件夹 Video，将 10001.mp4 文件复制到该文件夹下。

② 添加页面 Default.aspx。使用下面<div>标签内容取代页面中自动生成的同名标签。视频播放控件以<object>标签的形式嵌到网页中，用 classid 属性引用 Microsoft Media Player 在系统中注册的 CLSID 值来激活播放控件，height、width 属性说明初始窗口大小。

```
<div align="center" style="height: 422px">
        <object align="Center" class="OBJECT"
            classid="CLSID:22d6f312-b0f6-11d0-94ab-0080c74c7e95" height="300"
            id="MediaPlayer" width="500" title="视频播放器">
            <param name="ShowStatusBar" value="-1">
            <param name="filename" value="<%=video_file_name %>">
        </object>
</div>
```

网页的 Default.aspx 和 Default.aspx.cs 文件通过共享 public 类型变量 video_file_name 来设置要播放的视频文件名。Default.aspx.cs 文件的代码如下。

```
using System;
using System.Collections.Generic;
```

```
using System.Linq;
using System.Web;
using System.Web.UI;
using System.Web.UI.WebControls;
public partial class _Default : System.Web.UI.Page
{
    public string video_file_name;      //共享文件名
    protected void Page_Load(object sender, EventArgs e)
    {
        string file_name = "10001.mp4";
        video_file_name = Server.MapPath(".") + "\\video\\" + file_name;
    }
}
```

③ 启动运行网站。网站运行结果如图 10.10 所示，可以播放视频。

Microsoft Media Player 控件不仅可以播放常见的视频文件，如 AVI、WMV、MP4 等，还可以播放包括音频和图像在内的其他多媒体文件。

4. 密码保护

在信息系统中，用户登录密码一般保存在表中，但如果以明文形式存储容易泄露，一个安全的办法是将用户密码加密后以密文形式保存。当用户登录时，系统将用户输入的密码用同样的方式加密，并与数据库中的密文进行比较，如果两者相同，则允许登录。在这个过程中，系统只需要比较两个密文是否相同，而无须了解密码是什么。

消息摘要算法（Message-Digest Algorithm 5，MD5）是一种常用的密码散列函数，可以把一个字符串转变成固定长度（128 位）的散列值。输入的字符串不同，输出的散列值就不同（不同字符串产生相同散列值的可能性极小）。MD5 常用来进行密码加密存储，也可用来保存数字签名，防止"信息篡改"或"交易抵赖"。MySQL 提供 MD5 函数，可以直接调用它来将明文变成 MD5 密文。

【例 10.4】使用 MD5 进行密码加密存储和验证。页面设计如图 10.11 所示，运行结果如图 10.12 所示。

① 在数据库中将密码用 MD5 加密存储。因为 MD5 散列值是 128 位的，所以首先需要修改 PassWord 字段的数据类型，将字符串长度修改为 128；在 MySQL 数据库中插入或更新数据时调用 MD5 函数，用"MD5(密码值)"代替原密码值即可实现加密存储。

演示视频

图 10.11　登录页面设计布局

图 10.12　登录界面运行效果

例如，在数据库中修改 T001 号教师许虎的密码为 123456 并用 MD5 加密存储：

```
UPDATE Teacher Set Password=MD5('123456') WHERE TeacherCode='T001'
```

② 创建一个空网站 W104_MD5。添加页面 Default.aspx，在页面上添加用于接收"姓名"和"密码"输入的文本框，以及"登录"按钮和显示结果的标签（见图 10.11）。

③ 编写密码验证程序。双击"登录"按钮，编写如下程序代码。

```
using System;
using System.Collections.Generic;
using System.Linq;
using System.Web;
using System.Web.UI;
using System.Web.UI.WebControls;
using System.Data;
using MySql.Data.MySqlClient;
public partial class _Default : System.Web.UI.Page
{
    protected void Button1_Click(object sender, EventArgs e)
    {
        string user_name, password;
        user_name = TextBox1.Text;             //获取用户名
        password = TextBox2.Text;              //获取密码
        MySqlConnection cn = new MySqlConnection("server=localhost; database=e_learning;
                            user id= root;password=1234");
        MySqlCommand cmd = new MySqlCommand();
        cmd.Connection = cn;
        cmd.CommandText = "Select TeacherName From Teacher Where TeacherName=@login_name
                            And Password=MD5(@login_password)";
        cmd.Parameters.AddWithValue("@login_name", user_name);
        cmd.Parameters.AddWithValue("@login_password", password);
        MySqlDataReader rd;
        cn.Open();                             //打开连接
        rd = cmd.ExecuteReader();              //执行 SQL 语句
        if (rd.HasRows)                        //如果结果不为空，则说明找到该用户，认证成功
        {
            Label1.Text = "登录成功！";
        }
        else
        {
            Label1.Text = "登录失败！";
        }
        rd.Close();
        cn.Close();
    }
}
```

④ 运行该网站。输入用户名"许虎"和密码"123456"，验证结果为："登录成功！"，

其他密码均为"登录失败！"（见图 10.12）。

提示：本例的 MD5 加密是采用 MySQL 数据库系统提供的内部函数实现的。在"e 学习"系统中，密码的 MD5 加密由 EncryptWithMD5 函数实现，该函数在/App_code/PublicFunctions.cs 文件中定义。两种实现方法效果相同。

5. 二维码

二维码用若干与二进制相对应的几何图形来表示字符串信息，可通过图像输入设备或光电扫描设备自动识读，快速获取信息。它比传统的条形码表达能力更强，随着移动应用的兴起，二维码成为流行的编码方式。二维码有多种码制，下面以常用的 QR 码为例，说明如何将信息以二维码的形式编码，供手机等手持设备扫描。

【例 10.5】把用户在文本框输入的字符串转换为二维码（见图 10.13）。

演示视频　　　　　　　　　　　图 10.13　生成二维码的网页

① 创建一个空网站 W105_QRCode。本例需要引用两个 JavaScript 程序包：jquery.qrcode.min.js 和 jquery- 1.10.2.min.js。

可到 CSDN 网站（https://download.csdn.net）查找并下载这两个文件，然后将它们复制到本项目根目录下。其中 jquery.qrcode.min.js 包封装了 QR 码生成的 API 函数。

② 添加页面 Default.aspx 并进行页面设计。注意，这里的按钮控件和文本框控件来自工具箱的"HTML"组，其类型分别为 Input(Button)和 Input(Text)。

HTML 源代码如下。

```
<%@ Page Language="C#" AutoEventWireup="true" CodeFile="Default.aspx. cs" Inherits="_Default" %>
<!DOCTYPE html PUBLIC "-//W3C//DTD XHTML 1.0 Transitional//EN" "http:// www.w3.org/TR/
            xhtml1/DTD/xhtml1-transitional.dtd">
<html xmlns="http://www.w3.org/1999/xhtml">
<head runat="server">
    <title>二维码生成</title>
    <script src="jquery-1.10.2.min.js"></script>              //引用 JavaScript 插件
    <script type="text/javascript" src="jquery.qrcode.min.js"></script>
    <script>
        function test() {                                      //自定义函数生成二维码
            var url = form1.Text1.value;                       //从 Text1 获取要编码的字符串
```

```
            jQuery('#output').qrcode({
                render: "canvas",                    //渲染方式，也可以为 table
                foreground: "#000",                  //颜色
                width: 100,                          //二维码宽度
                height: 100,                         //二维码高度
                text: url                            //编码内容
            });
        }
    </script>
</head>
<body>
    <form id="form1" runat="server">
        信息：<input id="Text1" type="text" /> <br /> <br />
        <input id="Button1" type="button" value="生成二维码" OnClick= "test()" /><br /> <br />
        <div id="output" ></div>
    </form>
</body>
</html>
```

上述代码中，自定义 JavaScript 函数 test()实现二维码的定义和生成。一般，使用 jquery.qrcode.min.js 包生成二维码的步骤如下：

➢ 引用需要的 JavaScript 文件，使用语句：<script src="jquery-1.10.2.min.js"></script> 实现。

➢ 设置二维码容器。语句<div id="output"></div>用于显示生成的二维码。

➢ 定义二维码的参数，参见 test()函数中的说明。

当用户单击"生成二维码"按钮后，程序调用 test()函数，从 Text1 中获取用户输入的字符串，转换为二维码后，在 output 位置显示。

③ 运行网站。启动程序后，在文本框中输入字符串，例如："http://www.dhu.edu.cn"，单击"生成二维码"按钮完成二维码生成。使用手机扫描二维码，会打开该网页。

提示：二维码的实现可参考"e 学习"系统的 Default.aspx 和 Default.aspx.cs 文件。在该网页上，单击微信图标，二维码将显示在弹出的图片框中，该弹出框可以手动关闭。

6. 转发分享

随着网络即时通信的普及，人们经常需要将自己看到的一些有趣网页或图片进行转发分享。前面介绍的二维码就是一种重要的转发分享工具。此外，微信、QQ 和微博等都是常用的转发分享信息资源的平台。调用这些平台提供的分享接口服务，即可实现向平台转发分享资源。

【例 10.6】实现网站资源在 QQ 和微博上的转发分享。

① 创建一个空网站 W106_QQShare。在网站根目录下新建文件夹 Images，下载 qq.png 和 blog.png 两个图片文件并复制到该文件夹下。

② 添加页面 Default.aspx。在页面上添加两个 ImageButton 控件分别用于显示 qq.png 和 blog.png 图片，并直接在页面上输入文字（见图 10.14）。双击"QQ

演示视频

265

分享"按钮，编写如下代码。

```
protected void ImageButton1_Click(object sender, ImageClickEventArgs e)
{
    string qq_str="https://sns.qzone.qq.com/cgi-bin/qzshare/cgi_ qzshare_onekey? "+
    "url=http://zixuephp.net/article-309.html?sharesource= qzone&title=学习 QQ 空间分享"+
    "&pics=http://zixuephp.net/uploads/image/20170810/ 1502335815192079. png&summary=一键分享";
    ScriptManager.RegisterStartupScript(this, this.GetType(),"qq", "window.open('" + qq_str + "', '_blank'); ",
                                         true);
}
```

以上代码使用的 QQ 空间分享接口服务网址为：

https://sns.qzone.qq.com/cgi-bin/qzshare/cgi_qzshare_onekey

图 10.14　分享界面首页

要分享的网页为：http://zixuephp.net/article-309.html。

程序中的 ScriptManager 对象是 ASP.NET 服务器端调用 JavaScript 程序的接口。RegisterStartupScript()方法用于执行脚本，第一个参数是要注册脚本的控件 ID（可设置为本页面）；第二个参数是注册脚本控件类型；第三个参数是脚本函数的名字；第四个参数是脚本内容；第五个参数指示是否再添加脚本标签，如果第四个参数里包含了<script></script>标签，此处则为 false，否则为 true。

类似地，编写转发分享微博的代码如下。

```
protected void ImageButton2_Click(object sender, ImageClickEventArgs e)
{
    string url = GetCurrentURL(Request);
    string blog_str = "http://service.weibo.com/share/share.php?url=" + url + "&title=" +
                      "这是我的测试网页，推荐给大家！ ";
    ScriptManager.RegisterStartupScript(this, this.GetType(), "blog", "window.open('" + blog_str + "',
                                        '_blank');", true);
}
```

分享到新浪微博的接口服务地址为：http://service.weibo.com/share/share.php，参数 url 将页面地址转成短域名，并显示在内容文字后面；参数&title 是分享时显示的文字内容；其他参数还有配图、@某账号、分享数量及进行语言设置等，可参考新浪微博开放平台有关资料说明。

③ 运行网站。单击"QQ 分享"按钮，打开 QQ 空间转发分享页面（见图 10.15），填写内容后，单击"分享"按钮完成网络资源分享。单击"微博分享"按钮，打开新浪微博分享页面（见图 10.16），填好内容后单击"分享"按钮完成网页分享。

提示：代码中用来获取网页自身地址的函数 GetCurrentURL()的定义请参考"e 学习"系统中的/App_code/PublicFunctions.cs 文件。另外，转发分享的网络资源的网址应该是广域网可访问的，不应是本地局域网址，否则其他用户无法访问该共享资源。

7. 人脸比对身份认证

人工智能（Artificial Intelligence，AI）技术在信息系统的人机交互和智能服务中发挥着重要作用。以用户身份验证为例，"刷脸"正替代密码验证和指纹识别成为更可靠的认证方式。人脸比对是一种远程身份认证方法，一般在网站服务器端保存用户照片，用户登录时用客户端的摄像头拍照，将实时照片与服务器端的照片进行图像比对，根据预先设置的相似度阈值，决定是否允许通过认证。完整的远程身份认证还可以包括人脸活体检测等。

图 10.15　QQ 空间分享页面

图 10.16　新浪微博分享页面

　　人脸比对算法基于对人脸图像的提取和分析，找出两张人脸图像的特征，再进行对比判断，得出两者相似度。但信息系统开发者无须自己开发 AI 算法，只要调用一些平台提供的 AI 服务接口，就可以集成相关服务到自己的系统中。

　　【例 10.7】利用百度人脸识别中的"人脸对比"API 实现远程身份认证。

　　① 在百度网站（https://www.baidu.com）实名注册一个账户并登录百度人工智能平台（https://ai.baidu.com/tech/face），单击"创建应用"按钮，创建一个名为 FaceCheckIn 的应用，包含"人脸对比"选项（见图 10.17）。创建好的应用将返回如下接口调用信息：AppID、API Key 和 Secret Keys。

演示视频

　　② 从网址 https://ai.baidu.com/sdk 下载百度人脸识别 SDK 包（C# HTTP SDK）文件（目前版本为 aip-csharp-sdk-3.5.1），解压文件到 aip-csharp-sdk 目录中。

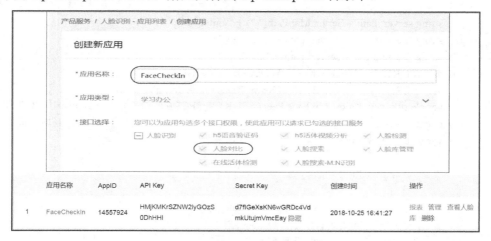

图 10.17　创建百度的人脸识别应用

③ 创建一个空网站 W107_FaceCheckIn。在网站根目录下新建文件夹 Images，放入三张尺寸相同的人脸照片，其中两张为同一个人的不同照片（见图 10.18），三张照片的文件名分别为：Sika1.jpg、Sika2.jpg 和 Lena.jpg。

图 10.18　人脸照片（Sika1、Sika2、Lena）

④ 添加页面 Default.aspx。添加引用，将 aip-csharp-sdk\net45 目录下的 AipSdk.dll 和 Newtonsoft.Json.dll 文件导入网站中。在 Default.aspx.cs 中添加以下代码：

```csharp
using System;
using System.Collections.Generic;
using System.Linq;
using System.Web;
using System.Web.UI;
using System.Web.UI.WebControls;
using Newtonsoft.Json.Linq;
using System.IO;

public partial class _Default : System.Web.UI.Page
{
    protected void Page_Load(object sender, EventArgs e)
    {
        string server_path = Server.MapPath(".") + "\\images\\";
        string file_name_1 = server_path + "Sika1.jpg";
        string file_name_2 = server_path + "Sika2.jpg";
        var API_KEY = "HMjKMKrSZNW2lyGOzS0DhHHl";
        var SECRET_KEY = "d7fIGeXsKN6wGRDc4VdmkUtujmVmcEay";
        var client = new Baidu.Aip.Face.Face(API_KEY, SECRET_KEY);    //API 调用客户端
        client.Timeout = 60000;                                       //修改超时时间
        var faces = new JArray
        {
            new JObject
            {
                {"image", ReadImg(file_name_1)},
                {"image_type", "BASE64"},
                {"face_type", "LIVE"},
                {"quality_control", "LOW"},
```

```
                        {"liveness_control", "NONE"},
                    },
                    new JObject
                    {
                        {"image", ReadImg(file_name_2)},
                        {"image_type", "BASE64"},
                        {"face_type", "LIVE"},
                        {"quality_control", "LOW"},
                        {"liveness_control", "NONE"},
                    }
                };
            var result = client.Match(faces);              //人脸对比
            my_div.InnerHtml = result.ToString();          //JSON 格式的对比结果
        }
        public string ReadImg(string img)
        {
            return Convert.ToBase64String(File.ReadAllBytes(img));
        }
    }
```

⑤ 运行网站。输出结果以 JSON 格式显示如下。Sika1.jpg 和 Sika2.jpg 的人脸相似度得分为 76.43。如果阈值设为 75 分,那么 Sika 身份认证通过。若将 Sika2.jpg 改为 Lena.jpg,则得到的相似度得分为 0,不能通过身份认证。

{ "error_code": 0, "error_msg": "SUCCESS", "log_id": 1345050730729409521, "timestamp": 1543072941, "cached": 0, "result": { "score": 76.43339539, "face_list": [{ "face_token": "05291da595afdab56f08015c320d9a3d"}, { "face_token": "8cf3e1af6c42ac07c2468dff387e114e" }] } }

10.3 云部署

Web 数据库应用程序开发完成后,需要部署和发布之后,才能通过 Internet 访问。用户可以自己购买和安装服务器,但是硬件投资成本高、后期运维工作量大。本节介绍利用公有云的云服务器部署和发布网站系统的方法。

云服务也称为弹性计算服务(Elastic Compute Service ,ECS),是云服务商通过互联网提供的一种可弹性伸缩的计算服务。它通过对物理服务器的虚拟化,整合了计算、存储与网络资源,提供 IT 基础设施服务。用户无须自己购买计算机硬件,只需按配置(如 CPU、内存、带宽和硬盘等)向云服务商提出租用申请,便可迅速创建任意多台云服务器,而且这些配置参数随时可以按需调整,按需付费。

通过租用云服务器来部署发布用 ASP.NET 开发的网站主要包括以下步骤。

(1)云服务器购买及配置:购买云服务器并安装数据库等软件,开放有关端口等。

(2)网站部署:IIS 服务器安装、网站发布。

(3)域名申请和备案:购买域名,进行域名备案。

（4）域名解析：配置域名解析，使网站可以通过域名访问。

完成这些工作，一个网站就可以通过 Internet 访问了。

10.3.1 云服务器

1. 云服务器租用

下面以租用阿里云的云服务器 ECS 为例，介绍服务器的租用步骤和管理方法。

访问 http://www.aliyun.com，完成注册并实名认证或直接用淘宝账号登录，选择云服务器 ECS 并进行配置说明，提交订单即可完成购买。

在网页的左上角单击"产品"选项可看到阿里云提供的各种云服务产品（见图 10.19）。然后单击"精选→云服务器 ECS"选项，单击"立即购买"按钮，进入配置选择页面。选择"一键购买"方式，可通过简单配置完成选购；选择"自定义购买"方式，可进行详细配置。下面以"一键购买"方式为例说明配置中涉及的主要参数。

图 10.19　阿里云

① 地域：指服务器实例所在的物理位置。位置会影响价格，选择靠近目标用户群的地域可提高访问性能。应注意，选择国内服务器制作 Web 应用必须备案。本例选"华东 2"。

② 实例：根据需求选择 CPU 个数、内存容量。本例选 1vCPU、内存 1GB，在列出的常用服务器实例中选一个，如共享基本型（1CPU、1GB 内存、40GB 硬盘）。还可以考虑根据场景配置选型。如果打算安装 Windows 操作系统，内存最好 2GB 以上。

③ 镜像：镜像文件和 ZIP 压缩包类似，它将一系列文件按照一定格式制作成单一的文件，方便用户下载和使用。选镜像就是为云服务器指定运行环境，包括操作系统和应用软件。本例选择 Windows Server，版本为 2008 R2 企业版 64 位中文版。另外，勾选"安全加固"项可免费加载安全组件，提供网站后门检测、异地登录提醒、暴力破解拦截等安全功能。

④ 公网带宽：指服务器接入 Internet 的出口网络速度。"按固定带宽"指按出口带宽计费，适合业务场景对带宽要求比较稳定的应用。"按使用流量"指按出口发生的实际数据流量计费，适合总流量不大但带宽波动较大的业务应用。本例选择"按固定带宽"1Mbps。

⑤ 购买量：指按"包年包月"计费的时间长度。时间长会有折扣，这里选 1 个月。

系统会给出当前配置及报价（图 10.20）。单击"立即购买"按钮付款后即完成购买。

图 10.20　云服务器当前配置

通过阿里云首页的"最新活动"可找到一些特惠活动，如"云翼计划"学生特惠云服务器 ECS（或轻量云服务器），完成学生认证后即可购买。

2. 云服务器管理

登录阿里云官网，在网页右上角单击"控制台"选项，即可进入云服务器管理控制台（见图 10.21），利用下方的管理功能可查看和管理该账号所购买的云服务器实例。

图 10.21　云服务器管理控制台

① "重置密码"选项用于设置系统管理员 Administrator 的密码。

② "启动"、"停止"选项用于开、关服务器，"重启"选项用于重新启动服务器。

③ "管理"选项用于查看服务器的配置信息和运行状态（CPU 利用率、网络速度等）。

④ 单击"更多→安全组设置"选项可以设置网络访问控制。安全组在云端提供类似虚拟防火墙功能，它是重要的安全隔离手段。一个 ECS 实例必须属于一个安全组，可根据需

要增加出方向和入方向的安全组规则来开放网络端口（见图 10.22）。如果出方向未设置，则表示允许公网上所有 IP 地址访问本服务器。

图 10.22　云服务器安全组规则设置

若该计算机作为 Web 服务器，则需要在入方向开放 HTTP80 端口（Web 服务），可以单击"添加安全组规则"按钮进行设置；如果使用 MySQL，则需要在入方向开放 3306 端口，主要选项如图 10.22 所示。

3. 远程登录云服务器

在云服务器管理控制台中单击"远程连接"选项（见图 10.22），可远程登录服务器。

① 远程连接。第一次连接时，将弹出对话框给出远程连接密码（见图 10.23），需要记录下来，以后再连接时需要输入该密码（见图 10.24）。

图 10.23　给出远程连接密码　　　　　　　　图 10.24　输入远程连接密码

② 系统登录。成功连接服务器实例后，出现服务器窗口（见图 10.25），从左上角"发送远程命令"下拉列表中选择"CTRL+ALT+DELETE"选项，即可调出登录页面完成登录（见图 10.26）。

也可以通过本机的远程登录命令直接访问云服务器，只要在本机选择菜单命令"开始→附件→远程桌面连接"或在命令提示符窗口中执行 mstsc 命令，打开"远程桌面连接"对话框，输入云服务器的 IP 地址、用户名（Administrator）和密码，单击"连接"按钮，即可远程登录云服务器。

登录云服务器后，系统使用方法和本机基本一致。如果要上传或下载文件，可以通过其他网盘中转。或者在"远程桌面连接"对话框中，单击"选项"按钮展开对话框，选择"本地资源→详细信息"，勾选所有本地驱动器，确定后，在云服务器上就可以操作本地硬盘了。

图 10.25　服务器窗口

图 10.26　登录页面

4. 在云服务器上建立数据库

部署 Web 数据库应用系统，需要安装或租用数据库管理系统，然后进行数据迁移。通常，在信息系统开发和中小规模测试阶段，在云服务器上自己安装数据库；而在大规模的企业应用阶段，可以租用高度托管服务的云数据库。

（1）自建数据库

安装和使用过程与在本机中基本一样，但需要注意以下几点。

① 需要根据操作系统的版本选择 MySQL 版本，并注意可能需要预先安装.NET 框架。

② 需要在服务器的安全组设置中开放 3306 端口。为安全起见，某些易被攻击的端口被一些厂商封闭了，即使设置了入方向也不能开放，这时需要根据厂商说明在部署 MySQL 数据库服务时另行指定 MySQL 端口并开放它。

③ 设置 MySQL 提供远程访问支持。需要将数据库的 user 表中可访问用户（图 10.27 中为 root 用户）的 Host 列由 localhost 改为%，并重启 MySQL 服务器。远程使用 Navicat for MySQL 访问云数据库新建连接时，需要说明服务器的 IP 地址和访问端口。

图 10.27　更改 user 表设置

（2）租用云数据库

云数据库是指被优化或部署到一个虚拟计算环境中的数据库，称为 RDS（Relational Database Service）。RDS 可按需付费、按需扩展，具有高可用性及存储整合等优势，可提供 Web 管理控制台对数据库实例进行配置、操作，提供容灾、备份、恢复、监控、迁移等数据库运维全套解决方案和高度可靠的数据安全架构。相对于用户自建数据库，RDS 具有高效可靠、简单易用等特点。

云服务商的提供了常用的关系型数据库引擎，如 MySQL、SQL Server、MariaDB、PostgreSQL 等，并针对数据库引擎的性能进行了优化。其租用方式与弹性云服务器基本一致，用户可根据需求选择配置和地域，付费后即可创建 RDS 实例，并可利用云数据库管理控制台进行管理。

10.3.2 网站发布

在云服务器上部署、发布 Web 数据库应用程序的主要工作包括 Web 服务器及组件安装、网站发布。但为了能通过域名进行访问，需要申请域名并配置域名云解析。如果服务器在国内，还需要进行域名备案。下面以 Windows Server 2008 下的 IIS7 为例说明网站发布过程。

1. Web 服务器及组件安装

（1）IIS 安装

IIS（Internet Information Service）是 Web 服务程序。登录云服务器，选择菜单命令"开始→管理工具"启动服务器管理器。选择"角色→添加角色"，单击"下一步"按钮；在"选择服务器角色"页面中勾选"Web 服务器（IIS）"项（见图 10.28），单击"下一步"按钮；在"选择角色服务"页面中勾选"管理工具"下的所有子项（见图 10.29）。如果是 ASP.NET 开发的网站，则要勾选"应用程序开发"下的所有子项（见图 10.30）。

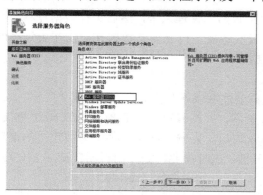

图 10.28　选择 Web 服务器　　　　　　图 10.29　选择管理工具

安装完成，重新启动计算机后，IIS 即处于服务状态。IIS 自带默认网页。在 Web 服务器的浏览器中使用"http://localhost"或者远程通过服务器 IP 地址就可以访问默认网页（见图 10.31）。

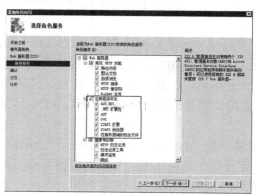

图 10.30　选择应用程序开发

图 10.31　访问默认网页

（2）.NET 框架安装

根据网站使用的开发环境确定.NET 框架的版本。本书使用 Visual Studio 2015 作为开发环境，安装.NET Framework 4.5.2。

（3）MDAC 组件安装

若要在云服务器上用 ADO.NET 访问数据库，则需要安装数据库访问组件（MDAC），可从微软网站下载安装。

2. 网站发布

一个云服务器可以发布多个网站，也可以创建虚拟目录发布。但要注意各个网站端口设置不能相同。下面以修改默认网站路径为例说明网站发布过程。

① 将开发完成后发布的 Web 数据库应用程序文件夹复制到云服务器上的某个位置。

提示： 在 Visual Studio 环境中使用菜单命令"生成→发布网站"可以生成直接运行的网站，其中包含了所使用的 mysql.data.dll 及其他动态链接库。另外，应注意 Web 数据库应用程序开发所使用的 mysql.data.dll 版本需要与服务器上安装的版本一致。

② 选择菜单命令"开始→管理工具"，打开"Internet 信息服务（IIS）管理器"。检查应用程序池中是否有.NET FrameWork 4.5，如果没有，则需要添加它，并自行命名。这里命名为 ASP.NET。

③ 在左侧窗格中单击 Default Web Site 项，在右侧"操作"窗格中选择"基本设置"项，在打开的对话框中设置物理路径为 Web 数据库应用程序的路径（如 C:\W11_film），选择应用程序池为 ASP.NET（见图 10.32）。

④ 在"Default Web Site 主页"窗格中，选择"默认文档"项（见图 10.32），在默认文档列表中添加网站的首页文件，这里填入 FilmShow.aspx。

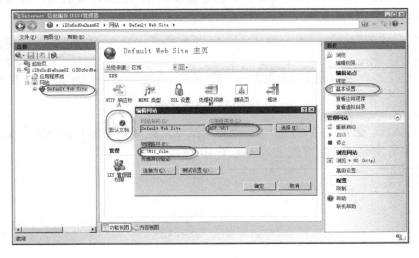

图 10.32 默认网站基本设置

⑤ 设置数据库服务连接字符串。打开站点文件夹中的 web.config 文件，将开发时的本地数据库连接字符串更改为提供云数据库服务的连接字符串。程序中其他地方出现的所有

数据库连接字符串都要修改。例如，web.config 文件的连接字符串设置如下：

```
<connectionStrings>
    <add name="e_learningConnectionString" connectionString="server= 163.44.191.38; port=3306;
                user id=root; password=1234; persistsecurityinfo=true;
                database=e_learning" providerName="MySql.Data.MySqlClient"/>
    </connectionStrings>
```

其中，"163.44.191.38"是安装了 MySQL 服务的云服务器 IP 地址，若 Web 服务与 MySQL 数据库服务安装在同一台云服务器上，仍可用 localhost 或 127.0.0.1；"port=3306"是数据库服务的开放端口；数据库的访问用户和密码分别是 root 和 1234。

⑥ 重启 IIS 服务。打开"Internet 信息服务（IIS）管理器"，右击 Default Web Site 项，从快捷菜单中选择"管理网站→重启启动"命令启动 IIS 服务。

在云服务器上使用"http://localhost"或"127.0.0.1"，远程使用服务器 IP 地址就可以访问发布的网站了。

3. 域名申请与备案

（1）域名申请

域名是由一串用点分隔的名字组成的 Internet 上某台计算机的名称，是用户替代 IP 地址访问互联网上网络资源的定位名称。例如，www.dhu.edu.cn 是一个域名，和 IP 地址 218.193.144.94 相对应。

申请域名要与管理该域的组织联系，一些云服务商提供域名租用或申请服务。下面以阿里云旗下的万网（www.net.cn）为例说明申请过程。

① 购买域名。Internet 上任意两个域名不能重复，因此需要将打算申请的域名在申请页进行查询（见图 10.33），直到找到一个没有被申请过的名称，或者选择页面列出的相近备选域名直接购买。

图 10.33　域名查询

② 实名认证。选定域名并付费后，还需要按规定提交企业相关证书或个人身份证明的清晰图片，进行实名认证后方能生效（见图 10.34）。

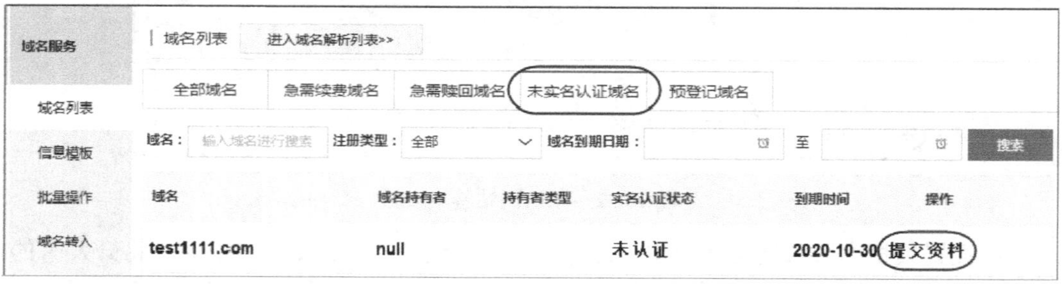

图 10.34　域名的实名认证

（2）域名备案

为了防止在网上从事非法的网站经营活动，打击不良互联网信息的传播，根据我国的法律要求，解析到国内服务器上的域名必须进行工信部备案并获取通信管理局下发的 ICP（Internet Content Provider）备案号，然后才可以正常开通网站。登录工信部网站，或者通过阿里云平台的 ICP 代备案管理系统提交有关资料完成备案。可以用个人或企业身份备案。

4.　云解析 DNS

域名系统（Domain Name System，DNS）是将域名和 IP 地址相互映射、解析的系统。它是一棵具有许多分支子树的分层树，就像一个自动的电话号码簿，可以自动进行 IP 地址转换。云解析 DNS 是云服务商提供的一种安全可靠的 DNS 解析管理系统。

域名需要在云解析 DNS 中设置域名解析，才能被自动转换为 IP 地址，从而将用户的访问路由到相应的网站或应用服务器上。例如，"test1111.com" 是已申请生效的域名，"163.44.191.38" 是已申请生效的 Web 云服务器的外部 IP 地址。在云服务器管理控制台中，选择 "域名→进入域名解析列表"，进入云解析 DNS 控制台，添加域名后，进行域名解析设置（图 10.35）。

图 10.35　域名解析设置

在出现的 "添加记录" 对话框中，填写如下解析信息。

① 记录类型：域名指向的云服务器主机 IP 地址选 "A"，指向的另一个域名选 "CNAME"，建立邮箱服务选 "MX"。

② 主机记录：通常是域名的前缀，如果填 "www"，则将 "www.test1111.com" 解析为记录值的 IP 地址；如果填 "@"，则直接将 "test1111.com" 解析为记录值的 IP 地址。

③ 解析线路：根据用户群体位置选择电信、移动、联通、教育网等通信运营商的线路，也可选择 "默认" 让系统自动配置。

④ 记录值：需要解析的 Web 服务器的 IP 地址。

⑤ TTL：一条域名解析记录在其他 DNS 服务器中的缓存时间，默认为 10 分钟。

添加完成后，启用解析，使之处于正常工作状态（见图 10.36）。Internet 上的用户在浏览器中通过域名（http://test1111.com）就可以访问该网站。

图 10.36　解析设置

综合实践

模板文件

　　实验目的：结合自己的专业或生活、工作中的信息管理和利用需求，综合应用全书知识，完成一个 Web 数据库应用系统的选题、设计、实现与部署。建议由 2～3 个人组成一个项目小组合作完成，不仅有利于项目开发质量和效率，还可以锻炼项目合作能力。

　　实验环境及素材：Word、Visio、MySQL 和 Navicat for MySQL、Visual Studio，模板文件"综合实践项目设计报告_模板.docx"。

　　1．完成系统设计报告，包括以下内容。

　　（1）系统需求分析：主要包括需求描述、数据流图、数据字典、系统架构图、系统功能结构图。

　　（2）数据库设计：E-R 图、关系模式、数据库结构。注意，要符合数据库设计规范。

　　（3）使用说明：针对开发完成的系统，介绍各页面功能及用法。

　　提示：可以直接修改模板文件完成设计报告。

　　2．系统开发实现及部署。

　　（1）创建数据库，实现 Web 数据库应用程序。综合应用各种开发技术，合理使用视图、存储过程和触发器等。

　　（2）将网站部署到云服务器上对外发布。

参 考 文 献

[1] 刘晓强．信息系统与数据库技术[M]．2 版．北京：高等教育出版社，2012．

[2] 马化腾．互联网+：国家战略行动路线图．北京：中信出版集团，2015．

[3] 刘云浩．从互联到新工业革命．北京：清华大学出版社，2017．

[4] Abraham Silberschatz，Henry F Korth．数据库系统概论[M]．6 版．北京：机械工业出版社，2012．

[5] Jeffrey A Hoffer等．数据库管理基础教程[M]．11 版．北京：机械工业出版社，2016．

[6] 王珊，萨师煊．数据库系统概论[M]．5 版．北京：高等教育出版社，2014．

[7] 施伯乐，丁宝康，汪卫．数据库系统教程[M]．3 版．北京：高等教育出版社，2009．

[8] 伊恩·萨默维尔．软件工程[M]．10 版．北京：高等教育出版社，2018．

[9] 罗杰 S．普莱斯曼．软件工程：实践者的研究方法．8 版．北京：机械工业出版社，2016．

[10] 史济民，顾春华，郑红．软件工程——原理、方法与应用[M]．3 版．北京：高等教育出版社，2009．

[11] 甘仞初．信息系统分析设计与管理[M]．北京：高等教育出版社，2009．

[12] 李爱萍．系统分析与设计[M]．北京：人民邮电出版社，2015．

[13] Leszek A Maciaszek．需求分析与系统设计[M]．3 版．北京：机械工业出版社，2009．

[14] Gary B Shelly，Thomas J Cashman，Harry J Rosenblatt．系统分析与设计教程[M]．北京：机械工业出版社，2010．

[15] 王晓峰．系统分析工程与实践 [M]．北京：中国铁道出版社，2012．

[16] 王庆喜，赵浩婕．MySQL 数据库应用教程[M]．北京：中国铁道出版社，2016．

[17] 刘增杰．MySQL 5.7 从入门到精通[M]．北京：清华大学出版社，2016．

[18] 杨占胜．Web 技术基础[M]．北京：电子工业出版社，2016．

[19] 聂常红．Web 前端开发技术——HTML、CSS、JavaScript[M]．北京：人民邮电出版社，2017．

[20] 崔淼．ASP.NET 程序设计教程（C#版）．2 版．北京：机械工业出版社，2018．

[21] 刘瑞新，张兵义．网页设计与制作教程 HTML+CSS+JavaScript[M]．北京：机械工业出版社，2017．

[22] Shashank Tiwari．深入 NoSQL[M]．2 版．北京：人民邮电出版社，2012．

[23] Kyle Banker，Peter Bakkum．Mongo DB 实战[M]．2 版．武汉：华中科技大学出版社，2017．

[24] MySQL 帮助文档．https://www.mysql.com．

[25] Navicat for MySQL 帮助文档．https://navicatformysql.en.softonic.com．

[26] ASP.NET 帮助文档．https://docs.microsoft.com/zh-cn/aspnet．

[27] Mongodb 帮助文档．https://www.mongodb.com．

[28] Echarts 帮助文档．http://echarts.baidu.com．

反侵权盗版声明

电子工业出版社依法对本作品享有专有出版权。任何未经权利人书面许可，复制、销售或通过信息网络传播本作品的行为，歪曲、篡改、剽窃本作品的行为，均违反《中华人民共和国著作权法》，其行为人应承担相应的民事责任和行政责任，构成犯罪的，将被依法追究刑事责任。

为了维护市场秩序，保护权利人的合法权益，我社将依法查处和打击侵权盗版的单位和个人。欢迎社会各界人士积极举报侵权盗版行为，本社将奖励举报有功人员，并保证举报人的信息不被泄露。

举报电话：（010）88254396；（010）88258888
传　　真：（010）88254397
E-mail：　　dbqq@phei.com.cn
通信地址：北京市海淀区万寿路 173 信箱
　　　　　电子工业出版社总编办公室
邮　　编：100036